2章
地球上における生物の存在量

Bar-On *et al., PNAS* **115** (**25**): 6506-6511（2018）より

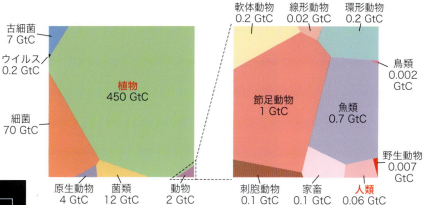

3章
遺伝子組換え法で作出された青いバラ

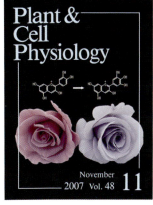

日本植物生理学会発行 *Plant & Cell Physiology* 誌の表紙を飾った青いバラ（右）．左側は通常の赤いバラ．詳細はホームページを参照．https://jspp.org/pcp/photo_gallery/back_number/year/detail.html?id=123

7章
必須元素欠乏

元素が欠乏したイチゴの葉．左上は必須元素が十分に与えられたもの．
〔Ulrich & Allen (1992) より．
© University of California Board of Regents Division of Agriculture and Natural Resources, Davis〕

無機元素完全葉

カリウム欠乏（-K）

リン欠乏（-P）

鉄欠乏（-Fe）

亜鉛欠乏（-Zn）

カルシウム欠乏（-Ca）

マグネシウム欠乏（-Mg）

銅欠乏（-Cu）

マンガン欠乏（-Mn）

9章

細胞周期における微小管とDNAの変化

共焦点レーザー顕微鏡で観察したタバコBY-2細胞の細胞周期における微小管（緑）とDNA（青とオレンジ）の変化．(d)の微小管はGFP蛍光，その他の微小管は蛍光抗体を用いて観察．(a) 間期, (b) 前期, (c) 中期, (d) 後期, (e)と(f) 終期．〔写真(a)(b)(c)(e)(f)は米田新博士・馳澤盛一郎博士, (d)は林朋美博士・馳澤盛一郎博士のご厚意による〕

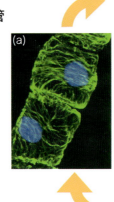
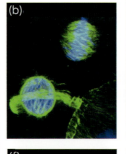
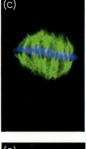
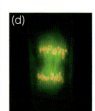
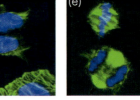

11章

紫外線吸収と花

キスゲの仲間の花を，通常撮影した写真（左）と，紫外線フィルターをつけて撮影した写真（右）．紫外線が見える昆虫には，花の中心がはっきりわかる．（写真は岡本素治博士のご厚意による）

13章

恒温植物と熱産生

ザゼンソウの花は，周囲が氷点下に下がる気候でも，肉穂花序の温度を20度前後に保つことができる．〔Onda *et al.*, *Plant Physiology* **146**: 636-645 (2008) より〕

14章

過敏感反応による壊死斑形成

タバコモザイクウイルスを*N*遺伝子（抵抗性遺伝子）をもつタバコに接種したときに形成された病斑．ウイルスは全身に広がらない．（写真は大橋祐子博士のご厚意による）

14章

野生型ペチュニア（左）とカルコン合成酵素遺伝子を発現する形質転換ペチュニア（中央と右）

（写真は金沢章博士のご厚意による）

基礎生物学テキストシリーズ 7

植物生理学
PLANT PHYSIOLOGY

三村徹郎　深城英弘　鶴見誠二 編著

第2版

化学同人

練習問題の解答,および本書に関する情報は,化学同人ホームページ上に掲載されています.
https://www.kagakudojin.co.jp/book/b447784.html

◆ 「基礎生物学テキストシリーズ」刊行にあたって ◆

　21世紀は「知の世紀」といわれます．「知」とは，知識（knowledge），知恵（wisdom），智力（intelligence）を総称した概念ですが，こうした「知」を創造・継承し，広く世に普及する使命を担うのは教育です．教育に携わる私たち教員は，「知」を伝達する教材としての「教科書」がもつ意義を認識します．

　近年，生物学はすさまじい勢いで発展を遂げつつあります．従来，解析が困難であったさまざまな問題に，分子レベルで解答を見いだすための新たな研究手法が次々と開発され，生物学が対象とする領域が広がっています．生物学はまさに躍動する生きた学問であり，私たちの生活と社会に大きな影響を与えています．生物学に関する正しい知識と理解なしに，私たちが豊かで安心・安全な生活を営み，持続可能な社会を実現することは難しいでしょう．

　ところで，生物学の進展につれて，学生諸君が学ぶべき事柄は増える一方です．理解しやすく，教えやすい，大学のカリキュラムに即したよい「生物学の教科書」をつくれないか．欧米の翻訳書が主流で日本の著者による教科書が少ない現状を私たちの力で打開できないか．こうした思いから，私たちは既存の類書にはない新しいタイプの教科書「基礎生物学テキストシリーズ」をつくり上げようと決意しました．

　「基礎生物学テキストシリーズ」が目指す目標は，『わかりやすい教科書』に尽きます．具体的には次の3点を念頭に置きました．① 多くの大学が提供する生物学の基礎講義科目をそろえる，② 理学部および工学部の生物系，農学部，医・薬学部などの1，2年生を対象とする，③ 各大学のシラバスや既刊類書を参考に共通性の高い目次・内容とする．基本的には15時間2単位用として作成しましたが，30時間4単位用としても利用が可能です．

　教科書には，当該科目に対する執筆者の考え方や思いが反映されます．その意味で，シリーズを構成する教科書はそれぞれ個性的です．一方で，シリーズとしての共通コンセプトも全体を貫いています．厳選された基本法則や概念の理解はもちろん，それらを生みだした歴史的背景や実験的事実の理解を容易にし，さらにそれらが現在と未来の私たちの生活にもたらす意味を考える素材となる「教科書」，科学が優れて人間的な営みの所産であること，そして何よりも，生物学が面白いことを学生諸君に知ってもらえるような「教科書」を目指しました．

　本シリーズが，学生諸君の勉学の助けになることを希望します．

シリーズ編集委員　　中村　千春
奥野　哲郎
岡田　清孝

基礎生物学テキストシリーズ 編集委員

中村　千春　神戸大学名誉教授, 前龍谷大学特任教授　Ph.D.
奥野　哲郎　京都大学名誉教授, 前龍谷大学農学部教授　農学博士
岡田　清孝　京都大学名誉教授, 基礎生物学研究所名誉教授, 総合研究大学院大学名誉教授　理学博士

「植物生理学 第2版」執筆者

石崎　公庸	神戸大学大学院理学研究科教授　博士（農学）	1章
奥野　哲郎	京都大学名誉教授, 前龍谷大学農学部教授　農学博士	14章
川口　正代司	自然科学研究機構基礎生物学研究所教授　理学博士	15章
鈴木　祥弘	神奈川大学理学部准教授　博士（理学）	5章, 6章
◇鶴見　誠二	前神戸大学研究基盤センター教授　理学博士	9章, 10章
長谷　あきら	京都大学大学院理学研究科教授　理学博士	11章
林　誠	長浜バイオ大学バイオサイエンス学部教授　農学博士	2章, 3章
◇深城　英弘	神戸大学大学院理学研究科教授　博士（理学）	9章, 10章, 12章
古本　強	龍谷大学農学部教授　博士（農学）	4章
◇三村　徹郎	神戸大学名誉教授, 京都先端科学大学バイオ環境学部教授　理学博士	7章, 8章, 13章

（五十音順，◇は編著者）

はじめに ——第2版刊行にあたって——

　本書の第1版は2009年の春に刊行された．幸いにして，多くの大学で，植物生理学の教養教育・専門教育の教科書として採用いただき，また参考書としても好評を博したせいか，すでに第9刷に至っている．しかし，発刊後10年が過ぎ，その間の学問，とくに生物学分野の進歩は大きく，時代遅れとなってしまった箇所がめだつようになってきたことから，内容を一新することとした．著者として新しい方々にご参加いただき，また編者も新たにすることで，ここに第2版を刊行することができた．

　最も大きな変化は，第1版ではよくわかっていないとされていた植物の生理現象を担う実体としての分子と，その基盤となる遺伝子の詳細が具体的に明らかになってきたことであろう．それはとくに，植物ホルモンによる制御機構や形態形成の分野で著しい．そのためそれらを扱う章（10章，12章）はやや分量が膨らんでいる．また，多くの生物のゲノム構造が明らかになってきたことから，植物の進化の実態も明らかになりつつある．それを見通すために，1章で最初に植物の進化を考えることとした．

　これらの改訂を加えてはいるが，本書の当初の目的には何ら変更はない．第1版の「はじめに」で記した以下の文（一部改変）をそのまま第2版の緒言としたい．

※

　光合成により太陽エネルギーを有機物に固定できる植物は，地球上で最も成功した生命体としてその繁栄を謳歌している．植物が存在しなければ，私たち人類を含む従属栄養型の生物はこの地球に生存できない．

　しかし，植物も動物も共通の祖先から地球上に生まれたのであり，生命活動の維持に利用している遺伝子やタンパク質には共通のものも多い．つまり，植物は，私たち人類と同じような道具を用いながら，異なる戦略をとることで地球上に共存している仲間と考えることができる．

　本書は，このような植物の生命戦略を支える現象とその機構を，現在の科学の理解をもとに説明したものである．

　近年の人口増加や科学技術の進歩がもたらした負の側面である食糧危機や環境汚染の解決は，実は植物の生き方を人間が理解し，いかにうまく利用できるかにかかっている．食糧危機は今後どれだけ農業生産を上げられるかによるし，環境汚染は植物が普通に生育できる環境を私たちが維持できるかによるのである．植物の機能を知ることは，人間が近い将来も地球上で繁栄していくために必須の過程だといえる．

　しかし，このような即物的な面だけが重要なのではない．私たち人類は，共通の祖先をもちながら異なる生き方を選択した植物を，同じ地球上で共存する対等の生命体として理解すべきであろう．それは，家族や友人・同僚の気持ちを理解しようとするのと同じである．それが，本書『植物生理学』の最大の目的である．

「植物生理学」という学問の歴史は長い．古くはアリストテレスが「植物は逆立ちした動物である（口の役割をする根が下に，生殖器官である花が上にある）」と語り，テオフラストスが，形態をもとに植物の分類を進めたころから，人類は植物という生命について思考を費やしてきた．18世紀に近代実験科学の進歩が始まるとともに，光合成や栄養塩吸収に関する研究が行われ，19世紀になると，ドイツのザックス，ペッファーが学問体系としての「植物生理学」を確立した．進化論で有名なダーウィンも「実験植物生理学」に重要な寄与をしていることはよく知られている．

分子生物学が大きな成功を収めた20世紀後半の最後に，植物科学にもその波が押し寄せ，21世紀初めにはモデル植物として著名なシロイヌナズナの全ゲノムが明らかとなった．現在の「植物生理学」は，この潮流のなかで，それまで知られていた形態形成や生理現象を分子の言葉で記述することを試みている真最中である．それが本書を流れるもうひとつの大きな柱である．

一方，植物分子生物学がその多くをシロイヌナズナをはじめとする少数のモデル植物の研究に負っていることから，分子レベルで記述ができる現象の多くはモデル植物科学である．それが，広大な地球の上で生育している多様な植物の生命現象をどのくらい代表できているかはまだよくわかっていない．その意味では，私たちはまだ，同じ地球の上で共存する仲間としての植物を知るための入口にいるだけなのかもしれない．

※

第1版の発刊から10年の間のゲノム解析技術の進展は，それまでシロイヌナズナでしかできなかった研究を，さまざまな植物に拡張させることに成功しつつある．その過程でわかってきたのは，シロイヌナズナで明らかになったことは他の植物でも共通していることが多いということである．一方で，多様な地球環境に生育する植物たちは，同じような分子を使いつつも，それらの機能を拡張することでうまく環境に適応するように進化してきたことも明らかになりつつある．

はじめに述べたように，植物を理解することは，私たちの隣人を理解することであり，しかも人類が今後も地球上で生存していくうえで不可欠な作業である．本書を，「植物として生きる」ということがどういうことかを学ぼうとする方々のための教科書，参考書として使用してもらえれば幸いである．

今回の改訂は，編者が強くお願いして実現したものである．それにもかかわらず原稿の遅れなどで化学同人編集部の方々にはたいへんご迷惑をお掛けした．これまで，辛抱強くつきあっていただいた化学同人の方々に深くお礼を申し上げたい．

第1版のときと同様，編者が暮らす六甲の山々に緑の息吹が広がるのもまもなくである．植物が一年で最も美しい春に改めて本書を出版できることをうれしく思う．

2019年3月

著者を代表して，
三村徹郎，深城英弘，鶴見誠二

目　次

1章　植物の起源と進化

1.1　葉緑体の成立と光合成生物の多様性 1
1.2　緑色植物の陸上進出 3
1.3　陸上植物の進化 5
　　1.3.1　生活環の変化　5　　　　　　　　1.3.3　生殖プロセスの発達　8
　　1.3.2　器官の獲得と環境適応　6
●練習問題　9

2章　植物の構造と特徴

2.1　植物の器官 10
　　2.1.1　葉　10　　　　　　　　　　　　2.1.3　根　11
　　2.1.2　茎　11
2.2　植物の組織系 12
2.3　植物細胞の構造と特徴 14
　　2.3.1　細胞壁　14　　　　　　　　　　2.3.2　複雑な膜系　15
2.4　植物細胞の細胞小器官 17
　　2.4.1　色素体　17　　　　　　　　　　2.4.5　ミトコンドリア　20
　　2.4.2　液胞　18　　　　　　　　　　　2.4.6　ペルオキシソーム　20
　　2.4.3　核　19　　　　　　　　　　　　Column　シロイヌナズナ　19
　　2.4.4　小胞体　20
2.5　動く細胞小器官 21
●練習問題　21

3章　ヒトと植物の関わり合い──過去・現在・未来

3.1　ヒトと植物の関わり合いの歴史 22
3.2　遺伝子組換え作物の利用 24
　　Column　農耕と栽培植物　26
3.3　実用化されている遺伝子組換え作物 26
3.4　未来におけるヒトと植物の関わり合い 30
　　Column　遺伝子組換え技術への危惧の歴史　30
●練習問題　31

4章　植物細胞における物質輸送と生体膜輸送体

4.1　生体膜の構造 32
4.2　物質の生体膜透過性 33
4.3　電気化学ポテンシャルと生体膜輸送体 34
  4.3.1　拡散による物質移動（受動輸送）　*34*　　4.3.2　エネルギーを利用した物質移動（能動輸送）　*35*
4.4　水の輸送と膨圧の形成 39
4.5　膜交通 40
4.6　輸送基質の同定と輸送活性の測定方法 42
  Column　タンパク質の輸送活性を測る方法　*41*
●練習問題　*42*

5章　同化と異化

5.1　植物の代謝 43
5.2　炭水化物の生合成・同化 45
5.3　脂肪酸の生合成・同化 46
5.4　アミノ酸の生合成・同化 47
5.5　核酸の生合成・同化 48
5.6　異化作用 48
5.7　呼吸によるATP合成 50
5.8　解糖系 51
5.9　トリカルボン酸回路（TCA回路） 53
5.10　電子伝達系と酸化的リン酸化 55
  Column　日本語の用語としての同化と異化　*57*
●練習問題　*58*

6章　光合成

6.1　生態系における光合成 59
6.2　地球環境と光合成 61
  Column　光合成による環境形成　*62*
6.3　葉の構造 62
6.4　葉緑体の構造 64
6.5　光合成の概要 65

6.6 光捕集	67
6.7 2つの光化学系と光電子伝達	70
Column 「光化学系Ⅱ反応中心複合体」の立体構造解明　72	
6.8 ATPの合成	74
6.9 ストロマ反応	75
6.10 CO_2 環境の変化と RuBisCO の特性	77
6.11 光呼吸	78
6.12 C_4 炭素回路	79
6.13 CAM 植物	82
●練習問題　83	

7章　植物に特徴的な代謝

7.1 植物の成長に必須の無機栄養塩	84
7.1.1 窒素代謝　86　　7.1.3 イオウ代謝　89	
7.1.2 リン代謝　87　　Column 農業とリン肥料　89	
7.2 二次代謝	90
7.2.1 二次代謝の生理機能　90　　7.2.2 二次代謝化合物の種類　91	
●練習問題　92	

8章　組織，個体における物質輸送

8.1 隣接する細胞間の物質輸送	93
8.2 維管束による物質の長距離輸送	94
8.3 土壌からの物質吸収と道管による物質輸送	95
Column 植物の分布と道管による水輸送　97	
8.4 篩管による同化産物の輸送と転流	98
8.5 篩管で輸送されるその他の物質	99
8.6 細胞内の物質輸送と原形質流動	100
●練習問題　101	

9章　細胞分裂と細胞成長

9.1 細胞周期	102
9.1.1 細胞周期における微小管の変化　103　　9.1.2 サイクリン-CDK 複合体による細胞周期の制御　104	
9.2 分裂組織と幹細胞	105

9.2.1 植物の幹細胞　106
9.2.2 茎頂分裂組織の維持機構　106

9.3 植物器官の成長 ··· 107
9.4 細胞の伸長成長 ··· 109
 9.4.1 細胞の伸長方向とセルロース微繊維の配向　109
 9.4.2 細胞壁を構成する丈夫な構造と柔らかい構造　110
 9.4.3 細胞壁を緩ませる細胞壁酵素　111
 9.4.4 細胞伸長に必要な一定以上の膨圧と持続的な細胞壁の緩み　111
 9.4.5 セルロース微繊維を合成するセルロース合成酵素　112
 9.4.6 セルロース微繊維と表層微小管の配向の関係　113

9.5 細胞の先端成長 ··· 114
 Column 複合型細胞成長　114

● 練習問題　115

10章　形態形成と成長調節物質

10.1 オーキシン ·· 116
 10.1.1 オーキシンの生合成　117
 10.1.2 オーキシンの極性輸送　117
 10.1.3 オーキシンの受容と信号伝達　119
 10.1.4 オーキシンによる成長調節——重力屈性　120
 10.1.5 オーキシンによる成長調節——側根形成　122
 10.1.6 オーキシンによる成長調節——細胞伸長促進作用と酸成長説　122
 Column オーキシンの発見　119
 Column オーキシンによる側根形成の制御　123

10.2 ジベレリン ·· 123
 10.2.1 ジベレリンによる成長促進作用　124
 10.2.2 ジベレリンの受容と信号伝達　125
 10.2.3 ジベレリンによる α-アミラーゼの分泌　126
 Column ジベレリンの発見　125

10.3 サイトカイニン ·· 127
 10.3.1 サイトカイニンの受容と信号伝達　128
 10.3.2 サイトカイニンと茎頂分裂組織の形成・維持　129
 Column サイトカイニンの発見　129

10.4 エチレン ··· 130
 10.4.1 エチレン受容体によるエチレン応答の調節　131
 10.4.2 エチレンの信号伝達　132
 Column エピスタティック解析によるエチレン信号伝達の解明　132

10.5 アブシシン酸 ··· 133
 10.5.1 アブシシン酸の受容と信号伝達　133
 10.5.2 アブシシン酸による気孔閉鎖の調節　135
 Column アブシシン酸の発見　134

10.6 ブラシノステロイド ... 135
　Column　ブラシノライドの発見　136
10.7 ジャスモン酸 ... 136
10.8 ストリゴラクトン ... 137
10.9 ペプチドホルモン ... 138
●練習問題　139

11章　光応答

11.1 光応答の基礎 ... 140
　11.1.1 光化学反応　140
　11.1.2 光量と光応答　141
　11.1.3 作用スペクトル　141
　11.1.4 生体の光応答　142
11.2 光生理応答 ... 142
　11.2.1 光発芽　143
　11.2.2 芽生えの緑化　143
　11.2.3 光屈性　143
　11.2.4 避陰反応　144
　11.2.5 花芽形成　145
　11.2.6 気孔開口と葉緑体定位　145
11.3 光形態形成と植物ホルモン ... 146
11.4 植物の光受容体 ... 147
　11.4.1 フィトクロム　147
　11.4.2 クリプトクロム　151
　11.4.3 フォトトロピン　153
11.5 核内の光形態形成抑制因子 ... 154
11.6 光周性と概日時計 ... 155
　11.6.1 概日時計　155
　11.6.2 光周性と「外的一致モデル」　156
　Column　細胞レベルの光応答はどのように個体レベルの応答に統合されるのか？　156
11.7 紫外線応答 ... 157
●練習問題　158

12章　栄養成長と生殖成長

12.1 栄養成長 ... 159
　12.1.1 葉の発生　159
　Column　葉の向軸側を決定する茎頂分裂組織からのシグナル　160
12.2 生殖成長のはじまり——花成の制御 ... 161
　12.2.1 花成を誘導するフロリゲンと光周性経路　161
　12.2.2 春化経路　161
　12.2.3 フロリゲンの作用機構　162

12.3　花の発生の仕組み 163
　　12.3.1　花のホメオティック変異体とABCモデル　163
　　12.3.2　ABCモデルにおける遺伝的な相互作用　165
　　12.3.3　クラスA, B, C遺伝子の発現パターン　165
　　12.3.4　ABCモデルを補足するSEPALLATA遺伝子群　166
　　Column　ABCモデルとシロイヌナズナ　167
12.4　配偶子形成 168
12.5　自家不和合性 169
　　12.5.1　S遺伝子座　169
　　12.5.2　アブラナ科植物の自家不和合性　170
　　12.5.3　ナス科・バラ科植物の自家不和合性　171
12.6　花粉管ガイダンスと受精 172
12.7　植物の無性生殖 173
　　Column　花芽分裂組織はいつその働きを終わらせるのか？　173
● 練習問題　174

13章　環境適応

13.1　無機環境に対する植物の適応 175
13.2　水環境 176
　　13.2.1　乾燥　176
　　13.2.2　湿潤　178
13.3　イオン環境 179
13.4　温度環境 181
　　13.4.1　高温　181
　　13.4.2　低温　182
　　Column　特殊な環境に生育する植物　184
13.5　酸素環境 185
● 練習問題　186

14章　病原体に対する植物の防御

14.1　静的抵抗性 187
14.2　動的抵抗性 188
　　14.2.1　非宿主抵抗性と自然免疫　188
　　14.2.2　品種特異的抵抗性とエフェクター誘導免疫　190
　　14.2.3　誘導抵抗性　196
　　14.2.4　分子パラサイトに対する防御——RNAサイレンシング　199
　　Column　RNAサイレンシングが植物のウイルス抵抗性機構であることがわかるまでの道のり　200
　　Column　リカバリー現象の発見　202
　　Column　RNAサイレンシングサプレッサーの発見　203
● 練習問題　205

15章　微生物との共生

- 15.1　植物と菌類の共生 206
- 15.2　アーバスキュラー菌根菌 208
  - 15.2.1　感染様式　208
  - 15.2.2　リン酸，糖，脂質の輸送　209
- 15.3　植物と窒素固定バクテリアとの共生 210
- 15.4　根粒菌 211
  - 15.4.1　根粒の形成過程　211
  - 15.4.2　根粒菌側の共生因子　212
- 15.5　共生の共通シグナル伝達経路 214
  - Column　遠距離シグナル伝達を介した根粒形成の全身的制御システム　215
- 15.6　共生窒素固定 216
- ●練習問題　217

■参考図書 218
■索　引 219

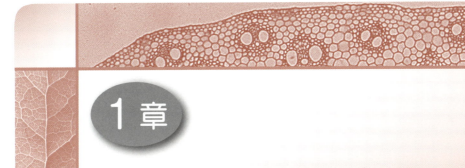

1章 植物の起源と進化

　地上には緑の木々や草花が生い茂り，鳥がさえずり，人びとが闊歩している．地表に目を向けると，さまざまな虫や動物が動き回っているのを見つけられるだろう．しかし太古の地上は現在とは大きく異なっていた．強い紫外線が降り注ぎ，ひどく乾燥し栄養も乏しく，生物が生きるには厳しい環境だった．本章では，陸上植物の起源と進化を見ていく．約5億年前に陸上に進出し，複雑かつ巧妙な体制を獲得することで陸上の環境に適応して地球上の生態系を大きく変革した陸上植物の，成り立ちと進化について述べる．

1.1 葉緑体の成立と光合成生物の多様性

　地球は今から46億年前に誕生したとされている．現在の地球上にあふれる多種多様な生命は，地球誕生から数億年以内に当時の海の中で生まれた，ただ1種類の生命から派生したと考えられている．そして，それから10億年ほど経ったのち（今から約27〜35億年前まで）に，酸素発生型光合成[*1]を行う**シアノバクテリア**（cyanobacteria）が誕生した（図1.1）．

　地球が誕生した当初，大気の大部分は**二酸化炭素**（CO_2, carbondioxide）で占められ，**酸素**（O_2, oxygen）はほとんどなかったようだ．シアノバクテリアが誕生して数億年の間，生成された酸素は海中にある大量の2価鉄イオンを酸化沈殿させるのに消費され[*2]，大気中には放出されなかったと考えられている．そして，ほとんどの鉄イオンが酸化された24億年前ごろから，シアノバクテリアが生成した酸素はようやく大気中へと放たれ，地球の大気組成を変えていった．

　酸素はわれわれ動物の呼吸に欠かせない物質だが，細胞膜や遺伝子を損傷する**活性酸素**（reactive oxygen species：ROS）[*3]を生じる．大気中の酸素濃度が増すにつれ，酸素のない環境でしか生存できない**嫌気性生物**（anaerobic organisms）の大部分が死滅し，代わりに積極的に酸素を利用する**好気性生**

[*1] 光エネルギーを利用してH_2Oから還元力を取りだして有機物を合成し酸素を放出するタイプの光合成．

[*2] 酸素によって酸化された鉄イオンは海底へ沈殿し，鉄鉱石となった．

[*3] 酸素分子が還元されると生じる．O_2^-（スーパーオキシドアニオン），H_2O_2（過酸化水素），HO・（ヒドロキシラジカル）など，反応性の高い分子種の総称．

1章 植物の起源と進化

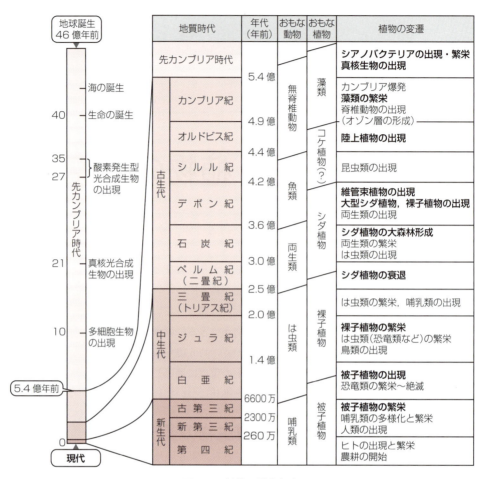

図1.1 植物の進化年表

物 (aerobic organisms) が進化してきたと考えられている．有機物を酸素で燃やす酸素呼吸 (好気呼吸) は，嫌気呼吸に比べて効率よくエネルギーを得ることができる．そのようななか，核膜などの膜系をもつ大型の細胞[*4]が出現し，さらにα-プロテオバクテリアに近いものと考えられる好気性細菌を**細胞内共生** (endosymbiosis) させることにより，酸素呼吸を行える大型の細胞が誕生した．これが現生のあらゆる**真核生物** (eukaryote) の祖先である．やがて細胞内共生細菌はオルガネラ化[*5]して**ミトコンドリア** (mitochondria) となった．

そして，ミトコンドリアをもつ真核生物の一種から，さらにシアノバクテリアを細胞内共生させて，光合成能を獲得するものが現れた (図1.2)．真核光合成生物の誕生である．共生したシアノバクテリアは，次第にその代謝や分裂が宿主の真核生物にコントロールされるようになり，宿主に依存したオ

*4 初期の真核細胞．アーキア (古細菌) のグループから派生したと考えられている．核膜をもたない生物を原核生物という．

*5 ゲノムの一部を宿主に渡したり，生存に必要な代謝や分裂の制御を宿主に依存するなどして，宿主のオルガネラ (細胞小器官) となること．

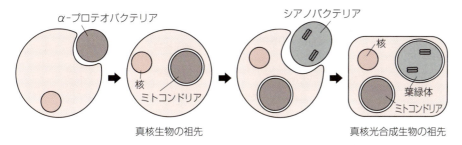

図1.2 真核光合成生物の誕生

ルガネラ，つまり**葉緑体**(chloroplast)へと変化していった．葉緑体は，今でも独立した環状 DNA をもつ．しかし，シアノバクテリアの DNA には 3000 を超える遺伝子が存在するものの，葉緑体の DNA には 100〜200 個程度の遺伝子しか含まれない．シアノバクテリアの遺伝子の大半は，宿主の核ゲノムへ移行したか消失したと考えられる．

葉緑体やミトコンドリアのような原核生物が真核生物へ共生してオルガネラ化した現象を一次共生という．灰色植物や紅色植物，緑色植物は，シアノバクテリアが一次共生した真核生物の子孫にあたり，一次植物とよばれる．現在生きているほとんどの真核光合成生物がもつ葉緑体は，ただ1回のシアノバクテリアの一次共生が起源であると考えられている[*6]．

しかし，光合成生物には，一次植物でない種類もいる．たとえばコンブやワカメなどの褐藻類は，紅色植物が二次共生[*7]した結果生じ，一次植物とはまったく別の系統に属する．二次共生や三次共生は過去に何度も起こり，今でも複数の生物で進行して新たな植物を生み出していると考えられている．

1.2 緑色植物の陸上進出

海の浅瀬，湖などの淡水における光合成生物の活動により，大気中の酸素量が増えていくと，紫外線の作用を受けて酸素からオゾン(O_3)が生成された．6〜5億年前までには成層圏にオゾン層が形成され，生物に有害な紫外線を吸収し，それまで紫外線が届かない水中でしか生存できなかった生物の陸上進出が可能となった．

約5億年前，緑色植物の仲間である車軸藻植物から派生した，淡水性の緑色藻類が陸上への進出を果たした．車軸藻植物のなかでもアオミドロやミカヅキモなどの接合藻類，コレオケーテ類，シャジクモ類は，①ロゼット型のセルロース合成酵素複合体(9.4.5項参照)をもつ，②細胞板形成(9.1.1項参照)による細胞質分裂を行う，③原形質連絡(2.3.2項参照)をもつなど，陸上植物と共通する特徴を備えており，陸上植物の共通祖先に近縁だと考えられている．そして現生の陸上植物のなかで最も古く分岐したのがコケ植物である

[*6] 新種のシアノバクテリア *Gloeomargarigta lithophora* は，一次植物の葉緑体の遺伝子配列に最もよく似た DNA 配列をもつ．この *Gloeomargarita* の生息域や分子系統解析から，一次共生は約21億年前，海中ではなく淡水環境で起こったのではと推定されている．

[*7] 二次共生とは，一次共生由来の葉緑体をもった真核の藻類が，さらに他の真核生物の細胞内に共生することである．二次共生生物がさらに細胞内共生した三次共生生物も存在する．

1章 植物の起源と進化

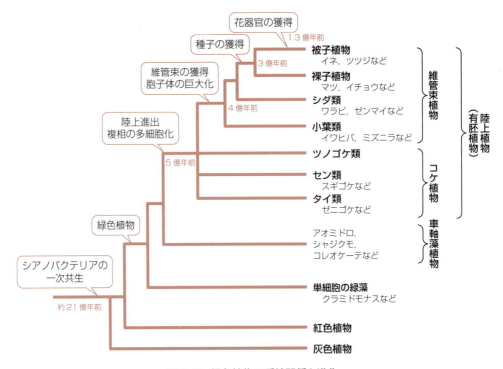

図 1.3　緑色植物の系統関係と進化

*8　紅藻などの光合成植物の一部には，海の深層まで届く波長の光を利用して光合成を行うものもいる．

*9　植物の栄養である無機栄養素が均質に溶け込んでいる水中とは異なり，陸上では無機栄養素が土壌中に偏在している．また，土壌の状態により無機栄養素は不溶化し，植物が吸収しにくい形態になっていることがある．

*10　木材の30%近くを占める巨大な生体高分子．二次代謝で生産されるフェニルプロパノイドがランダムなラジカル結合で高度に重合している．道管，仮道管，繊維などの組織でセルロースと結合した状態で存在する．フェノール化合物の高度な重合体で，分解されにくい．そのため，リグニン化した木材は腐敗しにくい．

(図1.3)．コケ植物（苔類）の胞子とよく似た胞子の化石が約4億7千万年前の地層から見つかっている．現生の陸上植物は単一の共通祖先から進化した単系統群である．つまり，緑色植物系統の陸上進出は進化の歴史でただ1回しか起きていない．このあと説明するように，陸上の環境は水中に比べてきわめて過酷である．しかし，水中はCO_2の拡散速度が大気中の10,000分の1であり，光合成を行ううえでのデメリットも大きい．さらに，水中に入射した太陽光を水が吸収し，水深とともに光強度が急激に低下するため，十分な光が届くエリアは浅瀬に限られている*8．陸上植物の祖先は，競争の激しい浅瀬で陸上の厳しい環境に耐えるしくみを整えながら，フロンティアを求めて光やCO_2が十分な陸上に進出したのかもしれない．

　陸上は，強い紫外線，乾燥，大きな温度変化，重力，栄養の欠乏*9 など，水中とは異なる，きわめて厳しい環境である（表1.1）．水中環境にいた陸上植物の祖先が陸上環境で生活できるようになるためには，水分の消失を防ぐ**クチクラ層**(cuticle)や，水分をさまざまな組織へ送り届ける通水組織の獲得などが必要だったと考えられる（図1.4）．水分の消失を防ぎつつ効率よくガス交換を行うための**気孔**(stomata)も，陸上環境へ適応するための重要な発明であった．また，紫外線を吸収するアントシアニンや，重力に抵抗して植物体を支持するための二次細胞壁成分リグニン*10 など，さまざまな二次代

表1.1 水中と陸上との環境の違い

環境条件	水中	陸上
水	豊富	少ない（しばしば乾燥状態にさらされる）
光強度	水深に依存する．深いところでは光合成に有効な光量も不足しがち．	光合成に十分な光量はあるが強すぎる場合もある
光質	紫外線は弱い 赤色光<青色光	強い紫外線
温度	日内変化，季節変化ともに地上に比べて穏やか	激しい
重力	浮力により相殺	重力がかかる
栄養塩類	比較的均質	土壌中に限定
O_2 や CO_2 の拡散速度	遅い（空気中の10,000分の1）	速い

謝産物生合成経路の獲得と多様化も，陸上環境への適応を推し進めた要因であっただろう．

近年，陸上植物や緑藻のさまざまな系統について全ゲノム解読が進んでいる．それにより，さまざまな発生過程や生理応答を制御する「スイッチ」の役割を果たす転写因子や，植物ホルモンの生合成やシグナル伝達に必要な遺伝子の多くが，陸上植物の共通祖先の段階ですでに獲得されていたと考えられるようになった．

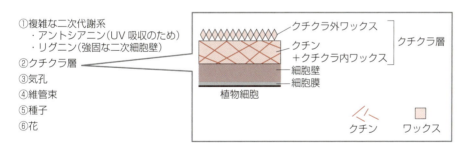

図1.4 陸上植物が進化の過程で獲得したもの

1.3 陸上植物の進化

1.3.1 生活環の変化

植物はその進化の過程でさまざまな器官を獲得するとともに，生活環[*11]も大きく変えていった．陸上植物の祖先にあたる緑藻や車軸藻植物は，生活環のほぼすべてを，染色体を1組だけもつ**単相**（haploid）（n）の多細胞体で過ごし，精子と卵が受精してできる受精卵はすぐに減数分裂して単相の胞子をつくる．このような生活環を単相単世代型という．一方，コケ植物を含むす

[*11] 生活環とは，ある生物の生活史を環状に表現したもの．世代の変化，つまり生殖細胞のでき方や接合，減数分裂の起こる時点などに注目して表現される．

べての陸上植物は，受精卵が体細胞分裂を行い，染色体を2組もつ**複相**(diploid)(2n)の多細胞体で過ごす時期をもつ．大きさや生活様式の異なる多細胞体制を交互に繰り返す異形**世代交代**(alteration of generation)を行うので単複世代交代型という．単相の体は，配偶子である精子と卵を形成するので**配偶体**(gametophyte)，複相の体は，最終的に減数分裂して胞子を形成するので**胞子体**(sporophyte)とよばれる．われわれが目にしているコケ植物の大部分は単相の配偶体であり，胞子体は小さく，配偶体に栄養などを依存している．一方，小葉類，シダ類*12，種子植物は，複相の胞子体が生活環の大部分を占めており，配偶体の方が小さく，被子植物では数細胞からなる花粉や胚のうとなっている．このように，コケ植物に近い陸上植物の共通祖先で複相の多細胞化が起こり，さらに維管束植物の系統で複相の巨大化と複雑化，そして単相世代の縮小が起こったと考えられる（図1.5）．

複相の多細胞化により，1回の受精から形成される胞子の数が飛躍的に増加した．つまり，受精卵がすぐに減数分裂する緑藻では，1回の受精から4個の胞子しか形成されないのに対し，受精卵が体細胞分裂して多細胞の胞子体が形成された後に減数分裂する陸上植物の場合は，胞子母細胞の4倍の胞子（胞子体の胞子母細胞が10回分裂すれば1024×4個，20回分裂すれば約100万個×4の胞子）が形成される．これにより初期陸上植物は，水中に比べ受精の成功が難しい陸上環境において，効率よく繁殖できるようになったと考えられる．また，同じ遺伝子を2セットずつもつ複相(2n)は，一方の遺伝子配列が変異して元の機能を失った場合でも，もうひとつの正常な遺伝子がバックアップとして機能できるので，生き延びる可能性が高く，結果として変異が蓄積して，多様な遺伝子が保存されやすい．このように複相世代の多細胞化と拡大は，陸上植物進化の原動力となった可能性がある．

1.3.2　器官の獲得と環境適応

植物は陸上進出を果たしたのち，維管束をもたず根・茎・葉の区別がないコケ植物の段階から，**維管束**(vascular bundle)をもつ小葉類やシダ類，そして種子をつくる種子植物（裸子植物，被子植物）へと進化し，陸上のさまざまな環境に適応してその生息域を拡大していった（図1.3）．はっきりと肥厚した仮道管をもつリニア類の化石*13が約4億1千万年前の地層から見つかることから，植物は陸上に進出して比較的早い段階で生体内の水輸送システムを構築したと考えられる．また，初期維管束植物には気孔も見つかることから，気孔も陸上植物が成立して間もなく獲得されたと考えられる．約3億6千万年前までには，明確な根・茎・葉の区別をもち，頑丈な維管束で植物体をささえる，多様な大型の小葉類やシダ類が誕生していた．また，種子をもつシダ種子植物*14も，裸子植物との共通祖先からすでに派生していた．

*12　維管束をもつが種子をもたない植物を「シダ植物」と総称する場合がある．本章では，系統的に離れた小葉類と区別し，維管束植物かつ非種子植物のうち，小葉類以外のものを「シダ類」とする．

*13　形状が確認できる最古の陸上植物の化石は，4億3千万年前の地層から発見されたクックソニアである．通水組織はあるが，仮道管のような組織の肥厚は見られない．一方，スコットランドのライニー・チャートという約4億1千万年前の地層からは，維管束をもたないアグラオファイトンや，維管束をもつリニアの化石が見つかっている．これらの絶滅した化石植物は現生のコケ植物と小葉類の中間に位置づけられる．

*14　約3億6千万年前のデボン紀後期から出現して石炭紀に繁栄した裸子植物の一群．現生のシダ類に似た葉に，胞子ではなく種子をつける．白亜紀に絶滅した．

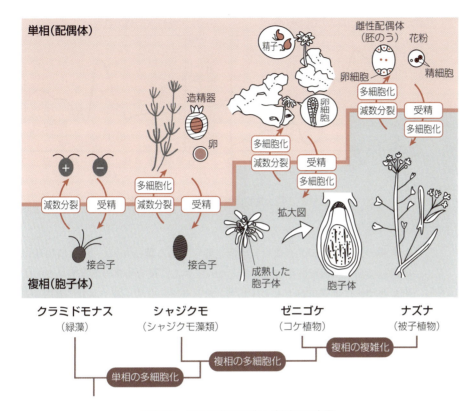

図 1.5 陸上植物の進化と生活環の変遷

このころまでに昆虫類をはじめとする陸上節足動物が陸上に出現していたが，陸上脊椎動物はまだ現れていなかった（図 1.1）．

約 3 億 6 千万年前から 3 億年前は石炭期とよばれ，大型化したシダ類とシダ種子植物の大森林が形成されていた．当時，リグニンを含んだ木材を分解する菌類がいなかったため，植物の光合成で固定された炭素はそのまま地中に埋まって石炭となったと考えられている．このころ動物の世界では，ようやく両生類が誕生し，陸上脊椎動物の進化が始まった（図 1.1）．

維管束植物の誕生と進化は，光合成生物の活動領域を大幅に拡大し，大気中の二酸化炭素濃度の急激な減少を引き起こしたらしい（図 1.6a）[*15]．この急激な二酸化炭素濃度の減少により，植物はより効率のよい光合成を行うために気孔密度を増す必要に迫られた．その結果，気孔からの水分の蒸散による葉面冷却機能や，水や養分の輸送能力が向上し，葉や植物体の大型化が進んだと考えられている．一方で，約 3 億年前には光合成により放出された酸素の濃度が 35%（現在は 21%）に達し，酸素呼吸によるエネルギー供給が促進されたことが，昆虫を含む陸上生物の大型化を可能にしたと考えられている（図 1.6b）．

*15 陸上植物が誕生したばかりの 4 億年前，二酸化炭素濃度は 3600 ppm（0.36%）であり，現在の大気中の二酸化炭素濃度 370 ppm（0.037%）の約 10 倍であった．植物が陸上環境に適応し繁栄した結果，石炭紀の終わり頃の約 3 億年前には現在よりも低い 300 ppm（0.03%）まで減少した．

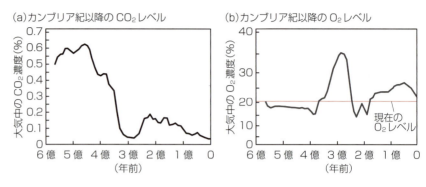

図1.6　陸上生物の繁栄と大気組成の変化

　太陽の光を捉えて光合成を行う側生器官である**葉**(leaf)は，陸上植物進化の過程で独立に何度も生じたと考えられている．最も初期の葉は茎の表面に生じた突起に維管束が1本入って生じたと考えられる小葉であり，葉脈が1本しかない．シダ類や種子植物に見られる複雑な葉脈パターンをもつ大葉は，分岐した枝から生じたと考えられ，さまざまな系統で独立に少なくとも4回は出現したらしい．

1.3.3　生殖プロセスの発達

　約3億年前以降は，胞子ではなく種子を散布して増える種子植物が繁栄を始めた．**胞子**(spore)は1つの植物から何十万，何百万個もつくられるが，1つ1つの胞子は単細胞で小さく，栄養をほとんどもっていないので，自力で発芽して大きく成長するのは難しい．一方，**種子**(seed)は複雑で大きな構造で，硬い殻の中に「胚」とよばれる次世代の小さな植物体を閉じ込めている．種子には栄養分も多く含まれており，土壌中に栄養がなくても発芽して，ある程度まで成長することができる．つまり種子は，胞子ほど多くつくることはできないが，胞子に比べて生存能力が高く，厳しい環境で確実に次世代を残すための革新的な発明であったと考えられる．

　また，種子の発明は，生殖プロセスにおける水利用の観点からも大きなメリットがあったと考えられる．小葉類やシダ類の植物体は，陸上生活に十分適応していたが，胞子から発生する独立した配偶体上で形成された精子と卵細胞の受精には水が不可欠である．種子植物は，小葉類やシダ類と同様に，受精卵から形成される胞子体が主な植物体となっているが，胞子体上で胞子から配偶体が発生して配偶子（精細胞と卵細胞）を形成する．種子植物では，雌雄の胞子の大きさが異なっており，大胞子から雌性配偶体（胚珠の中の胚のう），小胞子から雄性配偶体（花粉粒）が形成される．そして種子植物は母体の胞子体上で雌性配偶体を保護し，その中で受精を行わせることで，外界

の水に依存することなく受精を完了させることができる．さらに種子植物の受精卵は母体上の種子の中で小型の植物体(胚)まで発生し，栄養分を蓄積し休眠した状態で散布される．こうして配偶子形成と受精，そして幼体の発生を，外界の環境と切り離して母体上で行うことで，有性生殖の効率と，幼体の生存確率が飛躍的に向上し，種子植物はさらに生育範囲を拡大していった．

そして約1億3000万年前までに，**花**(flower)とよばれる生殖器官の特殊化が進み，被子植物が出現した．裸子植物では雌性配偶体を含む胚珠がむきだしになっており，花粉が直接着生して受精する．スギやマツのように風で花粉を運ぶ風媒花がほとんどである．被子植物では胚珠が閉鎖した心皮につつまれて子房の中に収まっており，花粉は雌しべの柱頭から花粉管を伸ばして受精する．風媒花をもつ被子植物もあるが，虫や鳥などの動物などによる効率のよい花粉媒介のしくみを進化させているものが多い．また被子植物は，重複受精という効率的な有性生殖のしくみを獲得した．重複受精では，胚の成長をささえる胚乳という栄養貯蔵の組織を，前もって準備することなく，胚の形成と同時に発育させることができるため，栄養分の投資に無駄がないというメリットがあると考えられている．

現在，被子植物は約30万種が知られており，陸上植物の90%以上を占める(図1.7)．被子植物はさまざまな環境に適応し，地球上で繁栄を謳歌している．われわれの目を楽しませる季節の花々や，イネやコムギなどの穀物，リンゴやミカンなどの果物，紙や木材の原料など，被子植物は人類の生活にもなじみ深い．しかし，亜寒帯で大森林を形成する針葉樹林や，地球の全表面積の1%を占めるといわれるミズゴケ湿地などに見られるように，コケ植物や小葉類，シダ類や裸子植物もそれぞれ地球上のさまざまな環境に適応して進化し，生態系に大きく貢献していることを忘れてはならない．

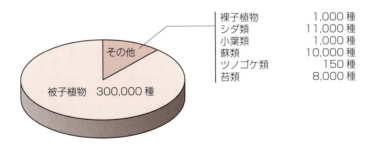

図1.7　被子植物の繁栄

練習問題

1. 陸上植物は車軸藻植物のなかでも，接合藻類やコレオケーテ類，シャジクモ藻類に近い種から進化したと考えられている．その根拠を説明しなさい．
2. 陸上植物が進化の過程で獲得した器官を4つ挙げなさい．

2章 植物の構造と特徴

「植物」とひと口に言っても，水生藻類から陸上植物まで，大きさや形，性質は千差万別である．しかしながら，寄生植物など一部の例外を除けば，植物はすべて，光エネルギーを使う独立栄養生物[*1]である．一方，動物は餌を捕食して他の生物から有機化合物を奪わなければ生きられない．生物の「食う・食われる」という一連のつながりを食物連鎖というが，植物は一次生産者[*2]として無機物から有機物をつくりだすことで食物連鎖の出発点になっている．私たちヒトを含む動物は，植物がつくりだした有機化合物なくして生きてはいけないのである．他の生物を補食しないという生存戦略を選んだ植物は，動物とはまったく異なる構造をもつことで，地球上の生物において圧倒的多数を維持している（口絵参照）．2章では，私たちの身近に存在する双子葉植物をおもな例にして，植物の構造と特徴について説明する．

2.1　植物の器官

植物が有機化合物を合成するためには，「太陽光」と「二酸化炭素」，それに「水や無機化合物」が必要である．これらを効率よく生育環境から取り込んで利用するために，植物は，**葉**(leaf)，**茎**(stem)，**根**(root)という3つの器官をもっている（図2.1）．

2.1.1　葉

葉は光合成[*3]を行うために進化した器官で，**葉身**(lamina)と，葉身を茎につなぎ止める**葉柄**(petiole)などからなる．

葉身の形は植物によってさまざまである．一般的には扁平な形をしており，平らな面から太陽光を吸収し，気孔から大気中の二酸化炭素を取り込んで光合成を行う（6章参照）．

---

*1　独立栄養生物とは，環境から得られる無機化合物のみから必要な有機物を合成して生存できる生物．

*2　光エネルギーや化学エネルギーを用いて無機物から有機物をつくることができる独立栄養生物．前者を用いるのは植物やラン藻などの光合成生物，後者を用いるのはメタン菌などの化学合成独立栄養生物である．

*3　光合成は太陽光エネルギーを用いて二酸化炭素と水から糖をつくる反応で（詳しくは6章参照），植物による物質生産の出発点である．

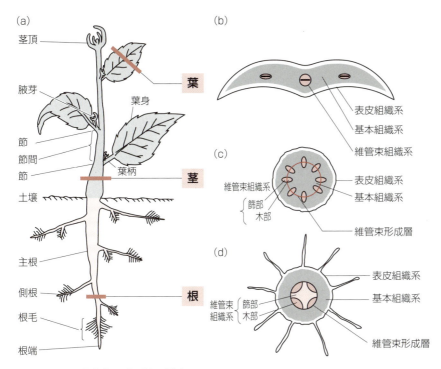

図 2.1 双子葉植物の典型的な構造
(a)植物を構成する3つの器官(葉・茎・根)の模式図. (b-d)葉, 茎, 根の断面図とそれぞれの器官を構成する組織系.

2.1.2 茎

茎は，葉や腋芽などがつく**節**(node)と，その間にある**節間**(internode)の繰り返しからなる．葉なども含めたこの繰り返し構造を**ファイトマー**(phyt pyhtomer)とよぶ(12章参照)．節からでる葉の角度や節間の長さには植物種ごとに一定の決まりがあり，葉が互いに重ならず効率よく太陽光を受けられるように構成されている．また，根で吸収した水や無機化合物を葉へ運んだり，光合成でつくられた糖などを必要とする場所へ分配するなど，植物の循環系としての役割も果たしている．

2.1.3 根

根は，「植物の隠れた半分」とも言われるように，植物体のおよそ半分を占める重要な器官である．地中深くに長く伸びた**主根**(main root)と，主根から枝分かれした**側根**(lateral root)からなる．根の先端付近には無数の**根毛**(root hair)が存在する．根毛は，単一の表皮細胞が細長い突起を伸ばしたものである．多くの植物は，根毛を含む根の先端部分で土壌中の水や無機化合物を吸収している．また，主根や側根は地中深くに広く伸びることで，茎や

葉などの地上部分を支える役割も果たしている．ただし，単子葉植物のイネ科のように主根をもたず地表近くに伸ばした多数のひげ根（茎の下部からでる不定根）のみで地上部を支えている植物もある．

2.2　植物の組織系

　ザックス（J. Sachs, 1875）は，葉，茎，根の各器官がいずれも，表皮組織系，基本組織系，維管束組織系からなると述べた（図2.1 b-d）．これらの組織系は，形や機能の異なるさまざまな細胞が集まった「組織」から構成されている（表2.1）．図2.2a に双子葉植物の葉の組織構造を示す．

　葉の表面は表皮組織系（表皮）で覆われている．表皮組織の大部分を占めるのが**表皮細胞**（epidermal cell）である．顕花植物[*4]の多くは，葉の表皮細胞がジグソーパズルのピースのような複雑な形をしている．表皮細胞が外気と接する面には外側から順にワックス[*5]やクチン[*6]を含む層状構造があり，これらを合わせて**クチクラ**（cuticle）とよぶ（図1.4）．クチクラは，植物体からの水分蒸散や紫外線による傷害，外部からの病原体や物質の侵入などを防いでいる．表皮組織の随所には表皮の細胞が変化した**毛状突起**[*7]（trichome）が存在し，害虫防除や粘液の分泌などさまざまな機能を果たしている．また，表皮組織のところどころには，**孔辺細胞**（guard cell）が2つ向かいあって並んでおり，2つの孔辺細胞の間に空いた穴が**気孔**（stomata）である．孔辺細胞は環境に応じて形を変え，気孔の開閉を行う．

　基本組織系は光合成の主要な場で，太陽光を受ける向軸面（表側）にある柵

*4　花が咲き，種子をつける植物．

*5　蝋ともいう．長鎖のエステルやアルカンなどからなる複雑な高分子物質．

*6　不飽和脂肪酸が重合したもの．

*7　表皮細胞が変形してできた1つもしくは複数の細胞からなる毛状の構造．

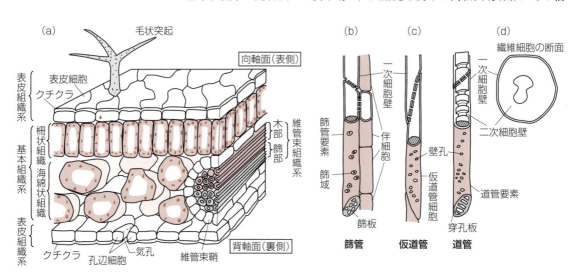

図2.2　葉を構成する組織系および組織，細胞の種類
(a)葉は表皮組織系，基本組織系，維管束組織系からなり，それぞれの組織系は形や性質の異なるさまざまな組織と細胞で構成されている．(b)篩部に存在する篩管（左）と伴細胞（右）．細胞の上部は断面を示している．(c)木部に存在する仮道管（左）と道管（右）．(d)二次細胞壁が発達した繊維細胞の断面図．

表2.1 植物の組織系および代表的な組織と細胞

組織系	組織	細胞
表皮組織系	表皮	表皮細胞
		孔辺細胞
		毛状突起
基本組織系	柔組織a)	
	├柵状組織	柵状柔細胞
	├海綿状組織	海綿状柔細胞
	├維管束鞘	維管束鞘細胞
	├皮層	
	│├内皮	内皮細胞
	│└皮層柔組織	皮層柔細胞
	└内鞘	内鞘細胞
	厚角組織b)	厚角細胞
	厚壁組織c)	
	└繊維組織	繊維細胞
維管束組織系	木部	
	├道管	道管要素
	├仮道管	仮道管細胞
	├木部柔組織	木部柔細胞
	└木部繊維組織	木部繊維細胞
	篩部	
	├篩管	篩管要素
	├篩部柔組織	篩部柔細胞
		伴細胞
	└篩部繊維組織	篩部繊維細胞

a) 柔組織を構成する細胞を総称して柔細胞とよぶことがある．柔細胞は薄い一次細胞壁のみをもち，重要な生理作用を営む．
b) 厚角組織は部分的に厚い一次細胞壁をもつ生きた厚角細胞からなり，若い植物体の形を保つ役割をもつ．
c) 厚壁組織を構成する細胞を総称して厚壁細胞とよぶ．厚壁細胞は厚い二次細胞壁をもつ死細胞である．比較的細長いものは繊維細胞とよばれる．厚壁組織は植物体の強度を高める役割をもつ．

状組織（palisade tissue）と，背軸面（裏側）にある**海綿状組織**（spongy tissue）などを含む．柵状組織では，太陽光の入射方向に沿った縦方向に長い細胞が密に並んでいる．一方，海綿状組織は不規則な形をした細胞からなることも多い．葉の向軸面から入射した強い光はまず柵状組織の細胞で受け取られ，余った光が海綿状組織でさまざまな方向へ乱反射されながら吸収されて，効率よく光合成に利用される．海綿状組織には広い細胞間隙があり，水蒸気や光合成に必要な二酸化炭素，呼吸に必要な酸素などの気体を，気孔などを通して外界とやりとりしている．茎などの基本組織系は，繊維組織[*8]などの厚壁組織や厚角組織をもつ場合がある．これらの組織は植物体の強度を高めている．

[*8] 繊維細胞で構成される組織．繊維細胞は厚い二次細胞壁をもった堅くて細長い細胞で，長いものでは4cmに達することもある．成熟すると細胞質を失い，死細胞となる．植物体を支持する役割を果たし，基本組織系をはじめ篩部や木部などにも存在する．

2章 植物の構造と特徴

維管束組織系は全身に張り巡らされた管状の構造体で，篩部と木部に大別され，水や溶質の輸送を担っている（8章参照）．

篩部（phloem）は，篩管や伴細胞（図2.2b）など複数の細胞群で構成される．篩管は篩管要素とよばれる生きた細胞が縦に連なってできた管である．篩管要素には両端に穴が空いた篩板が存在しており，糖やアミノ酸などを必要とする組織や器官へ輸送する．また，タンパク質やペプチド，RNAなどの高分子化合物も輸送しており，離れた組織間での情報伝達にも関わっている．伴細胞も生きた細胞である．篩管要素とは原形質連絡（2.3.2項参照）でつながっており，核をもたない篩管要素にタンパク質などを供給していると考えられている．

一方，**木部**（xylem）には道管や仮道管（図2.2c）が存在し，根で吸収した水や無機イオンなどを地上部へ運んでいる．道管は道管要素という死んだ細胞の細胞壁が縦につながってできた管である．水は道管要素の両端の穿孔板に空いた穿孔や管壁に空いた壁孔を通って流れていく．仮道管も死んだ細胞でできているが，壁孔のみで穿孔をもたない．

2.3　植物細胞の構造と特徴

植物細胞は細胞膜に包まれた内部に細胞質基質や核，その他の細胞小器官が存在するという，真核生物に共通の基本的性質をもつ．しかし，セルロースを主成分とする細胞壁で覆われていること，色素体をもつことなど，植物独自の特徴ももっている．植物細胞の一例として，柵状柔細胞の構造を図2.3に示す．

2.3.1　細胞壁

植物細胞の形は**細胞壁**（cell wall）によって決まる．若い細胞の細胞壁は一次細胞壁とよばれ，セルロース微繊維，ヘミセルロース，ペクチンなどの高分子多糖を主成分とする（9章参照）．隣接する細胞壁どうしはペクチンに富んだ**中葉**（middle lamella）で接着している．一次細胞壁には伸縮性があり，細胞の成長に合わせてある程度伸びることができる（9章参照）．細胞の成長が停止した後，一次細胞壁の内側に肥厚した二次細胞壁が形成される場合もある．二次細胞壁はリグニンなどが沈着した強固な構造で，細胞壁の強度を増強する役割を果たしている．たとえば，道管に見られるリング状やらせん状の二次細胞壁（図2.2 c）は，蒸散流[9]によって生ずる水の陰圧によってつぶれないように道管を補強している．また，繊維細胞（図2.2 d）は，細胞壁内側全体に肥厚した二次細胞壁を発達させることで植物体を支えるために必要な強度を保っている．

[9] 葉における気孔を通した空気（大気）中への水分の蒸発によって引き起こされる，根から葉に向かう水の移動．

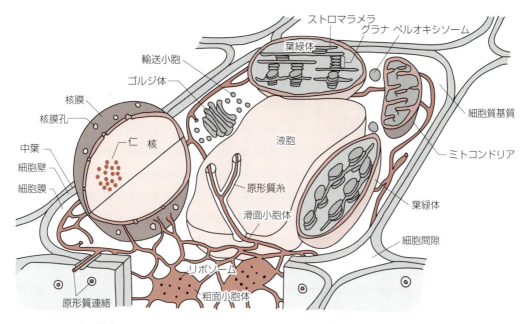

図 2.3　柵状柔細胞の模式図
植物細胞は細胞壁と細胞膜に取り囲まれているが，原形質連絡によって隣の細胞と連結されている．内部には，葉緑体や液胞など固有の膜によって区画化されたさまざまな細胞小器官が存在する．

2.3.2　複雑な膜系

　細胞壁の中には細胞膜に包まれた細胞が 1 つ存在する．それぞれの細胞は細胞壁に囲まれて孤立しているのではない．細胞壁には小さな孔が空いており，隣り合った細胞の細胞膜は孔を通る管によってひと続きになっている．管の中には小胞体も通っている．この管を**原形質連絡**（plasmodesma）とよぶ．互いの細胞は原形質連絡を通して，水や低分子化合物だけでなく特定のタンパク質や RNA などをやりとりすることもできる．つまり，植物は原形質連絡によってつながった細胞の連続体とも言える[*10]．この連続体のことを**シンプラスト**（symplast）とよぶ．一方，細胞膜の外側にある細胞壁もひとつながりの連続体を構成する．これを**アポプラスト**（apoplast）とよぶ．

　植物細胞は，細胞膜をはじめさまざまな膜系を含んでいる．これらは**生体膜**（biomembrane）とよばれ，脂質とタンパク質で構成される（図 2.4）．膜を構成する脂質にはグリセロ脂質，スフィンゴ脂質，ステロールがある（図 2.5）．グリセロ脂質はグリセロールに 2 分子の脂肪酸がエステル結合し，さらにリン酸もしくは糖が結合したもので，前者をグリセロリン脂質，後者をグリセロ糖脂質という．一般に生体膜はリン脂質を多く含むが，葉緑体の包膜にはグリセロ糖脂質が多いなど，膜系によって脂質の組成に違いがある．これらの脂質は疎水部と親水部をもつ両親媒性物質で（図 2.4），疎水部を内側に挟

*10　動物細胞も細胞質基質（cytosol）がつながった構造（ギャップ結合）をもつことがあるが，細胞膜が連続しているわけではない．

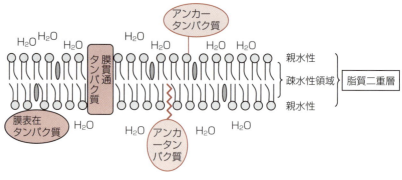

図 2.4 脂質二重層の構造と膜タンパク質
アンカータンパク質にはスフィンゴリン脂質に結合するものと，疎水性の側鎖によって結合しているものがある．

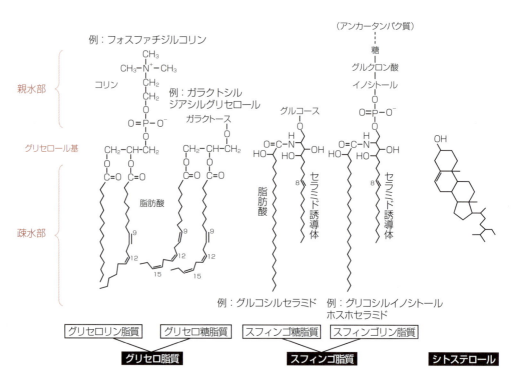

図 2.5 膜脂質の構造
グリセロリン脂質には，コリンの代わりに，セリン，エタノールアミン，グリセロール，イノシトールなどをもつものもある．グリセロ糖脂質には，2分子のガラクトースやスルフォン酸基を含む糖をもつものもある．

み，親水部を外側に向けた脂質二重層を形成するので，水やイオン，アミノ酸などの水溶性物質を透過しにくい．膜に結合するタンパク質には，細胞膜を貫いて存在する膜貫通型タンパク質や，膜の表面に存在する膜表在タンパク質，スフィンゴ脂質などの膜脂質と結合しているアンカータンパク質など

があり(図2.4),膜を越えた物質の輸送や外部刺激の受容などの機能を担っている(4章参照).

2.4 植物細胞の細胞小器官

植物細胞の内部は,膜によって区画化されたさまざまな**細胞小器官**(オルガネラ,organelle)が存在する(表2.2).色素体や液胞は植物細胞に特徴的である.一方,核や小胞体,ミトコンドリア,ペルオキシソームなどは植物細胞のみならず真核生物の細胞に普遍的に存在するが,植物細胞に固有な機能を合わせもつ場合もある.これらの細胞小器官は,それぞれが独立に,ときには複数の細胞小器官が共同で,物質生産などを行っている.

表2.2 植物細胞に存在するおもな細胞小器官

核	小胞体
色素体(プラスチド)	ゴルジ体
原色素体(プロプラスチド)	液胞
葉緑体	分解型液胞
アミロプラスト	タンパク質蓄積型液胞
エチオプラスト	**ペルオキシソーム**
白色体(ロイコプラスト)	グリオキシソーム
有色体(クロモプラスト)	緑葉ペルオキシソーム
ミトコンドリア	輸送小胞

2.4.1 色素体

植物細胞に特徴的な細胞小器官の代表は**色素体**(plastid)であろう.二重の膜(内包膜と外包膜)に囲まれ,独自の環状DNAやタンパク質合成系をもつ半自律的な細胞小器官で,**プラスチド**と記載されることもある.色素体と聞いてもなじみがないかもしれない.しかし,誰もが知っている**葉緑体**(chloroplast)も色素体の一形態である.

色素体とは**原色素体**(proplastid)から分化する一群の細胞小器官の総称で,葉緑体をはじめアミロプラスト,エチオプラスト,白色体,有色体などを含む.分裂組織[*11]の細胞に存在する原色素体は,内部に膜構造をもたず,光合成をする能力はない.原色素体は細胞分裂と同調して分裂し,増殖する.光刺激を受けると,原色素体の内部にチラコイドという扁平な袋状構造をもつ膜系が多数形成され,チラコイド膜には光合成の光化学反応に必要なタンパク質や色素が集まって,原色素体は光合成を行える葉緑体に変わる(6章参照).一方,暗所で生育した植物では,原色素体が**エチオプラスト**(etioplast)になる(11章参照).エチオプラストにはプロラメラボディ[*12]とよばれる規則的な膜構造体やクロロフィル前駆体(6章参照)の蓄積が見られる.エチオプラストも光刺激によって葉緑体へ分化することができる.穀類種子の胚

[*11] 細胞分裂を活発に行っている組織.未分化な細胞からなり,茎頂や根端,維管束形成層などに存在する.

[*12] エチオプラストに特異的な膜構造.チューブ状になった脂質二重膜が規則的に融合して3次元格子構造を形成する.

*13 種子を構成する組織のひとつ.発芽時に必要な養分を供給するための組織で,成長とともに消失する.

*14 根冠は根の先端にある成長点を保護している組織.根冠の中央にあるのがコルメラ細胞である.

*15 根や茎を構成する表皮,皮層,中心柱のうち,皮層の一番内側を内皮とよぶ.1層の細胞からなり,皮層と中心柱を隔てている.

*16 表皮細胞由来の腺毛などに含まれる細胞で,科や属に特徴的な二次代謝産物を蓄積もしくは分泌する.

*17 炭素数5のイソペンテニルリン酸からつくられる化合物の総称(7章参照).

*18 カロテノイド(6章参照)の一種.

*19 生物の生命維持,発育,増殖に関与しない物質の総称.

*20 植物の二次代謝産物の一種.ベンゼン環2個を炭素鎖でつないだ単位 C_6-C_3-C_6 の炭素骨格をもつ化合物の総称で,アントシアニン,カテキン,イソフラボンなどが知られている.

*21 細胞膜に囲まれた領域のうち,細胞小器官以外の部分.サイトゾルともよぶ.

乳*13 やジャガイモの塊茎のようなデンプンを蓄積する組織では,色素体が糖からデンプンを合成し,大きなデンプン顆粒を蓄えた**アミロプラスト**(amyloplast)になる.アミロプラストは根冠のコルメラ細胞*14 や茎の内皮細胞*15 にも存在し,重力刺激を感受する役割も担うと考えられている(10.1.4項参照).分泌細胞*16 に見られる無色の色素体は白色体(ロイコプラスト)とよばれ,テルペノイド化合物*17 を合成して蓄える.こうしたテルペノイド化合物のなかには香料や医薬品の原料として利用されるものもある.果実,花,根に存在する赤色や黄色の色素体は有色体(クロモプラスト)とよばれる.有色体はカロテンやキサントフィル*18 を蓄えており,トマトやニンジンの色のもとになっている.これらの色素体どうしは相互に機能変換が可能な場合も多い.色素体は細胞分化や環境変化に応じて柔軟に形や機能が変化するのである.

2.4.2 液 胞

液胞(vacuole)もまた,植物に特徴的な細胞小器官である.液胞は液胞膜に囲まれており,内部は弱酸性で,水,イオン,有機酸,糖,アミノ酸,タンパク質,二次代謝産物*19 などを貯蔵している.表皮細胞の液胞はフラボノイド化合物*20 を蓄積し,紫外線を吸収するフィルターの役割をする(11章参照).これらの液胞は,加水分解酵素を多く含むことから分解型液胞とよばれることもある.分裂直後の新しい細胞には多数の小さい液胞が存在するが,細胞の成長にともない,小さな液胞は互いに融合しながら吸水し,1つもしくは小数の巨大な液胞(中央液胞)へと変化する.多くの場合,液胞は成熟した細胞体積の95% 以上を占めるほど大きく,**細胞質基質**(cytosol)*21 や細胞小器官を細胞の周縁部に押しやっている.液胞のところどころには液胞膜で囲まれた**原形質糸**(trans-vacuolar strand)とよばれる細長いチューブ状構造がある.原形質糸の内部は細胞質基質につながっており,枝分かれしながら液胞を貫いている.

細胞の伸長成長は,液胞の巨大化を伴う.植物がより高いところに,より大きな葉を広げ,より広範囲に根を張って,有機化合物の生産性を高めるうえで,細胞の巨大化は効果的である.一方で,細胞質基質はタンパク質などを合成する大切な場なので,イオン濃度,pH,酵素やその基質の濃度などを厳密に調節しなければならない.植物は液胞の体積だけを増やすことで,細胞質基質の環境を変えることなく細胞の体積を増大できる.

種子などに存在する貯蔵組織の細胞は貯蔵タンパク質やフィチン酸などを蓄積する特殊な液胞を多数もつことがある.これをタンパク質貯蔵型液胞とよぶ.プロテインボディと記載されることもある.この液胞の内部は中性で,タンパク質の分解活性も低い.種子が発芽する際にはタンパク質貯蔵型液胞

が互いに融合し，分解型液胞へ変化する．それと同時に内部に蓄積した貯蔵タンパク質は分解され，発芽成長に必要なアミノ酸を供給する．

2.4.3 核

核(nuclear)は遺伝情報の本体であるDNAを保存する大切な場所である．細胞には核が1つ存在する．1個の核に入っているDNAの全長は植物種によって大きく異なる．例えば，シロイヌナズナのDNAは約8 cmであるが，クロユリのDNAは約82 mにもなる．DNAは長い糸状の生体高分子で，ヒストンなどのタンパク質と結合して折りたたまれている．DNAとタンパク質の複合体を**クロマチン**(chromatin)とよぶ(図2.6)．

ヒストンは，核のDNAと結合している主要なタンパク質である．複数のヒストンタンパク質が存在し，コアヒストンとリンカーヒストンに大別される．コアヒストンはヒストン八量体を形成し，DNAと結合してヌクレオソームとよばれる構造をつくる．一方，リンカーヒストンはヌクレオソーム間のリンカー領域に結合している．ヌクレオソームが集合し，クロマチン繊維が高度に凝縮することで，細くて長いDNAが直径たった数μmの核の中に絡まることなく格納されているが，遺伝子の発現状態などに応じて凝集度の低い状態になることもある．

核は**核膜**(nuclear membrane)とよばれる二重の膜で囲まれている．核膜には核膜孔がある．小さな分子は核膜孔を自由に通過できる．タンパク質やRNAなど大きな分子のほとんどは核膜を通過できないが，特定のタンパク質やRNAは特別な輸送機構によって選択的に通り抜けることができる．核

図2.6
ヌクレオソームの構造

> ### Column
>
> ### シロイヌナズナ
>
> シロイヌナズナ(*Arabidopsis thaliana*)は植物の研究には欠かせない材料であり，本書でもしばしば登場する．ゲノムサイズが小さいため，世界で最初に全ゲノム配列が明らかになった種子植物である．小型な植物なので実験室で多数育てることができ，しかも2ヵ月もあれば種子が採れるので，モデル植物として植物生理学の研究に適している(カバー写真参照)．

膜の細胞質基質に接する面はところどころで小胞体の膜と融合しているので，核膜は小胞体の一部が特殊化したものであるとも言える．

2.4.4 小胞体

小胞体(endoplasmic reticulum：ER)は細胞質基質全体に広がる網目状の構造体である．枝分かれした管状の構造や扁平な袋状の構造が組み合わさった複雑なネットワーク構造をもち，その一部は原形質糸を通って液胞を横断しているし，原形質連絡を通って隣の細胞の小胞体ともつながっている．表面にリボソーム[*22]が付着した**粗面小胞体**(rough ER)と表面が滑らかな**滑面小胞体**(smooth ER)の2つの領域が存在する．粗面小胞体は袋状構造の部分，滑面小胞体は管状構造の部分に相当すると考えられている．粗面小胞体の膜に結合したリボソームではタンパク質が合成されている．合成されたタンパク質は，小胞体の内部に入り，糖鎖修飾[*23]などを受け，輸送小胞[*24]によってゴルジ体に運ばれる．その後，ゴルジ体で仕分けされて，輸送小胞によって細胞外へ分泌されるか，液胞など細胞内の他の内膜系へ輸送される．小胞体は脂質や二次代謝産物などの合成，カルシウム濃度の調整なども行う．

ナタネやオリーブなどの油糧作物[*25]の種子や果実の細胞では，小胞体からオイルボディとよばれる球形の細胞小器官がつくられる．オイルボディには貯蔵脂質として小胞体で合成された脂質(トリアシルグリセロール[*26])が蓄積している(5章参照)．種子の発芽過程ではトリアシルグリセロールが分解されてスクロースに変換される．

2.4.5 ミトコンドリア

ミトコンドリアは酸素呼吸によりATPをつくるという，生命活動の根幹をなす(5章参照)．その形は球状から円筒状，紐状，網状までさまざまに変化し，とくに内膜は内側に向かってひだ状に陥入したクリステと呼ばれる構造をつくる．外側は二重の膜に囲まれており，独自の環状DNAやタンパク質合成系をもつ点はプラスチドと似ている．植物細胞のミトコンドリアDNAは哺乳動物のものよりも大きく，より多くの遺伝子をもっている．

2.4.6 ペルオキシソーム

脂質分解の中心的な役割を果たしているのが**ペルオキシソーム**(peroxisome)である．植物のペルオキシソームは細胞の種類や環境刺激によって機能が変化するという特徴がある．発芽中の種子細胞に存在するペルオキシソームは脂肪酸β酸化系とグリオキシル酸回路によって脂質分解を行っており，特にグリオキシソームとよばれる．オイルボディに蓄積した貯蔵脂肪はグリオキシソームのみで分解されるが，哺乳動物の細胞ではペルオ

[*22] タンパク質とrRNAからなる大きくて複雑な構造体．mRNAの情報を読み取って，タンパク質を合成する．粗面小胞体状に付着しているリボソームを膜結合型リボソームとよび，小胞体やゴルジ体，液胞に存在するタンパク質や細胞外へ分泌されるタンパク質などの合成を行う．細胞質基質に存在する遊離型リボソームは細胞質基質やペルオキシソームのタンパク質，および色素体やミトコンドリアタンパク質の一部などの合成を行う．

[*23] 合成後のタンパク質に糖鎖が付加される場合があり，これをタンパク質の糖鎖修飾という．糖鎖修飾にはN-結合型とO-結合型の2種類があり，前者はアスパラギン側鎖，後者はセリンもしくはトレオニン側鎖に糖鎖が結合している．

[*24] 細胞内における単膜系細胞小器官(小胞体，ゴルジ体，液胞など)や細胞膜の間で物質を輸送するために用いられる小胞．小胞を取り囲むタンパク質の種類によって，小胞体からゴルジ体への輸送を担うCOP II被覆小胞，ゴルジ層板間やゴルジ体から小胞体への輸送などを行うCOP I被覆小胞，細胞膜とゴルジ体間の輸送などに関わるクラスリン被覆小胞などに分類される．

[*25] 植物油の採取を目的として栽培される作物．ダイズ，ナタネ，ワタ，アブラヤシなど．

[*26] グリセロール1分子に脂肪酸3分子がエステル結合した化合物．

キシソームとミトコンドリアの両方が脂質を分解する．一方，光合成を行っている細胞では，ペルオキシソームが葉緑体やミトコンドリアと共同して光呼吸を行っている（6.11節参照）．光呼吸を行うペルオキシソームをとくに緑葉ペルオキシソームとよぶ．

2.5 動く細胞小器官

植物は動物のようにすばやく動く能力をもたないので，細胞内部も動かないと誤解されがちである．しかし近年，生きたまま細胞の内部を観察する技術が発展し，植物細胞の内部が驚くほど活発に活動していることがわかってきた．この様子は**原形質流動**(cytoplasmic streaming)とよばれる．

植物の細胞小器官の多くは，動物細胞よりも活発に細胞内を移動するし，必要に応じて複数の細胞小器官が集合・離散したりもする．たとえば，弱い光のもとでは葉緑体が細胞の上下面に移動してより多くの光を受けようとするし，強い光を浴びると細胞の側面に移動することで光を避けようとする（11.2.6項参照）．また，葉緑体表面からストロミュールとよばれる細い管が出ることもある[27]．液胞も時間とともに激しく形を変化させており，液胞を貫通する原形質糸も新しくできたり，枝分かれしたり，消えたりしている．こうした植物細胞内の運動の多くはアクチンフィラメント[28]とよばれるタンパク質複合体によって制御されると考えられているが，その詳しいしくみや役割などにはまだ不明な点が多い．

インターネット上には，生きた植物細胞を観察したさまざまな動画を提供するウェブサイト[29]が多数存在するのでぜひ見てほしい．

[27] 同様の構造に，ミトコンドリアのマトリックスールやペルオキシソームのペルオキシュールなどが知られている．

[28] アクチンという球状のタンパク質がらせん状に多数重合してできる細長いタンパク質繊維．細胞骨格の一種．細胞骨格は，細胞の形態や細胞内外の運動などに関わるタンパク質でできた繊維状構造で，アクチン繊維のほかに微小管と中間径繊維がある．

[29] たとえば，植物オルガネラワールド(http://podb.nibb.ac.jp/Organellome/PODBworld/)などがある．

練習問題

1 茎および根の組織構造および組織を構成する細胞の種類についてまとめなさい．

2 植物細胞の特徴について，動物との違いについて焦点をあててまとめなさい．

3章 ヒトと植物の関わり合い
——過去・現在・未来

　現代に生きる私たちの多くは，コンクリートやアスファルトで囲まれた都市に住み，植物を意識する機会が少なくなってきた．しかし，食品や嗜好品（茶・コーヒー・タバコなど），衣類（木綿，麻など），工業製品（紙，ゴム，住宅用建材など），医薬品，園芸品といった，私たちが生きていくために必要な多くの製品は，植物からつくられている．こうした植物は，野生植物をヒトが長い時間をかけて改良したものである．今では，遺伝子操作によってつくられた植物も，多く利用されている．3章では，過去から現在，さらには，近未来における植物とヒトの関わりについて考える．

3.1　ヒトと植物の関わり合いの歴史

　現代人の遠い祖先のひとつである猿人は，今から500万年ほど前に出現したとされている（表3.1）．このころすでに，ヒトは，種子や木の実，果実，イモなどを食糧とする採集生活をすることで，野生植物と関わりをもっていた．その後，猿人が原人や旧人にとって代わられても，野生植物から食糧を得るという点では変わらなかった．しかし，今から1万年ほど前，私たちの直接の祖先である新人が植物を栽培するようになったことで，ヒトと植物との関わりが一変する．はじめは野生植物を栽培したのだろう．しかし，何年も繰り返し特定の野生植物を栽培しているうちに，ヒトに都合がよい性質（優良形質）をもった個体が稀に出現することに気がついた．これまで優良とされてきた形質には，次のようなものがある．

　①　経済性の高さ
　②　栽培・収穫作業のしやすさ
　③　耐病・耐虫害性の高さ
　④　環境適応能の高さ

「経済性」とは，収穫量，味・香り・食感・成分の違いなどであり，「栽培・

表 3.1 ヒトによる農業と品種改良の歴史

年代	できごと	品種改良技術	対象作物
約 500 万年前	人類誕生？		
約 2 万年	狩猟・採集生活から定住生活へ	原始農耕の始まり	
約 1 万年		栽培農耕の始まり	
約 1 万年前～9000 年前	優良形質をもつ種の選抜	自然変異の選抜	イネ，コムギ，オオムギ
約 5000 年前			トウモロコシ
A.D.1700 年頃		交雑育種の発展	
1865 年	メンデルによる遺伝の法則の発見		エンドウ
1900 年	遺伝の法則の再発見		
1928 年		人工突然変異による突然変異体の作出	トウモロコシ，オオムギ
1940 年台～60 年台	緑の革命	高収量品種の導入	イネ，コムギ
1970 年	ノーマン・ボーローグ ノーベル平和賞受賞		
1978 年		細胞融合	ポマト(ポテト＋トマト)
1983 年		遺伝子組換え植物の作出	ニンジン，タバコなど
1994 年	遺伝子組換え作物の販売		トマト(フレーバーセーバー)
2000 年	カルタヘナ議定書の採択		
2010 年	名古屋議定書の採択		

日本植物生理学会「遺伝子組換え植物関係資料」を一部改変

収穫作業のしやすさ」とは，発芽や成熟の時期が揃っている，種子や果実が落ちにくい，トゲがなく扱いやすい，などの性質である．「耐病・耐虫害性」とは，細菌や真菌などの感染や害虫による食害に対する抵抗性であり，「環境適応能」とは，温度・日照・水分・塩分などの変化への適応力である．

同種の植物は基本的に同じセットの遺伝子をもっているが，それぞれの個体は少しずつ異なる形質を示す．これらの形質の多くは親から子へと遺伝する．形質の違いが生じる原因は，それを決めている遺伝子の**突然変異**(mutation)[*1]である．エンドウを使って遺伝の法則を科学的に解明したのはメンデル(G. Mendel)だが，ヒトはメンデルが法則を発見するずっと以前から経験的に遺伝の実体を理解し，栽培している植物の集団のなかから優良形質をもった個体の子孫を残すことで，ヒトに都合のよい遺伝子変異を選抜してきた(自然変異の選抜)．長い間，自然変異の選抜を繰り返した結果，もとの野生植物とはまったく異なる形や性質をもつ栽培植物に変わり，さらに同じ栽培植物でも，収穫量が多いとか病気に強いなど，異なる形質をもつ集団，すなわち**品種**(variety)が出現した．やがて，優良形質をもつ品種どうしを人工交配[*2]することで，新たな遺伝子の組み合わせをもったよりよい栽培植物をつくり出す**交雑育種**(cross breeding, hybridization breeding)[*3]が行われるようになった．これが農業の世界で始まった**品種改良**(breeding)

[*1] DNA の塩基配列は，放射線・化学物質による損傷や DNA 複製のミスなどによって変えられてしまうことがある．これを突然変異という．遺伝子が存在する領域が変異すると，遺伝子から転写・翻訳されるタンパク質のアミノ酸配列が変わり，その機能が変化する場合がある．

[*2] 品種改良のために，花を除雄し，残した雌しべに別の個体の花粉を受粉して種子を得ること．人工授粉ともいう．

[*3] 異なる形質をもつ品種どうしによる人工交配を行い，得られた多様な形質をもつ雑種集団のなかから優良形質をもつ個体を選抜する育種法．

*4 X線やγ線などの電磁波や中性子などの粒子線を照射することで突然変異を引き起こす方法.

*5 エチルメタンスルホン酸やニトロソウレアなどの化学物質で処理して突然変異を引き起こす方法.

*6 1940年代から60年代に行われた農業改革をさす.高収量品種の育種を中心に,化学肥料や農薬の導入などによって穀物の生産量が大幅に増大した.

である.

　遺伝子への理解が深まった1920年代ごろからは,放射線照射*4や化学物質処理*5によって人為的に遺伝子変異（人工突然変異）を誘発し,優良形質をもつ新品種が選抜されるようにもなった.

　これら従来型の品種改良は,「緑の革命*6」に結実し,収穫量が飛躍的に増大したイネやコムギの新品種をつくり出し,世界中の多くの人を食糧危機から救った.1970年には,コムギ品種改良の立役者ノーマン・ボーローグ(N. E. Borlaug)がノーベル平和賞を受賞した.しかしながら,従来型の品種改良は,優良形質をもつ新しい品種を確立するために何世代にも渡って選抜を続ける必要がある.また,人工授粉は,同一種内の品種間もしくは交配が可能な近縁種間にしか応用できず,遺伝子の基礎的知見に乏しいため経験に頼らざるを得ず,膨大な時間と労力がかかるなどの問題点もあった（表3.2）.

表3.2 従来型品種改良と分子育種の違い

	従来型	分子育種
手法	自然変異の選抜 人工突然変異の導入 人工交配	遺伝子組換え
育種期間	長い	短い
有用性質	交雑に用いた両親の遺伝子が混ざる	他の形質を変えることなく目的の優良形質を導入できる
遺伝子の導入	交配可能な生物間のみ	交配できない生物の遺伝子導入が可能
社会での受容	長い歴史があるため感情的抵抗が小さい	最新技術のため抵抗感がある

3.2　遺伝子組換え作物の利用

　それに対して,近年における分子生物学や細胞生物学の発展とともに開発された**細胞融合**(cell fusion)*7や**遺伝子組換え**(genetic transformation)などの技術は,人工授粉できない異種間での遺伝子の受け渡しや,特定の遺伝子だけを狙った遺伝子の改変を可能にした.ヒトは,自然界に存在しない遺伝子の組み合わせをもつ植物をつくり出す方法を手にしたのである.これらの方法は**分子育種**(molecular breeding)とよばれる.

　とくに,遺伝子組換え技術は,従来型品種改良よりずっと短い時間と少ない労力で有益な新品種をつくり出すことを可能にした（表3.2）.遺伝子組換えとは,ある生物の染色体に別の生物の遺伝子を組み込むことを言い,遺伝子組換え技術を用いて作られた栽培植物のことを遺伝子組換え作物とよぶ.ここでは,現在の農業で重要な役割を果たしている遺伝子組換え作物について説明する.

*7 異なる2つの植物の細胞を融合して1つの細胞にすること.まず,セルラーゼなどの処理によって細胞壁を取り除いた植物細胞をつくる.これをプロトプラストという.プロトプラストをポリエチレングリコールなどで処理することで細胞どうしを融合させる.植物の組み合わせによっては細胞融合によって生じた細胞から植物を再生できることがある.こうしてつくられた植物に,ジャガイモとトマトの雑種であるポマトや,オレンジとカラタチの雑種であるオレタチなどがある.

3.2 遺伝子組換え作物の利用

　遺伝子組換え技術は生物が本来もっている能力を応用したもので，原理自体は実はヒトが発明したものではない．自然界には種を越えて遺伝子を組換える能力をもつ生物が多数存在している．植物病原菌の一種リゾビウム・ラジオバクター(*Rhizobium radiobacter*)もそのひとつである．これは，植物の傷口などから感染してクラウンゴールとよばれる瘤(こぶ)のような増殖組織をつくる(図3.1a)．リゾビウムは細胞内にTiプラスミド[*8](tumor-inducing plasmid)とよばれる環状のDNAをもっている．Tiプラスミド上にはT-DNA(transfer DNA)領域が存在する．この領域には植物ホルモンであるオーキシンやサイトカイニンを合成する遺伝子や(10章参照)，アミノ酸の一種を合成する遺伝子が存在する．リゾビウムは宿主植物に感染するとTiプラスミドからT-DNAを切り出し，宿主植物の染色体へ導入する．その結果，T-DNAを挿入された宿主植物の細胞は植物ホルモンやアミノ酸を合成し，細胞が異常増殖することでクラウンゴールが誘導されるのである．

　現在，遺伝子組換え植物の多くは，このしくみを応用した方法でつくられている．この方法による遺伝子組換え技術をアグロバクテリウム法とよぶ(図3.1b)．以前の分類法では，リゾビウム・ラジオバクターをアグロバクテリウム・ツメファシエンス(*Agrobacterium tumefaciens*)とよんでいたからである．TiプラスミドからのT-DNAの内部領域は特定のDNA配列である必要はなく，別の遺伝子に自由に置き換えることができる．そこで，T-DNA領

*8 染色体DNAとは独立して複製し，娘細胞へ引き継がれるDNAをプラスミドという．一般的には環状構造をとる．

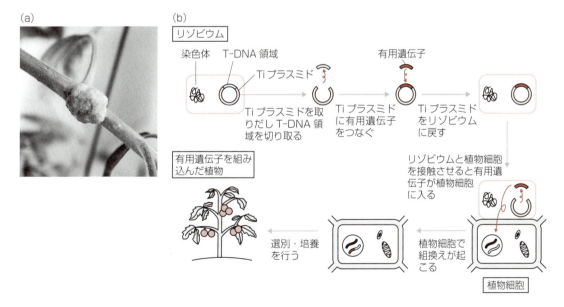

図3.1　クラウンゴール(a)とアグロバクテリウム法(b)
(a)リゾビウムが感染してできたクラウンゴールとよばれる増殖組織(写真は榊原均博士のご厚意による)．(b)リゾビウムを用いる遺伝子組換え法(アグロバクテリウム法)の実験手順．TiプラスミドのT-DNA領域を有用遺伝子に置き換えることで，有用遺伝子を組み込んだ遺伝子組換え植物をつくることができる．

域の内部を切断し，別の生物由来の有用遺伝子と入れ替える．この Ti プラスミドをリゾビウムに戻し，植物に感染させることで，原理的にはどんな遺伝子でも植物に導入することができる．

ただし，この方法は，リゾビウムが感染しない，あるいは感染しにくい植物には応用できない．イネやコムギ，トウモロコシ，ダイズなど農業上重要な栽培植物の多くはリゾビウムの宿主にならない．そのため，効率は劣るがパーティクルガン法[*9]やエレクトロポレーション法[*10]，ポリエチレングリコール法[*11] など，リゾビウムを使わずに物理的に任意の遺伝子を植物細胞に導入する手法も開発されている．近年では，アグロバクテリウム法のさらなる技術進歩により，イネなどの単子葉植物にもアグロバクテリウム法が適用可能になっている．

3.3 実用化されている遺伝子組換え作物

これまでにさまざまな遺伝子組換え作物がつくられ，その一部が実用化されている．世界ではじめて市販された遺伝子組換え植物は，フレーバーセーバーという品種のトマトである（表 3.1）．遺伝子組換えによりポリガラクツロナーゼという酵素の働きを弱めてあり，トマトの日持ちがよいという長所をもっていた．1994 年に販売が始まったが，市場に定着せず 1997 年には販売中止となっている．市場に定着しなかった理由のひとつには，遺伝子組換えという新しい技術に対する消費者の抵抗感が挙げられる（表 3.2）．

その後，遺伝子組換え生物の取り扱いに関する国際的ルール（カルタヘナ議定書）が決められ，それにもとづいて各国で遺伝子組換え作物の栽培や使

[*9] 遺伝子を含む DNA 分子（実際には，導入したい遺伝子をプロモーターとつなぎ，さらに選抜マーカーとなる遺伝子をつないだベクター）を金やタングステンの微粒子の表面に結合させ，高圧ガスの力で植物細胞に打ち込む方法．

[*10] 植物細胞から細胞壁を除いたプロトプラストを作製し，高電圧パルスをかけると，その瞬間だけ細胞膜に穴が空く．その際に DNA 分子を共存させることで，植物細胞へ遺伝子を導入する方法．

[*11] プロトプラストをポリエチレングリコールなどの高分子化合物と DNA 分子を共存させることで，植物細胞内へ遺伝子を導入する方法．

Column

農耕と栽培植物

比較的大型の生物であるヒトが地球上でここまで大繁栄をしている最大の理由は，農耕の発明により食糧の恒常的供給を可能にしたことにある．

現在，ヒトが栽培し食べている主要な作物としては，イネ科のイネ，ムギ，トウモロコシの三大穀物，マメ科のダイズやエンドウ，ラッカセイ，あるいはナス科のナス，ジャガイモ，トマトなど比較的限られた分類群に集中している．これら栽培植物のもとになった原種がそもそもどこに分布していたかを調べることで，栽培植物や農耕の起源を探る研究も行われている．イネやダイズは東アジアで見いだされて栽培種へとつくりかえられたと考えられているし，コムギやエンドウ，あるいはキャベツなどの葉もの野菜は西アジア・地中海で，トウモロコシ，ジャガイモやトマト，ラッカセイは中南米で栽培されるようになったと考えられている．

原種と考えられる植物は，いずれも現在栽培されている作物とは姿形や性質も大きく異なる．農業においてヒトが進めてきた品種改良――すなわち遺伝子の操作――が，現在のヒトの繁栄を支えているといっても過言ではない．

用に関する法律の整備が進められた(表3.1).日本でも「遺伝子組換え生物等の使用等の規制による生物の多様性確保に関する法律(通称カルタヘナ法)」が制定され,文部科学省,農林水産省,環境省など複数の省庁によって遺伝子組換え作物の安全性が審査されている(図3.2).

また,食品や家畜飼料への遺伝子組換え作物の利用についても,法律に沿った厳密な管理が行われている.2017年現在,カルタヘナ法で安全性が承認されている遺伝子組換え作物は,トウモロコシ,ダイズ,セイヨウナタネ,ワタ,パパイヤ,アルファルファ,テンサイ,バラ,カーネーションの9種類である(表3.3).これらには,遺伝子組換えによって除草剤耐性や病害虫抵抗性,物質生産性などが増強された品種が含まれる.ワタ以外は国内での栽培も認可されているが,これまでに日本国内で商業栽培された実績があるのはバラ(青色の花が咲くバラ:口絵)のみである.一方,世界では,2016年現在,ダイズ作付面積の78%,ワタの64%,トウモロコシの33%,ナタネの24%で遺伝子組換え品種が栽培されている(国際アグリバイオ事業団:ISAAA,2016年次報告書).日本は,食品用や家畜飼料用のトウモロコシや

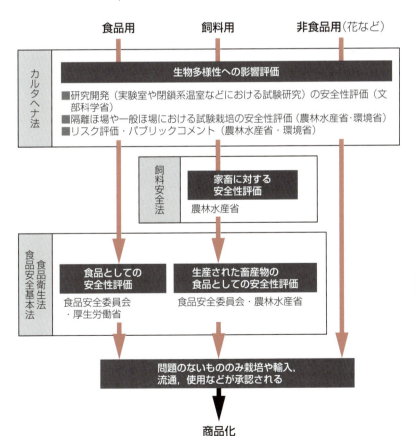

図3.2 日本における遺伝子組換え作物の安全性審査

遺伝子組換え作物はカルタヘナ法に基づいて審査される.安全性が承認された遺伝子組換え作物のうち,食品として利用されるものについては食品衛生法,家畜飼料として利用されるものについては飼料安全法に沿ってその安全性が詳細に検討されてから,商品化することが許可される.(農林水産省,環境省の資料を参考に作成)

ダイズ，セイヨウナタネ，ワタの多くを，遺伝子組換え作物の主要な栽培国であるアメリカやブラジル，カナダなどから輸入している．

2016年現在，もっとも広く栽培されているのは，グリホサートなどの非選択的除草剤[*12]に対して耐性を示す除草剤耐性遺伝子組換え作物である（表3.3）．グリホサートは芳香族アミノ酸の合成（5章参照）に必要なシキミ酸経路[*13]の酵素〔5-エノールピルビルシキミ酸-3-リン酸（EPSP）合成酵素〕を特異的に阻害する．グリホサートを散布された植物は芳香族アミノ酸を合成できずに枯死してしまう．一方，ある種のバクテリアはグリホサートに耐性のあるEPSP合成酵素をもっている．遺伝子組換え技術によってこのグリホサート耐性EPSP合成酵素遺伝子が導入された遺伝子組換え作物は，グリホサートを散布されても枯死しない．モンサント社（現在はバイエル社）が販売しているラウンドアップレディーダイズは，このような原理にもとづいて作製された遺伝子組換えダイズである（図3.3a）．ラウンドアップとはグリホサートを有効成分とする除草剤の商標で，ラウンドアップレディーダイズはラウンドアップ耐性の遺伝子組換えダイズである．ラウンドアップレディーダイズを栽培する畑にさまざまな雑草が生えても，ラウンドアップを1回散

[*12] 除草剤は，作物以外の不要な植物，つまり雑草を枯らすために用いられる農薬である．すべての植物を枯らしてしまう除草剤を非選択的除草剤とよぶ．一方，作物に比較的害を与えずに，雑草だけを枯らす除草剤が選択的除草剤である．ただし，雑草ならどんな植物でも除去できるというわけではなく，除草剤の種類によって広葉雑草を除去するもの，イネ科雑草を除去するなどの特性がある．

[*13] 芳香族アミノ酸（チロシン，フェニルアラニンおよびトリプトファン）やフラボノイド，アルカロイドなどを合成するために必要な代謝経路．ホスホエノールピルビン酸とエリスロース4-リン酸の縮合に始まり，中間体としてシキミ酸を経由する．シキミ酸経路は植物や微生物には存在するが，ヒトを含む動物には存在しない．そのため，シキミ酸経路の阻害剤であるラウンドアップはヒトに対する毒性は低い．

表3.3 カルタヘナ法に基づき承認された遺伝子組換え作物の品種数

対象作物	一般的な使用が承認されている品種の数[*1]	遺伝子組換えによって付加された形質
トウモロコシ[*2]	84(82)	除草剤耐性 害虫抵抗性 リジン高含有 耐熱性αアミラーゼ生産
ダイズ[*2]	30(23)	除草剤耐性 害虫抵抗性 オレイン酸高含有
セイヨウナタネ[*2]	16(14)	除草剤耐性 雄性不稔性
ワタ[*2]	33(0)	除草剤耐性
パパイヤ[*2]	1(1)	ウイルス抵抗性
アルファルファ[*2]	5(5)	除草剤耐性
テンサイ[*2]	1(1)	除草剤耐性
バラ	2(2)	青色花
カーネーション	8(8)	青色花 除草剤耐性

2018年6月現在
[*1] 輸入，流通が許可された品種の数，（ ）はこれらのうち国内で栽培することが承認されている品種の数を示す
[*2] 食品衛生法で食品としての使用が認められている品種を含む
http://www.maff.go.jp/j/syouan/nouan/carta/torikumi/

布することですべての種類の雑草を枯死させることができる．従来の栽培法でも除草剤は使われていたが，すべての雑草を除去するためには，雑草の種類に合わせたいくつかの選択的除草剤[*12]を複数回散布する必要があった．

　害虫抵抗性遺伝子組換え作物も栽培量が多い．トウモロコシは，これまでアワノメイガの幼虫による食害によって甚大な被害を受けていた．この害虫による食害をなくすために開発されたのがBtタンパク質遺伝子を組み込んだ害虫抵抗性トウモロコシである．Btタンパク質は，バチルス・チューリンゲンシス (*Bacillus thuringiensis*) という細菌が合成するタンパク質で，鱗翅類（チョウやガの仲間）の幼虫を殺すことが知られている．鱗翅類の幼虫の消化器官内部はアルカリ性で，Btタンパク質を完全には分解できない．残ったペプチドが腸管細胞のタンパク質と結合し，細胞が破壊されるのである．一方，Btタンパク質はヒトを含む哺乳類や鳥類などには無害である．哺乳類や鳥類の胃の中は酸性でBtタンパク質をアミノ酸まで完全に分解することができるし，小腸細胞はBtタンパク質由来のペプチドと結合するタンパク質をもたないからである．Btタンパク質遺伝子組換えトウモロコシでは，自らが合成するBtタンパク質の殺虫効果によってアワノメイガの幼虫による食

(a) ラウンドアップレディーダイズ

除草剤散布前

除草剤散布2週間後

(b) トウモロコシの茎の断面

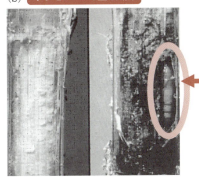

Btタンパク質
遺伝子組換え体　　非組換え体

アワノメイガ
（トウモロコシに被害をもたらす害虫）

図3.3　遺伝子組換え作物の効果
(a) 除草剤を使用せずにラウンドアップレディーダイズを栽培すると，雑草が大量に生育してくる（写真左）．ラウンドアップを使用すると，雑草だけが特異的に除かれ，ラウンドアップに耐性のダイズは普通に生育する（写真右）．(b) 殺虫性タンパク質 (Btタンパク質) の遺伝子を組み込んだトウモロコシ（写真左）と従来型のトウモロコシ（写真右）．（日本植物生理学会「遺伝子組換え植物関連資料」を改変．写真はすべて日本モンサント株式会社のご厚意による）

害が減り(図 3.3b),害虫がもたらすカビ類の被害も激減したとされている.除草剤抵抗性や害虫抵抗性の遺伝子組換え作物は,生産者の省力化やコスト削減につながるため,急速に栽培量が増加している.

このほかにも,遺伝子組換え技術を用いて作られたウイルス病耐性のパパイヤ,青色の花が咲くカーネーションやバラ(口絵),脂質組成を変えたダイズなどが実用化されている(表 3.3).

3.4 未来におけるヒトと植物の関わり合い

遺伝子組換え作物の開発は今もさかんに行われている.現在注目されているのは,βカロテン(ビタミン A の前駆体)含有量を増やした遺伝子組換えイネ(ゴールデンライス)などの栄養成分強化作物や,花粉症改善をめざすスギ花粉ペプチド含有米などの医薬用作物といった,消費者に役立つ遺伝子組換え作物である.今後は,高温や乾燥,塩害などの環境ストレス(13 章参照)耐性強化作物やバイオ燃料生産強化作物など,来たるべき地球環境の変動に対応可能な遺伝子組換え植物の実用化が期待されている.

その一方で,遺伝子組換え作物の安全性や環境への影響に不安を抱く人がいるのも事実である.理由のひとつには,現在の遺伝子組換え技術が抱える問題点があげられる.現在の技術では,植物の染色体に別の生物の遺伝子が導入される場所や数を人為的に制御することができない.また,組換え効率が高くないので,選抜マーカー遺伝子[*14]も同時に導入しなければならない.

*14 目的の遺伝子が導入されたことを容易に判別するために目的遺伝子と一緒に導入される遺伝子.抗生物質耐性遺伝子や除草剤耐性遺伝子が用いられる.

Column

遺伝子組換え技術への危惧の歴史

多くの教科書,参考書には,生物のもつ遺伝子の実体が DNA とよばれる化学物質であること,その構造が二重らせんをとることが記されている.これらの研究は 1940〜50 年代に行われたものである.その後,遺伝子の発現機構,タンパク質との関係が明らかにされ,1970 年代になってついに遺伝子そのものをつくりかえる技術が,まず微生物で,引き続き植物や動物でも可能になった.

このとき,「遺伝子組換え」技術の開発に関わった,あるいは実際に実験を進めていた科学者の一部が,この技術の危険性を想定し,全世界の研究者に「遺伝子組換え」研究のガイドラインを作成することをよびかけた.1975 年アメリカ合衆国カリフォルニア州アシロマに 28 ヵ国から約 150 人の専門家が参加して,どのような実験をすれば安全性が担保できるかの議論を行い,「遺伝子組換え」実験に制限を加えることが合意された.これは,科学者が自らの研究を制限してでも社会に責任を果たすことを優先させた希有のできごととして科学史に残る.

その後の研究の進展から,種を超えた「遺伝子組換え」は自然界でも起こっていることなどが明らかになり,当初想定された危険性は少ないと考えられるようになった.しかし,現在でも「遺伝子組換え」実験は法律で厳密に規制された条件のもとでのみ行うことが許可されており,その安全性が徹底的に確認されることになっている.

そのほかにも,「大規模な遺伝子改変が引き起こされる」,「植物がもとからもっている遺伝子(内在遺伝子)が破壊される」,「導入した遺伝子と内在遺伝子が予期しない悪い相互作用を引き起こす」,「野生植物との交雑によって導入遺伝子が自然界へ拡散する」などの可能性も指摘されている.

こうした遺伝子組換え作物の問題点を克服する方法としてゲノム編集や遺伝子組換え台木[*15]への接ぎ木[*16]など「新しい植物育種技術」(New Plant Breeding Techniques：NPBT)とよばれる新技術が開発されている.なかでも現在最も期待されているのが CRISPR/Cas9 法などの**ゲノム編集**(genome editing)[*17]である.この技術を用いると,選抜マーカー遺伝子などの余分な DNA を残さずに,任意の位置に数十塩基対程度の小規模な配列の欠失や付加を生じさせたり,余分な配列なしに望みの遺伝子のみを導入するなど,植物の DNA を自由に"編集"できると期待されている.また,遺伝子組換え台木への接ぎ木は,おもにリンゴなどの果樹が対象となる.病害抵抗性などをもつ遺伝子組換え植物を台木にし,既存の非遺伝子組換え品種を穂木として接ぎ木する.遺伝子組換え台木の形質によって病害抵抗性が高くなるが,穂木から収穫した果実は遺伝子組換え作物ではないと考えられる.

課題のひとつとして,「新しい植物育種技術」でつくられる作物の遺伝子変異は,従来型品種改良で生じる遺伝子変異と実質的に区別がつかないことがある.EU や日本など各国において,将来 NPBT でつくられた作物をどのように管理するかについての議論が始まっている(2018 年現在).

ごく近い将来に人口爆発や地球環境の悪化が予想されている人類社会において,十分な食糧の確保や環境保全のために分子育種による的確かつ迅速な品種改良の必要性が高まることは間違いない.分子育種を行うためには,現存する生物から優良形質をもたらす遺伝子の情報を手に入れることがなによりも重要である.そのため,遺伝資源[*18]に対する国際的な関心が高まり,2010 年には,世界各国が保有する遺伝資源を公平に利用するためのルールを定めた名古屋議定書が国際的に締結された(表 3.1).遺伝子が世界経済を左右する時代になったのである.

植物の形質と遺伝子との関係を理解するのが植物生理学である.植物生理学が果たす役割は今後ますます重要になるであろう.

[*15] 台木とは,接ぎ木の際に穂木の土台にする個体で,すべての芽を除去して根と茎の下部のみを残したもの.

[*16] 植物の芽を含む一部分(枝など)を別の個体の台木に癒合させる技術.

[*17] 特定の DNA 配列にのみ特異的に作用する特殊なヌクレアーゼ(核酸分解酵素)を利用して,希望する場所の配列を思いどおりの配列に改変する技術.

[*18] 有用な遺伝子をもつ動植物や微生物の集団.

練習問題

1. 植物の遺伝子組換え法についてまとめなさい.
2. ある植物が遺伝子組換えによって作出されたものかどうかを検証するにはどのような実験方法があるかを,調べてまとめなさい.
3. 「青いバラ」と普通のバラはどこが違うのか,それはどのような遺伝子を導入することによって作出されたのかを,調べてまとめなさい.

4章 植物細胞における物質輸送と生体膜輸送体

　すべての細胞は，**細胞膜**(cell membrane)によって外界の非生物的環境と細胞内を区別している．さらに，その細胞内でもミトコンドリア，葉緑体，小胞体などの細胞小器官が膜で重層的に区画化され，それぞれの細胞小器官の内部あるいは膜上で，代謝やエネルギー生産，シグナル伝達などの生化学的な反応が引き起こされている．これらの膜を総じて生体膜とよぶ．生体を構成するほとんどの物質は生体膜を越えて自由に行き来することができない．そこで，これらの物質が生体膜の内外を移動する際には，その物質を特異的に通す"孔(あな)"である**生体膜輸送体**(membrane transporter)というタンパク質を通過する必要がある．また，エネルギー生産やシグナル受容の際にも，生体膜に存在するタンパク質の機能が欠かせない．本章では，生体膜の「構造」と「機能」に着目し，物質輸送を司るタンパク質である生体膜輸送体について説明する．

4.1　生体膜の構造

　生体膜を構成する基本単位は，**リン脂質**(phospholipid)である(図2.4参照)．リン脂質はグリセロール骨格をもち，負に荷電して親水性を示すリン酸基1分子と，非極性で疎水性の脂肪酸2分子がグリセロール骨格に結合した構造をもつ．リン脂質は脂肪酸からなる疎水領域で互いに向かい合って集合し，**リン脂質二重層**(phospholipid bilayer)とよばれる構造を形成する．さらに植物の生体膜では，コレステロールの一種である**植物ステロール類**がところどころに貼りついて，膜を強固にしている．

　リン脂質二重層からなる生体膜中には，タンパク質(膜タンパク質)が浮かんでいるように存在している．リン脂質分子が自由に移動できる流体の中にタンパク質分子がモザイク状に存在していることから，この状態を**流動モザイクモデル**(fluid mosaic model)とよぶ．

膜タンパク質のおもな機能は，① 代謝反応系における酵素活性，② 物質輸送，③ シグナル受容である．① の例としては，葉緑体チラコイド膜上で行われる光合成の光化学系や電子伝達系，ATP合成装置が，② の例としては，細胞外からグルコースを取り込むグルコーストランスポーターなどが，そして ③ の例としては，青色光受容体のフォトトロピン（11章参照）などがあげられる．

4.2 物質の生体膜透過性

ある物質が膜を透過できるかどうかを決める大きな要因は，その物質の水に対する親和性である．多くの物質は，水に対する親和性の程度によって，**親水性**（hydrophilic）**物質**と**疎水性**（hydrophobic）**物質**に大別できる．疎水性の物質や，水・二酸化炭素・酸素などの非極性な低分子化合物は比較的すばやく膜を透過できる．その一方で，親水性であり，かつ炭素を5つ以上含む化合物，イオン，そして**リン酸基**[*1]などの極性部位をもつ化合物はほとんど膜を透過できない．

このように生体膜は物質の自由な行き来を阻止するバリアー（障壁）として機能するため，膜の内外に異なる物質環境が維持されることになる．植物細胞のイオン分布を図4.1に示す．カリウムイオンやカルシウムイオン，水素イオンの濃度は，生体膜で区画化される領域ごとに大きく異なっている．この濃度差を維持できていることが，生きていることそのものである．

[*1] $H_2PO_4^-$ と示される置換基で，しばしばPと略記される．ATP, NADPH, DNA などに含まれるほか，タンパク質のセリンやスレオニン残基に結合するなどして，そのタンパク質の性質を変化させることもある．構造式を下に示す．

$$R-O-\overset{\overset{\displaystyle O}{\|}}{\underset{\underset{\displaystyle OH}{|}}{P}}-OH$$

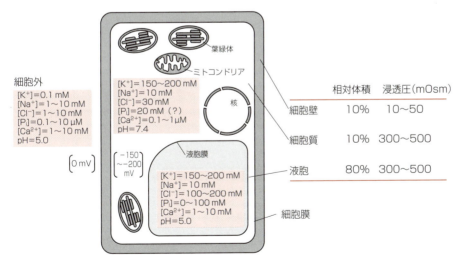

図4.1 細胞内外のイオン濃度分布
細胞外と細胞膜・液胞膜で覆われた画分は，それぞれ固有のイオン分布を示す．特にカリウム濃度やカルシウム濃度，水素イオン濃度（pH）においてその違いは顕著である．P_i：無機正リン酸．

4.3 電気化学ポテンシャルと生体膜輸送体

生体膜には特定の分子のみを透過させる性質があり，それを「選択的透過性」とよぶ．ここではこの選択的透過性を成り立たせる，生体膜を隔てた物質の移動について解説する．

生体膜輸送体（membrane transporter）は，生体膜を貫通していて，膜を越えた物質輸送を担うタンパク質の総称である．水に溶けている多くの溶質は親水性であり，前述したとおり生体膜を自発的には通過できない．そこで，これらの物質が生体膜を通過するには，輸送体による物質輸送機能が必要となる．輸送体による輸送は，膜の内外でのその物質のエネルギーレベル差（あるいは勾配）に従う**受動輸送**（passive transport）と，勾配に逆らって物質を輸送できる**能動輸送**（active transport）に大別できる．

ここではまず，膜内外での物質のエネルギーレベルについて概説する．膜をはさんだ物質のエネルギーレベルを表すには**電気化学ポテンシャル**（electrochemical potential；μ_j）が用いられる．膜の外（μ_j^o）と内（μ_j^i）の電気化学ポテンシャルの差（勾配）$\Delta\mu_j$ は，

$$\Delta\mu_j = \mu_j^i - \mu_j^o = RT \ln C_j^i/C_j^o + z_j F \Delta\psi$$

と表される．C_j^i, C_j^o はその物質の膜内あるいは膜外でのモル濃度，z_j は符号を含めたイオン価，そして $\Delta\psi$ は電位差を示す．また，R, T, F はそれぞれ気体定数，絶対温度，ファラデー定数である．この式は，電気化学ポテンシャル勾配が，「モル濃度の膜内外の差」から導かれる項（$RT \ln C_j^i/C_j^o$）と，「電位差」から導かれる項（$z_j F \Delta\psi$）の二つの要素の合算として成り立つことを示している．電荷をもたない物質の場合は後者の項をほぼ無視できるので，前項の濃度差のみを考慮すればよい．電荷をもつ物質については，濃度差に加え電位差もあわせて考慮する必要がある．

生体膜を介する受動輸送と能動輸送に働く生体膜輸送体は，輸送メカニズムの違いによって，ポンプ，トランスポーター，チャンネルの3つに分類することができる．これらの相関性を図4.2に示す．以下の項ではそれぞれについて説明する．

4.3.1 拡散による物質移動（受動輸送）

個々の分子は常に振動し，ランダムに動いている．しかし，分子の総和としては電気化学ポテンシャル勾配に従って移動しており，この移動現象を**拡散**（diffusion）という．小さな孔のあいた膜を挟んで，この孔を自由に行き来できる低分子を片側のみに配置し，この物質について電気化学ポテンシャル勾配のある状態をつくると（図4.3），時間の経過とともに，電気化学ポテンシャル勾配がなくなるように物質は移動する．ついには電気化学ポテンシャ

4.3 電気化学ポテンシャルと生体膜輸送体

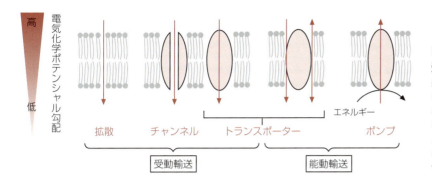

図 4.2
受動輸送と能動輸送の分類
生体膜を物質が通過するには，単なる拡散，チャンネルやトランスポーターによる受動輸送と，ATPなどの高エネルギー物質の分解によるエネルギーによって電気化学ポテンシャル勾配に逆らって輸送する能動輸送に分類できる．

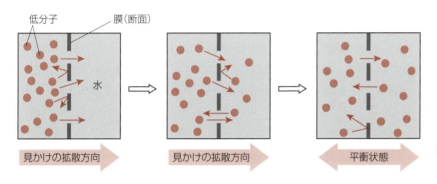

図 4.3 拡散による物質の移動（受動輸送）

ル勾配がなくなり（ゼロになり），物質の移動は平衡状態[*2]に達する．このように，物質がその電気化学ポテンシャル勾配に従って輸送される現象が，受動輸送である．

生体膜上では生体膜輸送体が，いわば物質を特異的に通す「孔」として機能し，この拡散現象を促進している．例えば水分子は，細胞膜に存在する**アクアポリン**（aquaporin）[*3]とよばれる輸送タンパク質を介して，膜内外の電気化学ポテンシャル勾配に応じて輸送される．このアクアポリンは1秒間に30億もの水分子を輸送できる．また，グルコースは，グルコースを輸送する輸送体が存在する場合には，ない場合に比べ5万倍もの速さで輸送される．これらの輸送タンパク質は物質の輸送に際し外部エネルギーの投入を必要としない．その駆動力は，輸送する物質の電気化学ポテンシャル勾配である．

4.3.2 エネルギーを利用した物質移動（能動輸送）

受動輸送に対して**能動輸送**（active transport）は，生体膜を介して物質を輸送する際に外部からエネルギーを取り込んで，電気化学ポテンシャル勾配に逆らった輸送を行うものである．外部からのエネルギー源としては，ATPの加水分解エネルギーなどが利用される（5章参照）．その結果として生体内では，生体膜に囲われた各画分における種々の物質の濃度差（図 4.1 参照）が

[*2] 膜を介しての物質の出入りが等しくなっており，見かけ上は移動していないように見える状態．

[*3] アクアポリンは，水分子を通過させる水チャンネルとして機能する．植物細胞内では，葉緑体包膜や細胞膜に存在し，水分子以外に CO_2 も透過させることが知られている．

つくりだされている．能動輸送を行う輸送体には，カルシウムイオンを輸送するCa^{2+}-ATPaseや，水素イオン（プロトン）を輸送するH$^+$-ATPase（別名：プロトンポンプ）などが知られている．これらはATPの加水分解等によって生じるエネルギーを用いて電気化学ポテンシャル勾配に逆らって物質を輸送する．こうした輸送を一次能動輸送という．これに対して，一次能動輸送の結果として生じた別の物質の濃度勾配と共役させることによって目的物質を能動輸送する機能を二次能動輸送（共役輸送）という（図4.4）．二次能動輸送では，間接的にATPの加水分解エネルギーを利用していると捉えることができる．

ATPの加水分解以外のエネルギーを利用する場合もある．たとえば，葉緑体での光合成（6章参照）や，ミトコンドリアでの呼吸（5章参照）における水素イオン輸送などでは，光合成の場合には光エネルギーを，呼吸の場合にはNADHなどの酸化還元反応に伴うエネエルギーを変換することによって，水素イオンを膜内外の電気化学ポテンシャル勾配に逆らって移動させている．

(a) ポンプ

ここでは，ポンプの一例としてプロトンポンプを説明する．プロトンポンプは，ATPの加水分解エネルギーを用いて，電気化学ポテンシャル勾配に逆らって水素イオンを移動させる．細胞内の局在性によって，細胞膜に局在するPlasma membrane型（P型），ミトコンドリアの内膜や葉緑体のチラコイド膜に局在するF型，そして液胞膜に局在するVacuole型（V型）の3つに大別される（図4.5）．

F型プロトンポンプ（H$^+$-ATPase）は，真核生物のミトコンドリアや葉緑体に存在し，呼吸や光合成の際にプロトン輸送に共役してATP合成を行う（5章および6章を参照）．V型H$^+$-ATPase[*4]はF型H$^+$-ATPaseと進化的に近縁で，真核生物ではATP加水分解に共役したプロトン輸送を行い，生体膜に囲われた区画内を酸性化する．

*4 結晶構造解析で得られたタンパク質の形状から「回転するのではないか」と古くから予想されていたが，タンパク質1分子の観察を行える顕微鏡技術が開発された際，これらのプロトンポンプがATPを合成／分解する際に実際に回転している様子が可視化された．化学エネルギーを回転運動に変換する，文字通り，「分子モーター」である．

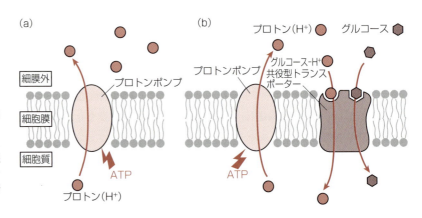

図4.4 エネルギーを用いた物質輸送（能動輸送）
(a)一次能動輸送の例としてプロトンポンプを示す．(b)二次能動輸送（共役輸送）の例として，水素イオン電気化学ポテンシャル勾配と共役させたグルコースの輸送を示す．

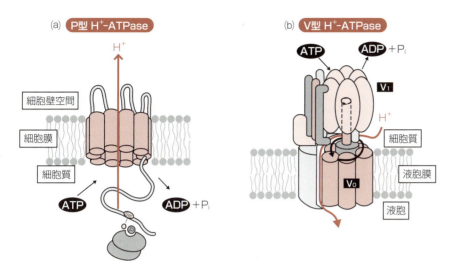

図4.5　P型とV型のプロトンポンプの模式図
(a) 10個の膜貫通領域をもち，C末端にリン酸化により活性調節を受ける領域が存在する．ATP 1分子あたり1個のH^+を輸送するとされている〔Buchanan, Gruissem, Jones, "Biochemistry & Molecular Biology of Plants", ASPP (2000) より〕．(b) 多数のサブユニットからなる複合体タンパク質である．膜表在性のV_1セクター（シロイヌナズナでは8種類のタンパク質）と膜内在性のV_oセクター（シロイヌナズナでは5種類のタンパク質）からなる．ATPの加水分解とリンクしてV_1セクターが回転することが知られている〔Gaxiola *et al., FEBS Letters* **581**：2204-2214 (2007) より〕．

　P型H^+-ATPaseは，分子量10万ほどの単一ポリペプチドにコードされており，複数のタンパク質の複合体からなるV型やF型のATPaseとは大きく構造が異なる．多くの植物組織で機能し，プロトン濃度勾配と共役させた二次能動輸送を誘う役割を果たしており，その生理的役割は広い（図4.6）．このうち，孔辺細胞で発現するP型H^+-ATPaseについては，気孔を開く際に機能することがわかっている（図13.2参照）．青色光存在下での気孔開口には，このATPaseの細胞質側に位置するカルボキシ基末端領域の自己阻害ドメインにおける特異的なセリン残基がリン酸化され，自己阻害が解除されることで活性化される．

(b) トランスポーター

　トランスポーターというよび名には，広義と狭義の使われ方がある．広義には，すべての生体膜輸送体 (membrane transporter) の略称として使用され，狭義には，「基質を結合して輸送を行う生体膜輸送体」に限定して用いられる．狭義の場合には，基質を結合しない輸送方法であるチャンネル，および一次能動輸送を担うポンプと区別されて用いられ，ここでは狭義の使用に従ってトランスポーターの機能を解説する．

　トランスポーターには，一次能動輸送によって形成されたプロトンなどの濃度勾配と共役して基質を輸送する能動輸送（二次能動輸送，共役輸送）を行

4章 植物細胞における物質輸送と生体膜輸送体

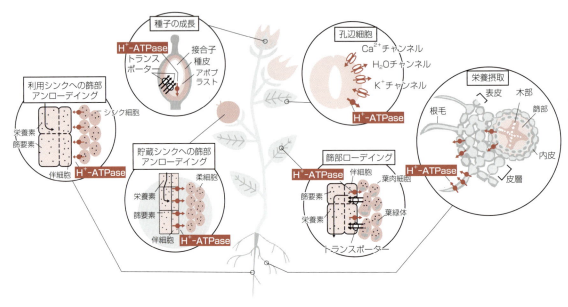

図4.6 プロトンポンプの生理的役割
細胞膜を介して行われる物質輸送にエネルギーを供給する一次能動輸送体であるP型H^+-ATPaseは，根，維管束，種子など膜輸送活性の高い組織でとくに強く発現している．〔Sondergaard, et al., *Plant Physiology* **136**：2475-2482（2004）より〕

うものもあれば，単に基質の電気化学ポテンシャル勾配に従う受動輸送を行うものもある（図4.2）．

トランスポーターは，輸送する目的の基質と共役される物質の「輸送方向」によって，それらを同じ方向へ輸送する輸送体（シンポーター）と，逆方向へ輸送する輸送体（アンチポーター）に大別される．植物の成長に必要な栄養塩などを細胞に取り込む際に，細胞外の高エネルギー状態に維持されたプロトンの電気化学ポテンシャル勾配と共役させて輸送する輸送体など，多くのトランスポーターが同定されている．

受動輸送の際には，輸送が進むにつれ，輸送基質の電気化学ポテンシャル勾配が解消され輸送されなくなるのではないかと危惧される．しかし，実際には取り込まれた物質はすぐさま他の物質に変換され，常に電気化学ポテンシャル勾配が保たれた状態が維持される．具体的な例として，細胞膜に存在してグルコースなどの単糖の取り込みを行うトランスポーター（グルコーストランスポーター）を考えてみる（図4.4）．細胞外から細胞内に取り込まれたグルコースは細胞内の代謝酵素の働きですぐさま代謝されて別の物質になるため，細胞内の「グルコース濃度」は低い状態に保たれており，細胞膜内外の電気化学ポテンシャル勾配も保たれて，受動輸送が継続される．

(c) チャンネル

チャンネル（channel）は狭義のトランスポーターとは異なり，基質を輸送

する際に基質と直接的な結合を必要としない．つまり，基質が通過する「孔」を生体膜中に形成するタンパク質である．基質との結合を必要としないことから，輸送活性はトランスポーターに比べて高い．しかし，ただの孔ではなく，通過する物質には選択性があり，生理的必要性に応じて孔を開閉するしくみをもっている．カリウムを通すカリウムチャンネルやカルシウムを通すカルシウムチャンネル，水分子や二酸化炭素を通すアクアポリンなどが知られている．

ヒトや酵母と同様に，植物細胞においても低温などの外的なシグナルに応じて細胞膜上に存在するカルシウムチャンネルが開口し，細胞内へカルシウムイオンが一過的に流入する現象が認められる．このカルシウムイオンの流入が細胞内シグナルとなり，引き続いての生理的・生化学的事象を引き起こすと考えられている．

4.4　水の輸送と膨圧の形成

細胞の水環境を一定に保つことは生物にとっての必須要件であり，それを実現しているのが，選択的透過性のある膜を水が通過する**浸透**（osmosis）である．

浸透現象は，水分子の受動輸送として説明できる．まず，溶質濃度の異なる2液が半透膜を介して接している状態を仮定する（図 4.7）．溶質濃度の高い液体は高張液，低い液体は低張液とよばれる．これらを水分子の濃度から考えると，前者に比べ後者では「水分子の濃度が高い」といいかえることができる．この場合，水分子は濃度の高いほうから低い方に濃度勾配に従って拡散移動するので溶質の濃度差が減少し，この結果，接する2液の容積が変化する．溶質の濃度が膜の両側で等しい場合，水分子は両方向に同じ速度で移動し，見かけ上の水分子の変化はない．この2つの液の状態を**等張**（isotonic）という．動物細胞の場合，等張液に浸されている場合には水の吸収と排出のバランスがとれ，細胞の容積は変化しない．一方で，低張液や高張液に浸された場合には，水分子の出入りのバランスが崩れる．低張液に浸した場合には水分子が外部から細胞内部に流入するので，余分な水分子を排出する必要があり，排出が間に合わないと細胞が破裂してしまう（赤血球の溶血など）．また高張液に浸された場合には内部から外部に水分子が出てしまうため，積極的に水を取り込む必要がある．こうした水のバランス調節を**浸透圧調節**（osmotic regulation）とよぶ．

ただし，植物・菌類・原核生物など細胞壁をもつ生物では，水のバランス調節についての状況が動物細胞と大きく異なる．低張液にさらされた場合には，水を取り込んで細胞体積が増すにつれて，細胞壁に外向きの圧力（細胞壁からは内向きの抗力）がかかる．これが**膨圧**（tugor pressure）である．こ

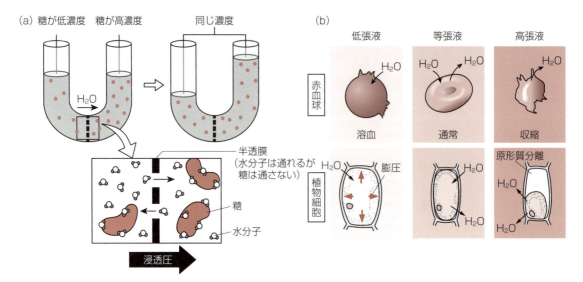

図 4.7 浸透
(a)溶質濃度の異なる2つの液が半透膜を介して接している場合,両方の溶質濃度が等しくなるまで水分子の移動が起こる.(b)赤血球などの動物細胞では,高張液(右),等張液(中),低張液(左)で水分子の移動に伴い細胞の形が変化するが,植物細胞では細胞壁があるために等張液や低張液のもとでは張り(膨圧)を生じる.

の膨圧は植物組織を"張り"のある状態に保つのに必要である.膨圧がなくなると,植物はしおれてしまう.

一方,植物細胞が高張液にさらされると,水が細胞内から細胞外へ移動して,動物細胞と同様に脱水されてしまう.しかし強固な細胞壁は水を透過させるうえ,その形を変えないため,細胞からの水の流出が続くと細胞壁と細胞膜の結合が外れて,細胞壁と細胞膜の間に空間ができる.この状態を**原形質分離**(plasmolysis)とよぶ.

4.5 膜交通

ここまでは低分子の水溶性物質を輸送するメカニズムについて説明した.これ以外に細胞膜の形態変化を伴う輸送形式として,膜からつくられた小胞を介する物質輸送がある.

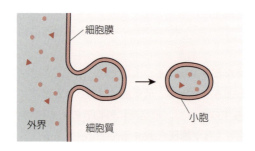

図 4.8 エンドサイトーシス

細胞外に分泌する糖タンパク質などは，ゴルジ体で糖鎖修飾を受けた後，小胞（ベシクル）内に取り込まれ，小胞が細胞膜と融合することによって内容物を細胞外に排出する．このようにして細胞内から細胞外へ物質を輸送するしくみをエキソサイトーシスという．逆に，細胞外から細胞内へ物質を取り込むしくみをエンドサイトーシスという（図4.8）．

Column

タンパク質の輸送活性を測る方法

ここでは輸送活性の測定方法についていくつか例をあげ，膜輸送体の同定がいかに難しいかを説明することで，生体膜輸送体の研究分野にまだ多くの謎が残されていることを述べておきたい．

輸送活性を測定する際に重要なのは，① 測定したいタンパク質が脂質二重膜に埋め込まれた状態を構成すること，② 膜の内外で輸送基質が移動したことを測定できる評価系，の2つである．

例えば，葉緑体の包膜に存在する生体膜輸送体の機能を解析する際には，葉緑体包膜から機能を保った状態で目的のタンパク質を可溶化し，可溶化したタンパク質のなかから目的のタンパク質を分画してもう一度膜に埋め込まねばならない．多くの場合，人工脂質二重膜（リポソーム）が用いられる（図4.9）．タンパク質が埋め込まれたリポソームを，特にプロテオリポソームとよぶ．いずれの技術も個々のタンパク質に応じた特性を調査しなければならず，解析のための決まった方法は提示しにくい．これが生体膜輸送体解析の難しさの一因である．

輸送基質が明らかな場合，その物質の放射標識物質を利用できるのであれば，膜内外の放射活性を測定することによって基質の輸送された量を評価することができる．また，これ以外にも，輸送に際して電荷の変化をもたらす場合には微小電極を用いて，物質の輸送に伴う膜内外の電位変化を捉えることで検出する方法（パッチクランプ法など）もあるが，いずれも実験的困難を伴うことが多い．このように実験系を構築しにくい特性が生体膜輸送体の研究には

ある．それがポストゲノムの時代にあって，いまなお生体膜輸送体研究がフロンティア領域として位置づけられている理由のひとつである．機能欠失型や機能獲得型の形質転換植物の使用や，アフリカツメガエル卵母細胞などへの一過的発現とパッチクランプ法の組み合わせ，新しいリポソームの作成技術との組み合わせ，あるいは過去によく使われていた研究手法（シリコンバイレイヤー法など）の活用など，日進月歩で開発される先端技術と既存の技術をうまく組み合わせるなど，それぞれの生体膜輸送体の特性に合わせた工夫を凝らすことが重要になる．

植物の生理機能の解明には，機能未知の生体膜輸送体の研究がきわめて重要であると考えられている．

生体膜タンパク質

図4.9 プロテオリポソーム
人工脂質二重膜に生体膜タンパク質を埋め込んだもの．リポソームの外液に輸送基質候補を置き，一定時間後にリポソーム内に取り込まれた物質量を測定することで輸送活性を評価する．

4.6　輸送基質の同定と輸送活性の測定方法

　近年は，植物細胞でもゲノム解析，プロテオーム解析やトランスクリプトーム解析などのいわゆるオミクス解析が活発に行われている．例えばプロテオーム解析によって葉緑体包膜や細胞膜に局在するタンパク質や，あるいはゲノム解析やトランスクリプトーム解析によって生体膜に局在すると推定されるタンパク質をコードする遺伝子が網羅的に示されるなど，その総体が明らかにされ，生体内ではきわめて多数の生体膜輸送体が働いていることがわかってきた．

　一方，プロテオーム解析などから膜局在が示されたタンパク質でありながら，その働きが不明なものも多く存在する．また，代謝上では何らかの生体膜輸送体があるはずと予想されていてもその輸送体が同定されていない場合や，遺伝子発現も確認され膜輸送体として機能すると推定されていても生化学的な機能が不明なタンパク質は非常に多い．これはすべて，輸送活性を測定することが難しいからである．生体膜輸送体の生化学的な特徴を評価するには，そのものの輸送活性，つまり膜を越えて物質を運搬する能力を，正確に測定することが必要となる（コラム参照）．

練習問題

1　「流動モザイクモデル」を説明しなさい．
2　「二次能動輸送」を「ATPase」という語を用いて説明しなさい．
3　生体膜を挟んで移動することができる物質Xが，一定時間後に「平衡状態」にある場合，この状態を「電気化学ポテンシャル勾配」という語を用いて説明しなさい．
4　「原形質分離」が起こるメカニズムを説明しなさい．

5章 同化と異化

　生物は環境から選択的に物質を取り込み，体内で別の分子につくり換えて利用し，排出している．このような分子の取り込みや排出，つくり換えは，「変化」を意味するギリシャ語"metabol"に由来する**代謝**(metabolism)という言葉で総称される．代謝はすべての生物のもつ顕著な特徴のひとつである．代謝のなかでも，環境中の分子を生物の構成分子へとつくり換えることを**同化**(assimilation)という．同化はエネルギーを吸収し，簡単な分子を複雑な分子につくり換える**生合成の**(anabolic)**過程**であることが多い．一方，生物を構成する分子を異なる分子へつくり換えることを**異化**(dissimilation)という．同化とは逆に，異化はエネルギーを放出し，複雑な分子を簡単な分子につくり換える**分解の**(catabolic)**過程**であることが多い．分解の中間産物を生合成の材料として用いることもあり，同化と異化を厳密には区別できないことがある．最終産物ができるまでの途中の代謝過程をとくに**中間代謝**(intermediary metabolism)とよぶ．また，生物に共通の基本的な代謝を一次代謝，特定の生物や特定の生長段階，特定の組織や細胞で行われる代謝を二次代謝とよんで区別する．

5.1　植物の代謝

　物質を取り込み，排出し，分子をつくり換える過程（物質代謝）は，同時に，外部環境からエネルギーを取り込み消費する過程（エネルギー代謝）でもある．エネルギーの獲得，転換，貯蔵といった生物体内の代謝に関わる反応の多くで中心的役割を果たす物質にアデノシン三リン酸（ATP）がある（図5.1a）．窒素を多く含む塩基アデニンに五炭糖のリボースがついたアデノシンに，さらに3分子のリン酸が結合した物質であるATPは，分子内に高エネルギーリン酸結合をもつ．アデノシン二リン酸（ADP）とリン酸からATPを合成する際には大量のエネルギー（標準状態で30 kJ mol^{-1}）を吸収するが，

逆に，分解する際には大量のエネルギーを放出する．この大量のエネルギーの吸収／放出と共役して，生体内のさまざまな化学反応が行われる．ATPに蓄えられたエネルギーは，一般に，ATPが他の分子をリン酸化しADPとなる際に，リン酸基とともにその分子に移動する．リン酸化され活性化された分子は，リン酸を放出する際に生ずるエネルギーによってさまざまな化学反応を行う．エネルギーを蓄えたATPは，生物体内に広く分布しているが，その生体内の濃度はあまり高くはない．このためATPの蓄える全エネルギーはわずかである．ATPの役割はエネルギー通貨としてエネルギーを一時的に蓄えてさまざまな分子へ運ぶことにある．

酸化還元酵素の補因子（補酵素）であるニコチンアミドアデニンジヌクレオチド（NAD）やニコチンアミドアデニンジヌクレオチドリン酸（NADP，図5.1b），フラビンアデニンジヌクレオチド（FAD，図5.1c）は，いずれも酸化状態〔$NAD(P)^+$, FAD〕と還元状態〔$NAD(P)H$, $FADH_2$〕をとることが可能で，一時的に1分子あたり2電子相当の還元力を蓄えることができる．

光合成で生成されるATPや補酵素に蓄えられた還元力を利用して，環境中の二酸化炭素（CO_2）が同化され，最終的に糖などの炭水化物が合成される．多くのエネルギーを長期間蓄えているのは，単純で安定なこれらの分子であ

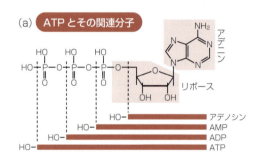

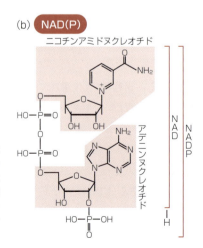

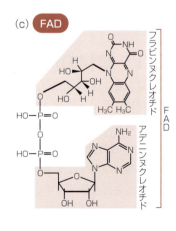

図 5.1
エネルギー代謝を担う化合物
(b) 1分子のNAD(P)は2原子のH^+を受け入れる〔$NAD(P) + 2e^- + 2H^+ \rightarrow NAD(P)H_2$〕．その際，1原子はピリジン核の4位の炭素に結合するが，残りの1原子は生物体内のpHの範囲では多くの場合H^+となって遊離している〔$NAD(P)^+ + 2e^- + 2H^+ \rightarrow NAD(P)H + H^+$〕．このため，酸化型としてNAD(P)とNAD(P)$^+$，それに対応する還元型として$NAD(P)H_2$と$NAD(P)H$の2通りに表記されることがある．いずれの表記でも，還元される際に1分子が電子を2つ受け取ることに変わりはない．

5.2 炭水化物の生合成・同化

る．エネルギーは，さらにN，P，Sなどの無機栄養塩類の同化に使われ，さまざまな有機物が合成される(7章参照)．以下に主要な生物構成分子の同化(生合成)について述べる．

5.2 炭水化物の生合成・同化

光合成による炭酸同化反応では，炭水化物(図5.2)が合成される．葉緑体のストロマに存在するカルビン回路では，まずグリセルアルデヒド-3-リン酸(図5.2a)が合成される(6章参照)．この分子は葉緑体包膜にある三炭糖リン酸輸送体によって細胞質へ輸送され，グルコース(図5.2b)などの六炭糖のリン酸化合物に代謝された後，安定なスクロース(ショ糖，図5.2c)となり，

(a) グリセルアルデヒドとグリセルアルデヒドリン酸

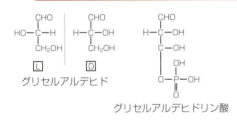

(b) グルコースと環構造の形成

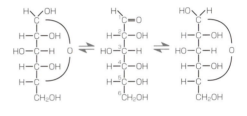

(c) スクロース　(d) α-グルコースとデンプン

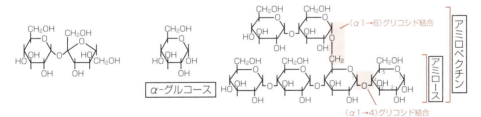

(e) β-グルコースとセルロース

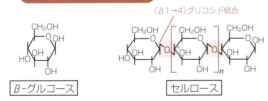

図5.2 炭水化物とその代謝に関連する化合物
C, O, Hからなり$[CH_2O]_n$の分子式で表される炭水化物には，アルデヒド基をもつアルドースとケト基をもつケトースが存在し，三炭糖($n=3$)，五炭糖($n=5$)，六炭糖($n=6$)等に分類される．(a)グリセルアルデヒドは最も簡単なアルドースで，生物は光学異性体のうちD体を利用．図右のようにリン酸化される．(b)グルコースは，アルデヒド基と分子内のカルボニル基が反応して環構造を形成し，3つの異性体の混合物となっている．(c)フルクトースとグルコースが結合したスクロースは，両分子のカルボニル基がグリコシド結合を形成しており安定である．(d)デンプンは，グルコースがα1→4グリコシド結合で直鎖状につながったアミロースと，α1→6グリコシド結合により枝分かれしたアミロペクチンからなる．(e)セルロースはグルコースがβ1→4結合で直鎖状につながった高分子である．

他の組織へ輸送される．非光合成組織や貯蔵組織では，光合成組織から輸送されたスクロースからグルコース-6-リン酸が合成された後，色素体に取り込まれ，ADP-グルコースを経てデンプン（図 5.2d）につくり換えられる．デンプンは水に不溶性で浸透圧に影響を与えることなく細胞内に大量に貯蔵することが可能である．光合成によるグリセルアルデヒド-3-リン酸の合成が，スクロースの他組織への輸送を上回る場合には，光合成組織の葉緑体内でもデンプンが合成されることもある．また，植物の細胞壁や繊維の主成分であるセルロース（図 5.2e）もグルコースから合成される．

5.3　脂肪酸の生合成・同化

脂肪酸は長鎖炭化水素の1価のカルボン酸であり，生体膜を形成する脂質の主要な成分である．植物では，色素体で行われる3つの反応によって脂肪酸が新規に生合成される．脂肪酸の原材料は，ピルビン酸や酢酸からつくられたアセチル CoA（図 5.3a）である．アセチル CoA カルボキシラーゼによる1つ目の反応で，アセチル CoA は CO_2 を取り込んで炭素数が1つ多いマロニル CoA となる（図 5.3b ①）．アセチル CoA やマロニル CoA は，アセチル

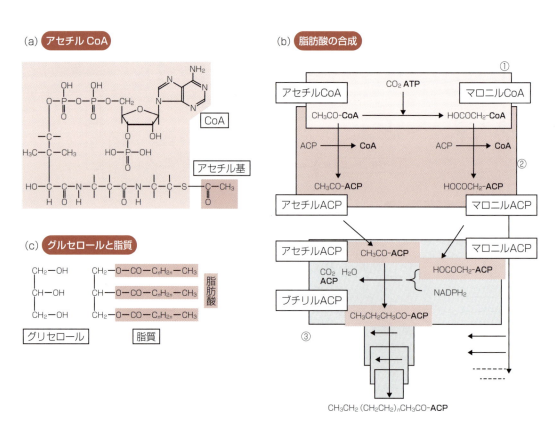

図 5.3　脂肪酸とその代謝に関連する化合物

トランスフェラーゼやマロニルトランスフェラーゼの作用による2つ目の反応で，CoAとアシルキャリアータンパク質（ACP）を置き換えてアセチルACPやマロニルACPとなる（図5.3b ②）．

アセチルACPはマロニルACPと重合し，NADPHによる還元，脱炭酸，脱水を経て，炭素鎖を2つ延長したブチリルACPとなる（図5.3b ③）．生成したブチリルACPは，さらにマロニルACPと反応して炭素鎖を2つ延長する．この3番目の反応を繰り返すことで，炭素鎖が2Cずつ増加する．アセチルACPを起点に炭素数が2Cずつ増加していくため，生体では炭素数が偶数個の脂肪酸，とくに炭素数16（パルミチン酸）と18（ステアリン酸）の脂肪酸が多い．こうして合成された脂肪酸は，炭素鎖に二重結合をもたないが（飽和脂肪酸），その一部は葉緑体や小胞体の脂肪酸デサチュラーゼによって，特定部位が不飽和化される．不飽和脂肪酸は膜の流動性を保つために重要である．スフィンゴ脂質を構成する炭素数22，24の脂肪酸やワックスの成分である炭素数26〜32の脂肪酸などのさらに長鎖の脂肪酸は，別の酵素（エロンガーゼ）により合成される．脂肪酸はグリセロールとエステルをつくって脂質を形成する（図5.3c）．脂質は貯蔵物質として蓄積されたり，リン脂質（脂質のリン酸エステル）として生体膜を構成したりする．

5.4 アミノ酸の生合成・同化

酵素や細胞骨格，運動や細胞内の物質輸送など，生体内で重要な役割を担うタンパク質はアミノ酸の2種類の光学異性体のうち，L-アミノ酸がペプチド結合で多数重合したものである（図5.4a）．さまざまなアミノ酸は，解糖系，カルビン回路，酸化的ペントースリン酸経路，トリカルボン酸回路などでつくられた有機物にアミノ基が転移して生成される．生物はタンパク質の成分として20種類のアミノ酸を利用する．そのうち，グルタミン酸，グルタミン，アスパラギン酸，アスパラギンのアミノ基はアミノ基転移酵素によって他の分子へ移動させることができるので，アミノ基の形で窒素を輸送する物質として窒素代謝においても重要である．芳香族アミノ酸の多くは色素体でつくられ，生体内でさまざまな機能をもつ．トリプトファンからはオーキシンがつくられるだけでなく，インドールアルカロイドなど種々の二次代謝産物がつくられる．フェニルアラニンやチロシンからはアミノ基を取り除いてケイヒ酸（*p*-クマル酸）がつくられる．アミノ酸は多くのフェノール性化合物合成の出発物質にもなっている．合成された多種類のフェノール性化合物は，リグニンやフラボノイド化合物の生成に使われる．メチオニンは，メチル基供与体としてメチル化反応に不可欠であり，*S*-アデノシルメチオニンはエチレンやポリアミンの前駆体となる．プロリンは乾燥ストレスなどにより増加し，適合溶質として細胞の浸透圧を高める働きをする（図5.4b）．

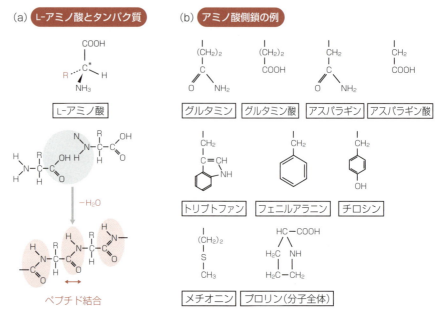

図 5.4　生物のタンパク質を構成するアミノ酸

5.5　核酸の生合成・同化

　遺伝情報を担う核酸を構成するデオキシリボ核酸(DNA)や遺伝情報の発現に不可欠なリボ核酸(RNA)は，塩基(ピリミジンやプリン)，五炭糖(リボースやデオキシリボース)，リン酸基から構成されている(図5.5a)．デオキシリボースはDNAに特異的な五炭糖で，DNAの安定性に寄与している．DNAやRNAはリン酸ジエステル結合でポリヌクレオチドを形成する(図5.5b)．DNAは，アデニンとグアニンの2種のプリン塩基と，シトシンとチミンの2種のピリミジン塩基をもち，RNAはチミンの代わりにウラシルをもつ(図5.5c, d)．

　植物におけるプリン生合成の場についてはよくわかっていないが，ピリミジン塩基を含むヌクレオチドは色素体でつくられると考えられている．アスパラギン酸やグルタミンのアミド基とCO_2からオロト酸がつくられ，これに5-ホスホリボシル-1-ピロリン酸が結合して，ウリジン三リン酸(UTP)やシチジン三リン酸(CTP)がつくられる．UTP，CTP，GTPなどのヌクレオチド三リン酸も，ATP同様に高エネルギー結合をもち，さまざまな生合成やシグナル伝達に利用される．

5.6　異化作用

　同化により得られた高エネルギー化合物は植物体の光合成組織ばかりでなく，非光合成組織でも利用され，さらに生態系内のあらゆる生物に直接・間

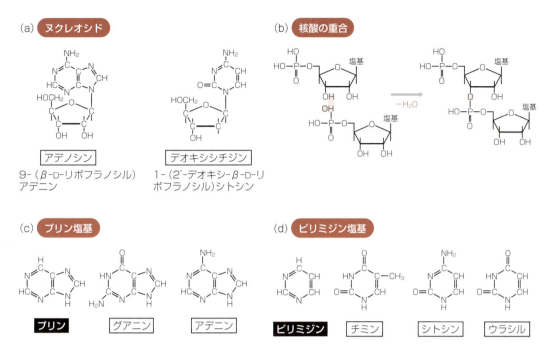

図 5.5 核酸を構成する分子
(a)塩基と五炭糖のリボースが結合したものが**リボヌクレオシド**(図はアデノシン),塩基と五炭糖のデオキシリボースが結合したものが**デオキシリボヌクレオシド**(図はデオキシシチジン)である.(b)リボヌクレオシドにリン酸基が結合したものが**リボヌクレオチド**,デオキシリボヌクレオシドにリン酸基が結合したものがデオキシリボヌクレオチドである.糖の OH 基とリン酸の OH 基から H_2O が抜けて形成されたフォスフォジエステル結合で鎖状につながる.(c)プリン骨格の塩基.(d)ピリミジン骨格の塩基.

接的に利用される.この化合物からエネルギーを取りだすために,生物は**呼吸**(respiration)とよばれる一連の代謝を行う.日常の言葉では,呼吸は肺に外気を吸い込み呼気を吐きだす呼吸運動を指す.呼吸運動の主要な役割は外気から体内へ酸素を取り込み,体内に生じた二酸化炭素を吐きだすガス交換にある.呼吸運動の認められない生物もさまざまな方法でガス交換を行っており,体内に取り込まれた酸素は,生体構成分子の酸化による化学エネルギーの取りだしに使われる.代謝を考える際に呼吸とよぶのは,酸素を使ってエネルギーを取りだすこの過程のことである.エネルギー利用の面から見ると,呼吸は最も重要な代謝経路である.呼吸による炭水化物・糖の完全分解は,6 章で述べる光合成による CO_2 同化の逆反応として以下のように表せる.

$$[CH_2O]_n + nH_2O + nO_2 \longrightarrow nCO_2 + 2nH_2O + エネルギー$$

この過程の一部だけを利用し,酸素を使わずに ATP を生産する無酸素呼吸や,酸素の代わりに硝酸や硫酸を用いる硝酸呼吸や硫酸呼吸を行う生物もいる.酸素を利用する呼吸をとくに**好気呼吸**(aerobic respiration)として区別することもあるが,ここでは断らない限り単に「呼吸」とよぶことにする.

5.7 呼吸による ATP 合成

糖などの有機物のなかにエネルギーが貯えられていることは，こうした物質を燃焼して酸化することで大量の熱が発生することからも理解できる．呼吸では，このエネルギーを ATP の高エネルギーリン酸結合に転換し，代謝のさまざまな反応に利用できるようにする．呼吸による ATP の合成には，基質分子から ADP へリン酸基が転位する**基質レベルのリン酸化**(substrate-level phosphorylation)と，ミトコンドリア内膜を介した**酸化的リン酸化**(oxidative phosphorylation)がある．酸化的リン酸化の過程は，

① 有機物からの還元力の生成
② O_2 の還元と H^+ 輸送
③ H^+ の電気化学ポテンシャル勾配を利用した ATP 合成

に分けて考えられる．①で生じた還元力は，酸化還元酵素の補因子(補酵素)である NAD や NADP, FAD(図 5.1)に一時的に蓄えられる．これらの分子に蓄えられた還元力は，②で利用されて膜を介した H^+ 勾配を形成し，③の原動力となる．

過程①〜③に関連する反応は，細胞小器官である**ミトコンドリア**(mitochondrion，複数形 mitochondria)を中心に行われている．ミトコンドリアの外膜と内膜によって，細胞は，外膜の外側(細胞質基質)，内膜と外膜の間(膜間腔)，内膜に囲まれた部分(マトリックス)の 3 つの区画に区分される．内膜はたくさんの陥入部分(クリステ)をもち，ミトコンドリア内にその体積に比べて多大な面積の膜構造を保持している(図 5.6)．

呼吸は細胞質基質に局在する**解糖系**(glycolytic pathway)，ミトコンドリアのマトリックスに局在する**トリカルボン酸(TCA)回路**(tricarboxylic acid cycle)，ミトコンドリア内膜で行われる**電子伝達系**(electron transport system)と **ATP 合成酵素**(ATP synthase)に分けられる(図 5.7)．解糖系と TCA 回路で①，電子伝達系で②，ATP 合成酵素で③の反応が行われる．呼吸という一連の反応を考えるうえで，細胞内での①〜③の過程とそれぞれの反応の局在，物質の移動を考えることが重要である．これらの反応はたがいに独立しながら，同時に，密接に関連し合って行われる．呼吸の直接の基質であるグルコースは，解糖系，TCA 回路，電子伝達系を経て，二酸化炭素と水に酸化され，これと共役した反応により，ADP とリン酸から ATP が生成される．呼吸はミトコンドリアをもつすべての真核生物に共通の経路である．光合成などの別の代謝経路が細胞内に共存する植物では，グルコースばかりでなく別の経路の中間代謝産物も呼吸に利用される．

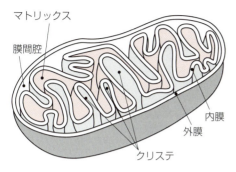

図 5.6 ミトコンドリアの構造（断面図）
各ミトコンドリアは細胞質基質に取り囲まれている．

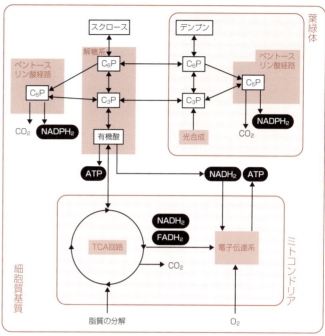

図 5.7 呼吸とそれに関連する代謝経路
図中の C_3 はトリオース，C_5 はペントース，C_6 はヘキソースを示す．これらがリン酸化されて，C_3P，C_5P，C_6P となる．

5.8 解糖系

主要な貯蔵分子であるデンプンは色素体内で α-アミラーゼやデキストリナーゼ，α-グルコシダーゼなどの加水分解酵素や，デンプンホスホリラーゼなどの加リン酸分解酵素により分解される．また，光合成産物の転流[*1]に使われるスクロースは，インベルターゼなどにより分解される．これらの分子はトランスポーター（4.6 節参照）により細胞質へ運ばれ，解糖系により最終的にピルビン酸に分解される．葉緑体に存在する三炭糖リン酸や六炭糖リン酸などの光合成の中間代謝産物も解糖系で利用される．

解糖系は 10 段階の酵素反応からなる一連の過程である．植物では，これらの酵素は細胞質基質に可溶性の酵素として局在している．すべてリン酸化されている解糖系の中間代謝産物は，生体膜を透過することが難しく，反応が終わるまで細胞質基質からほとんど移動しない．解糖系の一連の過程は，六炭糖を 2 分子の三炭糖リン酸とする前段階と，三炭糖リン酸をリン酸化し ATP を回収する後段階に分けられる（図 5.8）．グルコース 1 分子あたり，前段階で 2ATP が消費され，後段階で 4ATP が生成されるため，解糖系を通して，差し引き 2 分子の ATP 合成が行われることになる．

解糖系には酸素を必要とする反応がないため，水没した根など嫌気的条件

*1 維管束植物が，同化産物や貯蔵物質などの有機物や栄養塩類などの無機物をある器官や組織から別の器官や組織へ輸送すること．

5章　同化と異化

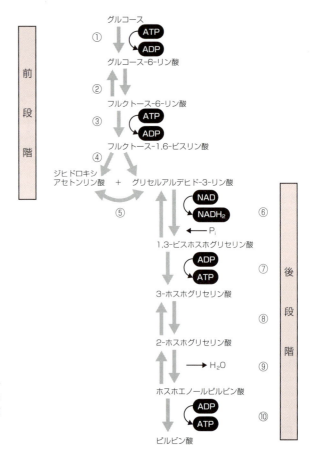

図 5.8　解糖系
グルコース1分子あたりでみると，前段階で2分子のATPが消費され(①と③)，後段階の基質レベルのリン酸化(⑦と⑩)で4分子のATPが合成される(図中のグリセルアルデヒド-3-リン酸1分子あたりATP2分子).

下でも，糖を分解してATPを生成することが可能である．嫌気的条件下では，最終産物であるピルビン酸が⑥で生じている$NADH_2$を酸化してNADを再生産し，その結果，乳酸やエタノールが蓄積される．このような代謝を**発酵**(fermentation)という．好気的条件下では，$NADH_2$は，後述する電子伝達系でATP合成に利用される．また，ピルビン酸もさらに酸化されてATP合成に寄与する．これに比べると発酵によるATP生産はエネルギー効率が悪い．

植物は糖を酸化する代謝経路としてこの解糖系のほかに**ペントースリン酸経路**(pentose phosphate cycle)をもつ(図5.9)．この経路の最初の反応はプラスチドと細胞質基質に存在する可溶性の酵素により触媒される反応で，グルコース-6-リン酸(C_6P)からグリセルアルデヒド-3-リン酸(C_3P)とフルクトース-6-リン酸(C_6P)を生じ，これらの分子から最終的にグルコース-6-リン酸(C_6P)が再生される．反応をまとめると次のように表せる.

$$6C_6P + 12NADP + 7H_2O \longrightarrow 5C_6P + 6CO_2 + P_i + 12NADPH_2$$

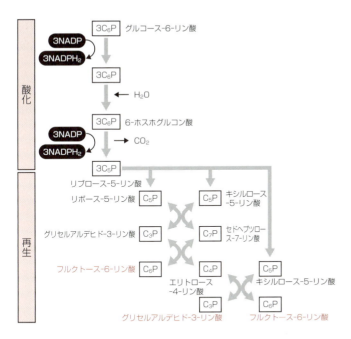

図 5.9 ペントースリン酸経路
グルコース-6-リン酸を酸化してリブロース-5-リン酸に変換し、1分子の二酸化炭素と2分子のNADPH$_2$を生成する（酸化）．生じたリブロース-5-リン酸は光合成でCO$_2$を固定するカルビン-ベンソン回路を光合成の際とは逆向きにたどり、グリセルアルデヒド-3-リン酸とフルクトース-6-リン酸に変換される（再生）．

　この式は1分子のグルコース-6-リン酸が酸化され、最終的に12分子のNADPH$_2$が生成されることを示している．NADPH$_2$を利用すればさらにATPの合成が可能である．しかし、この経路の活性は、成長中の組織など、活発に生合成が行われる組織で高いことから、その役割は、さまざまな種類の中間代謝産物を多様な糖の生産に供給し、脂質の生合成や窒素同化に還元力（NADPH$_2$）を供給することにあると考えられている．

5.9　トリカルボン酸回路（TCA回路）

　好気的な条件下では、解糖系で生じたピルビン酸はミトコンドリアへ輸送され、二枚の包膜（外膜と内膜）を抜けてマトリックスへ至る（図5.6）．低分子を非選択的に透過させるミトコンドリア外膜に対し、内膜は無機イオンや電荷をもった有機物をほとんど透過させない半透性膜である．

　細胞質基質のピルビン酸は、外膜を透過した後、内膜にあるピルビン酸輸送体によって、選択的にマトリックスへと輸送される．マトリックスに到達したピルビン酸は酸化的脱炭酸された後、補酵素A（CoA）[*2]（図5.3）との結合によりアセチルCoAとなる．アセチルCoAのCoA以外の部分（アセチル基、酢酸単位とよばれる）はオキサロ酢酸と結合してクエン酸を生じ、すぐにCoAを放出する．その後、クエン酸は7段階の反応を経て、オキサロ酢酸となり、再びアセチルCoAの酢酸単位と結合できる状態となる．最初に酢酸単位と結合したオキサロ酢酸が最終段階で再生され元に戻ることから、この一連の反応は閉じた経路（回路）を形成していることがわかる（図5.10）．

[*2] 酵素のなかには、アミノ酸ペプチド以外の部分をもつ複合タンパク質からなるものも少なくない．こうした酵素のうち非タンパク質部分を補酵素という．補酵素Aは末端のSH基にチオエステル結合でアシル基を結合させることで、アシルCoAを形成し、さまざまなアシル基の転移反応を助けている．とくにアセチル基を結合したアセチルCoAはTCA回路や脂肪酸合成など生体内の重要な反応に関わっている．

最初にトリカルボン酸(TCA)であるクエン酸が生じることから，この回路はトリカルボン酸(TCA)回路やクエン酸回路とよばれたり，発見者の名前に因んでクレブス(Krebs)回路ともよばれたりする．

この回路では，アセチルCoAの酢酸単位からNADH$_2$やFADH$_2$の形で還元力[H$^+$]が引きだされ，さらに1分子のATPが基質レベルのリン酸化で生成される．この反応は以下のようにまとめることができる（グルコース1分子あたりではこの2倍）．

$$CH_3CO\text{-}S\text{-}CoA + ADP + P_i + 3H_2O \longrightarrow$$
$$2CO_2 + 8[H^+] + ATP + CoASH$$

多くの真核生物に共通のこれらの酵素に加えて，植物ミトコンドリアのマトリックスには，リンゴ酸の酸化的脱水素反応を触媒するNADリンゴ酸酵素が存在する．この経路を介することでリンゴ酸からオキサロ酢酸ではなくピルビン酸を生成し，アセチルCoAとして消費できる．これによりTCA回路を循環する基質を回路からはずし，酸化して消費することも可能である（図5.10 ⑧）．逆に，細胞質基質の解糖系でホスホエノールピルビン酸から生じたリンゴ酸はマトリックスに運ばれ，回路を循環する基質として利用されることもある（図5.10 ⑨）．TCA回路の中間代謝産物は，さまざまな生合

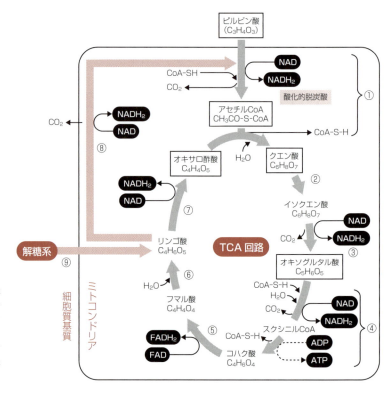

図5.10
トリカルボン酸回路(TCA回路)
NADの還元(①③④⑧)，FADの還元(⑤)，ATPの合成(④)により化学エネルギーが取りだされる．この回路ではリンゴ酸からピルビン酸を生成したり(⑧)，解糖系からリンゴ酸を移入したり(⑨)することで基質濃度が制御できる．④の後半ではADPのリン酸化をGDPが仲介する．

成経路と共有されている．このため TCA 回路は「中間代謝産物のるつぼ（melting pot）」と称される．

5.10 電子伝達系と酸化的リン酸化

　細胞質基質の解糖系で生成された $NADH_2$ は，低分子に透過性をもつミトコンドリア外膜を抜けて膜間腔側から，内膜に移動する．一方，ミトコンドリアのマトリックスにある TCA 回路で生成された $NADH_2$ や $FADH_2$ はマトリックス側からミトコンドリア内膜に移動する．内膜には酸化還元反応を触媒する一群のタンパク質（電子伝達系）が存在し，$NADH_2$ や $FADH_2$ から還元力（e^-）を受け取る．電子伝達系の大部分は鉄を含むタンパク質（シトクロムや非ヘム鉄）であり，$Fe^{3+} + e^- \rightleftharpoons Fe^{2+}$ の反応で電子の受け渡しを行い，酸化還元電位[*3]の低いものから高いものへと e^- が伝えられてゆく．

　植物を含む真核生物のミトコンドリアは 4 種類のタンパク質複合体をミトコンドリア内膜にもち，その他のいくつかの成分とともに電子伝達を行っている（図 5.11）．マトリックス側の $NADH_2$ の e^- は複合体Ⅰ（$NADH_2$ 脱水素酵素）に伝えられ（①），解糖系により細胞質基質に生じた $NADH_2$ 分子の e^- は，複合体Ⅰ以外の脱水素酵素を経て（②），コハク酸の酸化の際に生じた $FADH_2$ の e^- は複合体Ⅱ（③）を経て，ユビキノンに伝えられる．さらに，この e^- は，複合体Ⅲと複合体Ⅳを通過して O_2 へ伝えられる．①では 1 対の e^- につき $10H^+$ が，e^- が複合体Ⅰを経由しない②③では 1 対の e^- につき $6H^+$ がマトリックスから膜間腔に輸送される（図 5.11）．グルコース 1 分子あたり

*3　基準となる特定の電極（標準水素電極）との酸化還元反応で発生する電位のこと．電子の放出しやすさや受け取りやすさを表す．

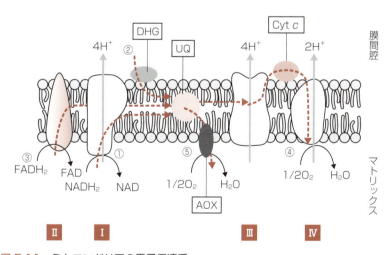

図 5.11　ミトコンドリアの電子伝達系
電子伝達系は，複合体Ⅰ（$NADH_2$ 脱水素酵素），複合体Ⅱ（コハク酸脱水素酵素），複合体Ⅲ（シトクロム bc_1 複合体）と複合体Ⅳ（シトクロム c オキシダーゼ）からなる．①〜③の経路でユビキノン（UQ）に伝えられた e^- は，複合体Ⅲ・Ⅳを経て O_2 に伝えられる（④）．ユビキノンから直接 e^- を受け取る AOX は H^+ の輸送は行わない．

で計算すると，TCA 回路によりマトリックス内に生成した $NADH_2$ 8 分子により約 80 原子，$FADH_2$ 2 分子により約 12 原子，さらに，解糖系により細胞質基質に生じた $NADH_2$ 2 分子により約 12 原子，合計約 104 原子の H^+ が輸送されることになる．内膜は H^+ に対する透過性が低く，このため H^+ の移動によって膜内外に電位差と H^+ 濃度勾配（すなわち電気化学ポテンシャル勾配，4.3 節参照）が形成される．

還元力から電気化学ポテンシャルに変換されたエネルギーは，ミトコンドリア内膜に存在する F_oF_1-ATP 合成酵素[*4]（複合体Ｖと称されることもある）の ATP 合成に利用される（図 5.12）．内膜の H^+ 透過性を高める脱共役剤により電気化学勾配を解消すると停止することから，ATP 合成には ATP 合成酵素を介した H^+ の流入が必要であることはわかっていた．その後，ATP 合成酵素の構造が明らかになるにつれて，詳細な機構も明らかになっている．ATP の合成は，ATP 合成酵素の F_o 部位と F_1 部位の連携により行われる．生体膜に埋め込まれた状態の F_o 部位に対して，F_1 部位は 3 つの位置（角度）をとることができる．H^+ が F_o 部位を通ってマトリックスに流入する際，F_1 部位は 1 つずつ位置を変えて 3 回目に元の位置に戻り，その際に ATP が合

*4 Fo（エフオー）のオーは「オリゴマイシン感受性」に由来する．

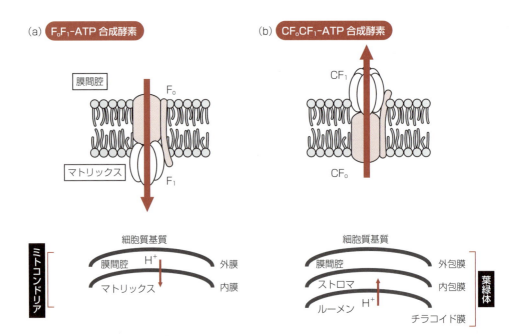

図 5.12 ミトコンドリアと葉緑体における ATP 合成
(a) ミトコンドリア内膜に存在する F_oF_1-ATP 合成酵素（複合体Ｖとも称される）は，膜間腔側で高くマトリックス側で低い H^+ の濃度勾配を利用して ATP 合成を行う．(b) 葉緑体のチラコイド膜に存在する CF_oCF_1-ATP 合成酵素は，ルーメン側で高くストロマ側で低い H^+ の濃度勾配を利用して ATP 合成を行う．F_o と CF_o は膜中で H^+ チャネルを形成する．F_1 と CF_1 はマトリックスやストロマ側で F_o や CF_o とそれぞれ結合しており，ATP 合成の触媒部位をもつ．

成される．連続して ATP が合成される際には，F_1 部位は F_o 部位に対して回転するように動く．この回転の様子は蛍光分子でラベルした ATP 合成酵素を用いて顕微鏡で観察されている．ATP を1分子合成するには，3原子の H^+ の流入が必要であり（電気化学勾配の状態にもよるが），グルコース1分子でくみ出された約 104 原子の H^+ により 34 分子の ATP が合成されることになる．これが酸化的リン酸化である．化学浸透メカニズムとして知られるこの ATP 合成は，呼吸ばかりでなく光合成でも行われており，この場合は**光リン酸化**（photophosphorylation）とよばれている（6.8 節参照）．

ミトコンドリアとプラスチドが共存する植物細胞には，動物細胞には見いだせない付加的な電子伝達経路も存在する．$NADH_2$ 脱水素酵素である複合体Ⅰを特異的に阻害するロテノン存在下で，$NADH_2$ 脱水素を行うロテノン非感受性脱水素反応が植物にはある．この反応からは，ミトコンドリア内膜の膜間腔側とマトリックス側の両方に，$NADH_2$ や $NADPH_2$ を脱水素し，e^- をユビキノンに伝える酵素の存在が示されている（この経路の役割については不明な点が多い）．また，植物にはヘム鉄と複合体をつくるシアン化合物（CN^-）により，複合体Ⅳによる反応（図 5.11 ④）が阻害された状態でも O_2

Column

日本語の用語としての同化と異化

「新陳代謝」という言葉がある．もともとは「新しいものと古い（陳）ものとが，入れ替わり（代），別れ去る（謝）こと」の意味で，後に自然科学の用語として使われるようになった．生物学でも使われる「代謝」を，「代」と「謝」に分けて考えると，前者には生体分子を入れ替えて自分と一体のものにする「同化」，後者には一体となっていた分子を他所へ退らせる「異化」という用語が対応づけられる．この日本語の「代謝」は，英語の「metabolism」に対応づけられ，「同化」と「異化」はラテン語の「simil」（似ている）に由来する「assimilation」と「dissimilation」に対応づけられる．これに加えて英語には，「anabolism」と「catabolism」という「metabolism」に関連した用語がある．ギリシア語の「ana + ballō」（上へ＋投げる）や「cata + ballō」（下へ＋投げる）に由来し，簡単な分子を複雑な分子に，複雑な分子を単純な分子につくり換える過程を表す．「代」や「謝」と違う視点から「metabolism」を表した用語である．ところが，「anabolism」や「catabolism」も日本語の「同化」や「異化」と対応づけられてしまっている．このため，日本語の「同化」や「異化」には，本来の意味に加えて「anabolism」や「catabolism」の意味が付け加えられている．

多くの生物学の概念には日本語の用語が用意されている．一方で，同様の概念を英語でも学ばなければならない．このことが，生物を学ぶ状況を複雑なものにしている．言うまでもないことだが，英語と日本語は一対一で対応しているわけではない．英語では，「assimilation」「dissimilation」と「anabolism」「catabolism」は使い分けているが，日本語では「同化」や「異化」で間に合わせるしかない．このため，日本語では「同化」や「異化」が微妙な使い方をされていることがある．用語を学ぶ際には，少し立ち止まって語源や本来の意味を吟味し，丁寧に使用することが大切なのかもしれない．

*5 ミトコンドリアの呼吸鎖電子伝達系において，末端酵素であるチトクロム *c* 酸化酵素は，シアンと結合することで酸化能を失うが，シアン耐性呼吸酵素はシアンと親和性をもたないため，シアン存在下でも電子伝達が続く．シアン耐性呼吸は，ATP 合成には働かないが，細胞内の過剰な還元力の除去や pH 調節に機能するという説がある．

が消費されるシアン耐性呼吸（⑤）が知られている．この呼吸は**シアン耐性呼吸酵素**(alternative oxidase: **AOX**)*5 を介して行われ，通常，植物の呼吸全体の 10〜25％，組織や植物によってはさらに高い割合を占める．シアン耐性呼吸は複合体Ⅲを特異的に阻害するアンチマイシン存在下でも維持されることから，AOX はユビキノンから e^- を受け取っていると考えられている（図 5.11）．この経路では，複合体Ⅲと複合体Ⅳで H^+ の電気化学勾配形成に利用されるエネルギーは，すべて熱となる．積極的にエネルギーを浪費させることになるこの反応は，過剰なエネルギーの排出経路であるとも考えられている（この経路の生理学的意義について，一部は 13.4 節参照）．

練習問題

1 ATP や NAD とデンプンではエネルギー代謝で果たす役割が違う．その違いをまとめなさい．

2 呼吸を構成する「解糖系」，「TCA 回路」，「電子伝達系」が局在する場所とそれぞれの反応系間の物質移動をまとめなさい．

3 TCA 回路の中間代謝産物のなかには，他の代謝経路の中間代謝産物と共通の物質が少なくない．これらの物質はどのような役割を果たしているか，具体的な例を挙げてまとめなさい．

4 動物細胞には認められない植物細胞特有の電子伝達経路をまとめ，そうした代謝経路が存在する意義を考察しなさい．

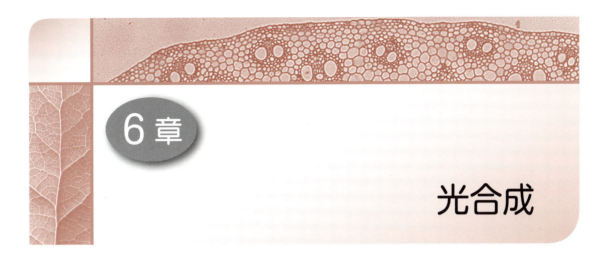

6章 光合成

地球上のほぼすべての生物は，植物によって太陽光エネルギーから物質中へと固定された化学エネルギーに依存して生きている[*1]．植物や**植物プランクトン**(phytoplankton)[*2]によるこの反応は光合成とよばれる．食料生産やバイオ燃料などを例にとるまでもなく，人類も光合成に依存しており，さまざまな社会問題も光合成抜きに考えられないことが多い．光合成はその重要性から詳細な研究が進められ，反応機構の分子過程が最もよくわかっている生物反応のひとつである．それにもかかわらず，今なお人類は，光合成を自在に取り扱えるまでには至っていない．本章では，現時点で理解されている光合成機構の概略を説明する．

6.1 生態系における光合成

多くの陸上植物は二酸化炭素（CO_2）と水（H_2O）から光エネルギーを使って有機化合物を合成する光合成を行っており，海洋で植物プランクトンが行う光合成とともに，地球上の一次生産の大部分をまかなっている．有機化合物中に蓄えられたエネルギーは光合成組織で利用されるだけでなく，光合成を行う生物の非光合成組織で利用されたり，これらの生物を食べた他の生物に利用されたりする．光合成は**生態系**(ecosystem)内のあらゆる生物にとって最も重要な代謝経路であり，生態系全体のエネルギー代謝の出発点となっている．バクテリオロドプシン[*3]を光駆動性プロトンポンプ（4.3節参照）として用いてATP合成を行う高度好塩古細菌ハロバクテリウムのように，まったく異なる形で太陽光のエネルギーを利用するものもいるが，陸上植物や植物プランクトンは，本章で述べるシステムで光合成を行っている．

光合成反応のエネルギー源は太陽光である．エネルギー源として太陽光を考える際には，光のもつエネルギーの総量とともに，光の質を考えなければならない．光の質は色の違いとしてわれわれの視覚に認識される．それぞれ

[*1] メタンや硫化物が豊富な環境では，化学合成細菌が生産者となる食物網がある．

[*2] 水中を漂って生活する浮遊生物のうち，光合成を行うもの．

[*3] 高度好塩菌の紫膜とよばれる構造体に存在する色素タンパク質．光エネルギーによって細胞内のプロトンを細胞外に輸送し，酸素呼吸の電子伝達系と同様に，細胞膜をはさんだ電気化学ポテンシャル勾配を形成する．

の色の光は以下のような式で関係づけられる固有の波長(λ)と振動数(ν)をもつ．

$$c = \lambda\nu \quad (c：真空中の光の速度)$$

また，特定波長の光の粒子(光量子)は，この波長や振動数で以下の式で決定される固有のエネルギーをもつ．

$$E = h\nu = hc/\lambda \quad (h：プランク定数 \quad 6.626 \times 10^{-34}\,\text{J s})$$

波長 650 nm の赤色光の光量子($184\,\text{kJ mol}^{-1}$)と波長 400 nm の紫色光の光量子($299\,\text{kJ mol}^{-1}$)は異なるエネルギーをもっているが，どちらの光量子でも，1 光量子が引き起こす 1 回の光化学反応に違いはない．このため，光合成を考える際には，光の強さを，エネルギーに着目した光強度(単位面積，単位時間あたりのエネルギーの総量)で表すばかりではなく，光量子に着目した光量子総数(光量子束)で表したほうが適切な場合もあり，注意を要する．

核融合による発熱反応で温められた太陽は，絶対温度で約 6000 K の黒体[*4] が放射する光とほぼ等しい組成(スペクトル)でさまざまな波長の光を発する(図 6.1)．太陽光は太陽や地球の大気を通過する間に，その一部が吸収された後，地表や海面に到達する．光合成系はすべての太陽光のうち，可視光の範囲とほぼ等しい波長約 400 〜 700 nm の光(**光合成有効放射**, photosynthetically active radiation: **PAR**)を利用している．この範囲の光のエネルギーは全太陽光の約 45 % にあたる．PAR を用いて生物圏内で 1 年間に固定される炭素については，さまざまな推定がなされている．最近の推定のひとつ(図 6.2)では，陸上の植物によるものが 121.3 GtC[*5]，海洋の光合成生物によるものが 50 GtC であると見積もられている．この合計は，地球大気に CO_2 の形で含まれる炭素 750 GtC の 1/4.4 を一年間で交換する量である．固定されたす

[*4] 外部から入射するあらゆる波長の光を完全に吸収し，また，外部へ放出できる仮想の物体．

[*5] ギガトン炭素(10^9 tC)．現存する生物の量(バイオマス)の単位のひとつ．

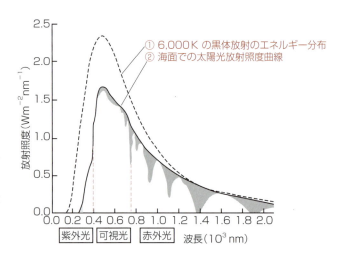

図 6.1　太陽光の波長組成(スペクトル)
太陽光が標高 0 メートル(海面)へと達するまでの波長組成の変化．絶対温度 6000 K の黒体が放射する光のスペクトル(①)とほぼ等しい太陽光のスペクトルは，太陽自身の大気により吸収された後，宇宙空間に放射される．オゾン層や，大気中の水蒸気，CO_2 に吸収され(図中②灰色部分)，海面でのスペクトルには，さらに顕著な吸収が見られる．

べての炭素が，分子式$[CH_2O]_n$で表されるような炭水化物にまで還元されており，酸化されてCO_2になる際に$470\,kJ\,mol^{-1}$のエネルギーが放出されると仮定すると，化学エネルギーとして固定された量は$8.1\times10^{18}\,kJ/$年と見積もることができる．これは地球が太陽から受ける全光エネルギー$5.5\times10^{21}\,kJ/$年の0.15%にあたる．

　一方，固定された炭素のほとんどは，生物の呼吸を介して，再びCO_2となって大気中に放出される．陸上植物では植物体(植生)や土壌中の有機物(土壌とリター[*6])として残る量は$1.3\,GtC/$年である．また，海洋の植物プランクトンの光合成産物では$10\,GtC/$年が残るが，最終的に中・深層海洋(深海)に沈降し，そこで他の生物に利用され，その多くがCO_2に戻る．この光合成産物は，植物プランクトンの存在する海洋表層から深海に大気中のCO_2を運ぶ役割を果たす．生物ポンプとよばれるこの働きは，大気の50倍以上のCO_2を蓄積する海洋が，大気中のCO_2を速やかに吸収するために必要である．

*6　落葉，落枝などのこと．

6.2　地球環境と光合成

　光合成を考えるうえで，それが行われる海洋と陸上の環境の特徴を明らかにしておくことは重要である．植物プランクトンが生息する海中には，炭酸イオンの形で大気より高濃度の無機炭素が溶存している．また，植物プランクトンの周囲を満たすH_2Oは高い比熱により温度変化を緩衝し，植物プランクトンを浮力で支える．一方，陸上植物は低濃度のCO_2と，乏しいH_2Oを有効に利用しなければならず，さらに，浮力のない空気中で光合成器官を

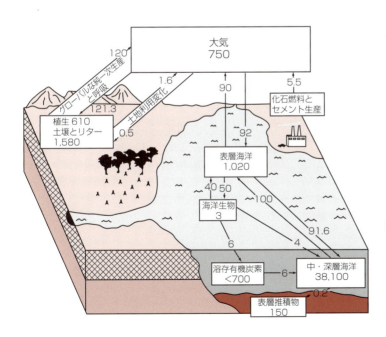

図6.2　地球上の炭素循環

リザーバー(蓄積場所・蓄積形態とその量，図中の囲み)とフロー(リザーバー間の移動形態とその速度，図中の矢印)を炭素重量に換算し，標準化して表している(それぞれ単位は$10^9\,tC$と$10^9\,tC/$年)．環境省IPCC第5次評価報告書の概要をもとに作成．

支える支持組織が必要である．支持組織はエネルギー源である光の獲得にも重要な役割を果たしている．光は，CO_2 や H_2O と同様に，他の植物に消費されると利用できなくなる**資源**(resource)であり，陸上植物は，光をめぐって他の個体との競争にさらされている．堅牢な支持組織は，他の植物の陰になることなく光を利用するために必要であり，陸上植物の最も顕著な特徴のひとつとなっている．このため，1年間の光合成量が陸上と海洋では2.4倍に過ぎない（121.3 GtC と 50 GtC）にもかかわらず，光合成組織に加えて巨大な支持組織が必要な陸上植物のバイオマス[*7]（植生 610 GtC）は，植物プランクトンを含む海洋生物のバイオマス（3 GtC）に比べて，200倍以上となる（図6.2）．

陸上植物では地上部の茎や葉に対応して地下部には根が存在する．根は地上部の茎や葉を支持すると同時に，無機栄養塩類や H_2O を地中から吸収し地上部の植物体に供給する．供給された H_2O の一部は光合成に使われるが，残りの大部分は蒸散により失われる．蒸散には物質輸送や葉温保持などの積極的な働きもあるが，その多くは，大気中より CO_2 を吸収するために開けられた気孔から，不可避に放出されるものである（10章，11章，13章参照）．

*7 生物量のこと．乾燥重量や炭素に換算した質量，エネルギー量など相互に比較できる単位で表される．

6.3 葉の構造

陸上植物の光合成器官である葉には，複数の組織が存在する（図 6.3a）．多くの**維管束植物**[*8]（vascular plant）の扁平な葉では，向軸側（上面）と背軸側（下面）に**表皮**（epidermis）とよばれる1層の細胞が存在する．上面の表皮の下には，上面から下面の方向に平行に密接して並んだ1～数層の柱状の細胞が存在し，**柵状組織**（palisade tissue）を形成している．その下には不規則な

*8 維管束をもつ植物．シダ植物や種子植物などを指し，コケ植物は含まれない．

> **Column**
>
> ### 光合成による環境形成
>
> 光エネルギーを利用して CO_2 を還元し，有機物をつくる光合成生物が地球上に出現した当初は，硫化水素などの分子から電子を得ていたと考えられている．その後，2つの光化学系を利用し，地球上に普遍的に存在する水から電子を得て光合成を行う生物が現れると，地球上の環境は一変した．光合成で発生した酸素は，強い酸化作用で多くの生物を絶滅に追い込んだと考えられている．また，海水に溶けていた鉄を酸化鉄として大量に沈殿させ，生命が必要とする鉄の欠乏を引き起こした．このため，約20億年前の地層には酸化鉄を多く含む鉄鉱床があるほどだ．さらに酸素が放出されて大気中の酸素濃度が上昇すると，成層圏にはオゾン層が形成され，地表に達する紫外線が減少した．また，嫌気性生物にとっては有害な酸素を利用して好気呼吸を行う生物が現れ，分布を広げた．光合成は環境を形成し，形成された環境は生物の進化を促してきた．大気 CO_2 濃度の上昇と地球温暖化の関係がとりざたされる現在においても，光合成は，主要な CO_2 の吸収源であり，海洋への CO_2 の吸収を促進することで，地球環境に大きな影響を与え続けている（1章参照）．

形状の細胞がランダムに分布する**海綿状組織**(spongy tissue)が存在する．これらの組織には，光，H_2O，CO_2に対するさまざまな対応が認められる．

通常，光は上面から進入し下面へ通過する．これに対して，葉は特殊化した光の経路を形成している(図6.3b)．最初に光が透過する上面の表皮は，葉緑体をもたず内部に光を透過させる細胞からなる．柵状組織では，細胞中の葉緑体は密集しており，液胞など葉緑体が存在しない部分を通して，さらに下層に多くの光が送られる．海綿状組織には，多くの細胞間隙(気相)が存在し，光は，細胞間隙から細胞に入ったり細胞から細胞間隙へ出たりする際に反射や屈折を繰り返す．このため，海綿状組織に進入した光は，細胞層の厚さ以上の長い光路を経てこの組織を通過し，この間に多くの光が海綿状組織に吸収される．その後，下面の表皮層を通過して，光は葉を通り抜ける．

表皮細胞の細胞壁で外気に接する部分はクチンやワックスからなる**クチクラ層**(cuticle)[*9]で覆われている．水分も気体もほとんど通さない表皮組織により葉内には外気と異なる環境が維持されている．光合成や呼吸に必要な気体のやりとりは，表皮に形成された孔(気孔)を介して行われる．光合成反応の基質であるCO_2も外気から気孔を介して葉内に取り込まれる．

光合成でCO_2が消費されて外気と葉内にCO_2濃度差が生じると，拡散で，CO_2の移動が始まる．CO_2は，最終的に葉緑体ストロマ内の炭酸固定酵素に達するが，その経路は単純ではない(図6.3c)．外気からのCO_2は，まず，葉の表面の境界層とよばれる空気の塊を抜ける．この層を抜ける際のCO_2の通りにくさは境界層抵抗によって表される．境界層抵抗は風などによる空気の撹乱ばかりでなく葉の形状や大きさによっても変わる．境界層を抜けたCO_2は，**気孔**(stoma，複数形stomata)から葉内に進入する．気孔が開閉すると，CO_2移動を制限する程度(気孔抵抗)が変化する．気孔抵抗は短い時間(数分単位)で能動的に調節可能であり，植物はこれにより葉内のCO_2濃度を制

[*9] 植物体地上部表皮細胞の細胞壁外側にクチン(不飽和脂肪酸)が沈着し，さらに脂質が浸透して形成された層．クチクラ層は植物体からの水の蒸発，外部からの生物や物質の侵入，紫外線による傷害を防いでいる．乾燥地や太陽光が強い場所に生える植物の葉に発達している(1章も参照).

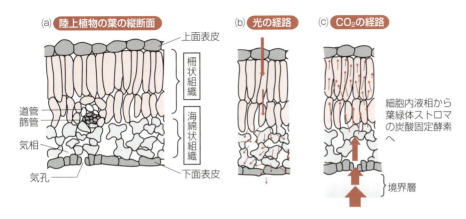

図6.3 陸上植物の葉の構造

御している．活発に光合成を行う葉の細胞間隙では，これらの抵抗によって大気のCO_2分圧 35 Pa[*10]が5〜10 Paまで低下する．葉内に進入したCO_2は細胞間隙を抜け，光合成を行っている細胞に到達する．細胞間隙は気相であり，抵抗は小さく，細胞近傍までの分圧の差は0.5 Pa程度である．この後，細胞膜を抜けて細胞内に進入したCO_2は液相の細胞質と葉緑体の包膜を抜け，葉緑体ストロマの炭酸固定酵素に到達する．液相を拡散するCO_2の移動速度は気相の拡散の1万分の1ほどで，移動距離が短いにもかかわらず，細胞内でCO_2の移動を制限する程度（葉肉抵抗）は，気孔が開いているときの気孔抵抗と同程度である．

　もうひとつの主要な基質であるH_2Oは葉肉組織を貫いて葉内に分布する葉脈を介して供給される．葉脈内の維管束は根や茎の維管束に接続しており，根からのH_2Oを光合成組織の細胞に供給している．H_2Oの輸送を担う道管は茎では内側に，葉では上面に分布する．リグニン化した道管を含む葉脈は物質の輸送経路であると同時に，葉の支持組織でもある．CO_2供給など光合成や呼吸に必要な気体のやりとりは，同時に，水蒸気の放出（蒸散）を招き，貴重なH_2Oを損失させてしまう．このために葉は気孔の開閉を調節し，気体の流れを能動的に制御している．気孔が葉の下面に多いことは，太陽光の直射を避けることで，蒸散に対してCO_2の取り込みを有利にしている．

6.4　葉緑体の構造

　葉の柵状組織や海綿状組織の細胞には細胞小器官である**葉緑体**が存在し，光合成を行っている．陸上植物の葉緑体は通常1〜10μmで，レンズや碁石にたとえられる楕円球の形をしている（図6.4）．最も外側には内外二重の膜からなる包膜が存在する．外側の外包膜はある種のタンパク質からなる**チャンネル**(channel)[*11]をもち，低分子物質を透過させる．一方，内側の内包膜は選択的物質輸送を行っている．包膜の内側の部分は**ストロマ**(stroma)とよばれ，その中に**チラコイド**(thylakoid)膜が存在し，閉じた袋状のラメラ構造を形成している．チラコイド膜で囲まれた内部はルーメンとよばれる．チラコイド膜は，密着した積層構造をとる部分（グラナラメラ）と積層せずストロマに露出した部分（ストロマラメラ）からなる．さまざまな機能をもった膜タンパク質は，チラコイド膜上でストロマ⇄ルーメン間にそれぞれ固有の方向性をもって存在している．

　葉緑体は，初期の真核生物が原核生物（O_2発生型の光合成を行うシアノバクテリアの仲間）を細胞内に取り込み，遺伝的な支配下におくことで細胞小器官化したものであると考えられている（1章参照）．葉緑体は独自のDNAをもつが，必要な遺伝子の多くは細胞核のDNAにもあり（葉緑体DNAから細胞核に移行したと考えられている），独自のDNAだけで独立して生き

[*10] Paはパスカルで，圧力の単位($N m^{-2}$)．分圧とは，空気全体の体積を，空気に含まれるある特定の気体（たとえばCO_2）だけで占めたときの圧力である．

[*11] ある種の膜タンパク質により形成された細胞膜の孔．特定の物質を透過させる．コンホメーションの変化により1回ずつ物質を通過させるトランスポーターとは区別される（4.6節参照）．

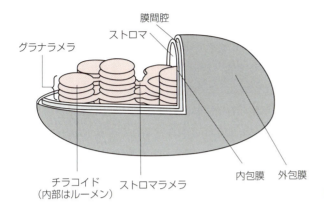

図 6.4　陸上植物の葉緑体

ていけるわけではない．光合成には葉緑体内で合成されたタンパク質ばかりでなく，**細胞質基質**(cytosol)で合成された細胞核コードのタンパク質が必要である．

植物プランクトンなどの形で自然界に生活している藻類には，さらに多くの包膜をもつものもある．これらの藻類の葉緑体はすでに葉緑体をもっている光合成真核生物がさらに共生すること(二次共生)により獲得されたと考えられている．これらの生物も，クロロフィルをもち，O_2発生型の光合成を行っている(1章参照).

6.5　光合成の概要

水(H_2O)を電子供与体とするO_2発生型の光合成には，後に述べる2つの光化学系が必要である．H_2Sなどを電子供与体として利用している原核生物のなかには，その1つ(光化学系I, PSI)と相同な反応中心だけをもつヘリオバクテリアなどの細菌や，別の1つ(光化学系II, PSII)と相同な反応中心だけをもつ紅色細菌なども存在する．これら水以外の物質を電子供与体とする生物を含めて考えると，空気中のCO_2を電子(e^-)受容体として還元し炭水化物を産生する生物の光合成反応は，以下の式で表せる．

$$CO_2 + 2H_2A \xrightarrow{\text{光}} [CH_2O] + 2A + H_2O$$

ここでH_2Aは電子供与体で，酸化されてAを生ずる．硫化水素(H_2S)をe^-供与体とする場合は硫黄(S)を生じ，H_2Oをe^-供与体とする場合は以下のようにO_2を生ずる．

$$CO_2 + 2H_2O \xrightarrow{\text{光}} [CH_2O] + O_2 + H_2O$$

H_2Aの特別な例がH_2Oであることを考えると，H_2Oに由来するOはO_2に，

CO_2 に由来する O は新たに生じた H_2O 分子と炭水化物中の O となることがわかる.

単離したチラコイド膜や包膜の破れた単離葉緑体に,シュウ酸第二鉄を加えて光を当てる場合,シュウ酸第二鉄中の Fe^{3+} が e^- 受容体となり,H_2O が e^- 供与体となって O_2 が発生する.この反応は Hill 反応とよばれ,e^- 受容体として機能するさまざまな化合物は一般に Hill 酸化剤とよばれる.Hill 酸化剤によって,チラコイド膜が単独で O_2 を発生することを示した Hill 反応は,光エネルギーで H_2O から O_2 を発生する反応が光合成の他の反応から独立して,チラコイド膜に局在することを示す.

さらに,光に対する光合成系の応答が調べられている.さまざまな波長の単色光[*12]を照射して,捕集された光がどのような効率で光合成に使われるか(量子収率 ϕ:光化学反応で生じた産物の数/吸収した光量子数)を測定した実験からは,680 nm より長波長の光で ϕ が低下することや(Red drop 現象),680 nm より長波長の光とともに 650 nm の単色光を当てると ϕ が回復して,2つの光を別々に照射した際の合計以上に光合成速度が上昇する増幅効果が見られること(Emerson 効果)が示された.これをきっかけとして,光合成系には,680 nm より長波長の光を優先的に吸収する系(PSI)と 680 nm より長波長の光では駆動しない系(PSII)が存在することが明らかになった.680 nm より長波長の単色光を当てると,PSI しか駆動せず,全体の e^- の流れが低下して ϕ が低下するが,これに 650 nm の単色光を当てると PSII も駆動されて,系全体を e^- が流れて ϕ が上昇する.PSI と PSII の2つの光化学系で光合成系が駆動されていることが Red drop 現象や Emerson 効果の原因となっていたのである.

また,光合成生物であるクロレラに,暗期を挿入した不連続な光(閃光)を照射して,O_2 発生を測定した実験では,連続光に比べて単位時間あたりの O_2 発生が大きくなることが示された.この実験を含むいくつかの実験から,光合成には,「光を必要とする反応」と「光を直接的に必要としない反応」があること,両反応は直列につながって存在すること,速度の遅い「光を直接的に必要としない反応」が全体の反応を律速していることが示された.不連続な光を当てると,挿入された暗期の間に「光を直接的に必要としない反応」が遅れを取り戻すため,反応全体が効率よく進むわけである.これら2つの反応は,それぞれの反応の局在する場所から,チラコイド反応とストロマ反応とよばれる.

現在では,

① PSII や PSI に光エネルギーを集める光捕集系が存在すること
② 集められた光で励起された e^- が PSII から始まる電子伝達系で PSI まで

[*12] 一定の波長の光以外は含まれない光のこと.

移動すること
③ 電子伝達系で形成されたチラコイド膜を介した**電気化学ポテンシャル勾配**(electrochemical potential gradient)を利用してATPを合成するCF$_1$CF$_0$−ATP合成酵素がチラコイド膜に存在すること
④ チラコイド反応で生成されたNADPH$_2$やATPの化学エネルギーを用いてCO$_2$を同化する酵素系がストロマ反応を行っていること

がわかっている(図6.5).本章ではこれらの反応系についてさらに説明する.

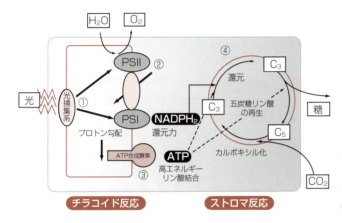

図 6.5 光合成系
光合成には① 光捕集系,② 電子伝達系,③ ATP合成系,④ CO$_2$固定系がある.①〜③ はチラコイド反応,④ はストロマ反応とよばれる.

6.6 光捕集

チラコイド反応は,捕集した光のエネルギーを化学エネルギーへ変換する過程である.光の捕集に関連する光合成色素には,**クロロフィル**(chlorophyll)や**カロテノイド**(carotenoids),ビリン色素がある(図6.6).

ほとんどすべての光合成生物はクロロフィルaをもつが,緑色植物(陸上植物や緑藻類)のもつクロロフィルbや緑色植物以外の藻類がもつクロロフィルcやクロロフィルd,光合成細菌のもつバクテリオクロロフィルなど,ポルフィリン環についた側鎖の違いにより区別されるいくつかのクロロフィル分子が存在する.これらのクロロフィルは紫・青とオレンジ・赤をよく吸収し,緑・黄の吸収が低い(図6.7).

生物がもつさまざまなカロテノイドのなかには,光合成に関与するβカロチンやキサントフィルなどがある.カロテノイドはすべての光合成生物にとって不可欠の成分である.その光吸収スペクトルはクロロフィルとは異なっており,クロロフィルがあまり吸収しない波長の光を効率よく吸収し,そのエネルギーをクロロフィルへ伝える(図6.7).カロテノイドには,過剰なエネルギーを熱として放出することで,光合成系を保護する機能もある.

シアノバクテリアや紅藻では,開環構造のテトラピロールであるビリン色素を含むフィコビリゾームが光を捕集している.多様な光合成色素の存在は

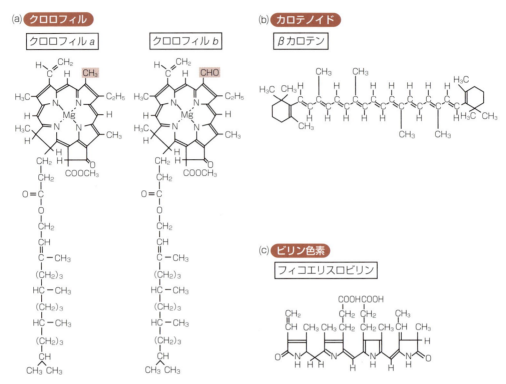

図 6.6　光合成に関連する色素分子
(a) クロロフィルはピロールが4つ組み合わさったポルフィリン環の中心に Mg が配位した色素で，側鎖として長い炭化水素鎖をもち，脂溶性で，チラコイド膜に固定されやすくなっている．ポルフィリン環の側鎖の違いにより区別されるクロロフィル a やクロロフィル b などのいくつかのクロロフィル分子が存在する．(b) 複数の共役二重結合をもつ直鎖状の炭化水素であるカロテノイドには，光合成の光捕集に利用される β カロテンやキサントフィル (xanthophylls) などがある．(c) 開環構造のテトラピロールであるビリン色素は，シアノバクテリアや紅藻で光補集に使われる．

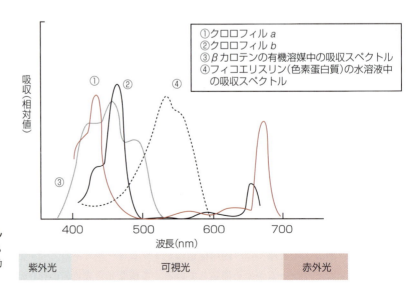

図 6.7　色素の吸収スペクトル
補助色素はクロロフィルとは異なる吸収スペクトルをもち，光補集の効率を高めている．

太陽光の広い波長スペクトルの光を効率よく集めるばかりでなく，特徴的な光質の環境（林床や海中など）で，光合成を行うためにも重要である．

　光合成系にはさまざまな種類の色素が大量に存在するが，そのほとんどは光を集めて他の色素分子に伝えるもの（光捕集色素）で，光エネルギーを化学エネルギーに変換する機能はもたない．全クロロフィル分子のうち，ほんの一部がその機能を担っていることは，緑藻クロレラを用いた実験によって示された．クロレラに非常に短い明期（閃光）を与えると，各光合成系は1回しか反応を行えない．引き続き十分な暗期を与えると，反応した系のすべてで反応が完了し，その数に対応したO_2が発生する．閃光強度を上げて光飽和[*13]させると，ほとんどすべての光合成系を1回反応させることができる．その際に発生したO_2分子数は全クロロフィル分子数の1/2500にすぎなかった．その後に明らかになった，1分子のO_2の発生に8光量子必要であることを考慮すると，クロレラがクロロフィル約300分子(2500/8)に1セットしかO_2発生の反応系をもたないことがわかる．1反応あたりの色素の量には生物により違いがあるが，どの生物でも大部分の色素が光捕集だけを行っていることに変わりはない．多くの色素で光量子を捕集し，数少ない反応系に光エネルギーを伝えるこのような光合成系は，弱光下でも各反応系の稼働率を高く保つことができる利点がある．

　光捕集を行い反応中心にエネルギーを伝える色素はアンテナ色素，光エネルギーを化学エネルギーに変換する機能をもつ数少ない特別なクロロフィルa分子(Chl$a$分子)は膜タンパク質とともに反応中心とよばれる複合体を形成している．アンテナ色素にはさまざまな種類の色素が含まれ，それらの色素分子はさまざまなタンパク質に結合している．結合状態により，たとえ同じ色素分子でも異なる励起状態をとる．このような色素が隣接して存在すると，色素で捕集された光エネルギーは，徐々に低エネルギーの励起状態をとる色素へと移動する．エネルギーを吸収する逆方向への移動は起こりにくく，移動は一方向に進んで，最終的に反応中心の1対のChl$a$にエネルギーが集まる．このエネルギー移動は，共鳴励起移動[*14]という輻射をともなわない物理的過程で行われ，きわめてエネルギー効率が高い(95〜99%)．反応中心Chl$a$が多くの植物に共通であるのに対し，アンテナ色素は構成する色素も数もそれぞれの種の生息環境に応じて多様である．陸上植物では，Chl$a$や補助色素を結合しているLight-harvesting complex II (LHC II)が効率的に働いている．通常，LHC IIはチラコイドのグラナ領域（図6.4参照）に局在し，同様にグラナ領域に局在するPSIIに結合してエネルギーを渡す．しかし，単独で存在するLHC IIは状況によりPSIにも結合してエネルギーを渡すことが知られており，PSIとPSIIのエネルギー分配に関与すると考えられている．

[*13] 光合成生物に当てる光強度を徐々に強くしていくと，それと対応して光合成速度が増加するが，ある程度以上の光強度に達するとそれ以上強くしても速度が増加しなくなる．光以外の要因で光合成が律速されているこの状態を光飽和という．

[*14] resonance transfer. 電気的な振動をしている励起分子は，そのまわりに振動電場をつくる．もし，その電場の振動数と近い振動数をもつ分子が，その電場内に存在すると，その分子が共鳴により振動を始める（共鳴する）．この共鳴により分子から別の分子へ励起エネルギーが高い効率で移動することをいう．

6.7 2つの光化学系と光電子伝達

　光エネルギーを受け取ったPSIとPSIIの反応中心では，二量体を形成している反応中心Chla分子で光化学反応が行われる．基底状態(S_0)にあるChla分子は一定範囲のさまざまな波長の光量子により励起される．光量子のもつエネルギーは波長により異なるため，励起されたChla分子はさまざまなエネルギーの励起状態となる．赤色光を吸収したChla分子は第一励起状態(S_1)に励起されるが，青色光などの短い波長の光量子を吸収したChla分子は，より高いエネルギー準位の第二励起状態(S_2)に励起される．S_2状態のChla分子はすぐに熱を放出してS_1状態に移る．いったんS_1状態となったChla分子がS_0状態に戻る際に放出される一定のエネルギーが光化学反応に利用される．また，光化学反応に利用されなかったエネルギーは蛍光や熱として放出され，Chla分子は基底状態に戻る．

　S_1状態になったChla分子では，Chla分子のe^-が空間的に分離された後，e^-受容体である他の分子へ伝達され，チラコイド反応における電子伝達が開始される(図6.8a ①)．この過程で光エネルギーは化学エネルギーに変換される．e^-が再結合し，エネルギーが熱として浪費されないように，この反応はきわめて高速で不可逆的に行われる．e^-を失い酸化状態となったPSIIのChla分子は，マンガンクラスター[*15]からe^-が補充されて元のS_0状態に戻る．同様に，酸化状態となったもうひとつの反応中心PSIのChla分子は還元型プラストシアニンからe^-が補充され元のS_0状態に戻る(図6.8a ②)．酸化状態と還元状態の吸収スペクトルの差を取ると，波長700 nmと680 nmに吸収の差が認められる．これはそれぞれPSIとPSIIの反応中心の酸化にともなう吸収の減少に対応することから，PSIとPSIIの反応中心はそれぞれP700とP680とよばれている．

　P680が組み込まれたPSII反応中心複合体は，膜タンパク質のD1とD2を中心とした複数のサブユニットからなるタンパク質複合体で(p.72 コラム参照)，葉緑体チラコイド膜のスタックした部分(グラナラメラ，図6.4参照)に局在している．光化学反応を行うP680に加えて，反応に必要な4分子のChla，それらに光エネルギーを伝える数十のChla(コアアンテナ)を含んでいる．PSII反応中心複合体は，直接光を受容するばかりでなく，LHCIIから光エネルギーを受け取ることができる．励起された反応中心から放出されたe^-は，複合体内を移動し，プラストキノンB(PQ_B)へと渡される．e^-を受け取り還元されたPQ_Bはストロマ側のH^+を取り込んで，プラストヒドロキノン(PQH_2)となりPSIIからチラコイド膜内へ離脱する(図6.8b ③)．一方，PSIIのルーメン側では，e^-を放出して酸化状態となった反応中心Chlaによってe^-を奪われた酸素発生複合体が，高い酸化状態になる．酸素発生複合体はe^-を奪われるごとに徐々に高い酸化状態となり，H_2Oを酸化できるように

[*15] 光化学系IIの一部．酸素発生反応の触媒中心．電子を放出した反応中心のクロロフィルaカチオンに電子を補充して元に戻す．この際に自身は1電子ずつ4回酸化され，S_0からS_1, S_2, S_3と4段階に状態が変化する．光量子4つ分の酸化力を蓄積し高い酸化力をもつS_3状態から，S_0に戻る際に，2分子の水を酸化し，1分子の酸素，4つのプロトンを生成する．反応機構の詳細には未だ不明な点が残っている．

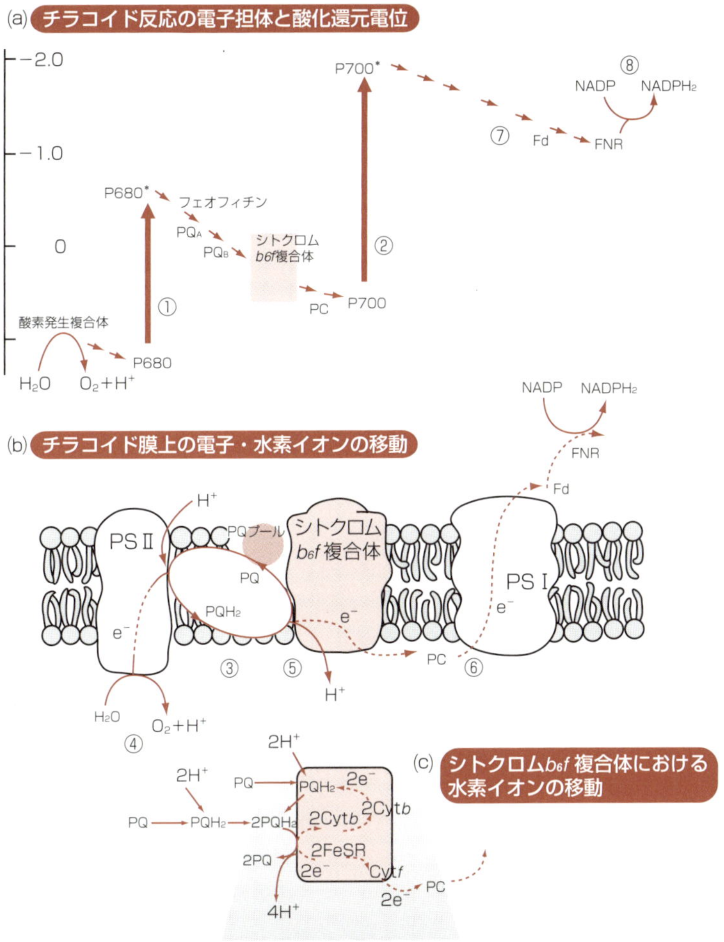

6.7 2つの光化学系と光電子伝達

(a) チラコイド反応の電子担体と酸化還元電位

(b) チラコイド膜上の電子・水素イオンの移動

(c) シトクロムb_6f複合体における水素イオンの移動

図6.8 チラコイド反応
(a)酸素発生型光合成生物の電子担体を電子の受け渡し順と酸化還元電位E_m(V)で並べた図．その形からZスキームとよばれる．(b)チラコイド膜上の電子と水素イオンの移動．3種類の複合体(PSII，シトクロムb_6f複合体，PSI)．(c)シトクロムb_6f複合体における電子の流れ．FeSR–Cyt$f$ルートとQサイクルが存在する．

なる．これがH_2Oを酸化して，一度で基底状態に戻る際，以下のような反応でルーメン側にO_2とH^+が発生する(④)．

$$2H_2O \longrightarrow 4H^+ + 4e^- + O_2$$

H_2Oから放出されたe^-は酸素発生複合体を還元し元の状態へ戻す．これらの反応を通してPSIIは，光を吸収し，水を酸化して酸素を発生させ，水の電子をプラストキノンに移動させることになる(図6.8a,b)．

PSIIからPSIにe^-が移動するまでの一連の過程が電子伝達系である．還元されてプラストヒドロキノン(PQH_2)が離脱したPSIIにはチラコイド膜内にPSIIの10～20倍の分子数存在するPQ分子(キノンプール)からPQが補充される．一方，H^+を受け取ったチラコイド膜内のPQH_2は，シトクロムb_6f複合体に$2e^-$を渡してルーメン側に$2H^+$を放出しPQとなりキノンプールに戻る(図6.8b ⑤)．シトクロムb_6f複合体は複数のサブユニットといく

6章 光合成

*16 一定の配置で集合した状態（クラスター）の鉄原子と硫黄原子を活性中心にもつ一群のタンパク質．呼吸・電子伝達・窒素同化など，酸化還元を含む重要な代謝反応に関与する．

つかの補欠分子族からなるタンパク質複合体で，b 型ヘム（シトクロム b_6）2つと c 型ヘム（シトクロム f）1つ，Fe-S タンパク質[*16]の一種であるリスケ Fe-S タンパク質（FeSR）を含む．シトクロム b_6f 複合体に渡された $2e^-$ のうち $1e^-$ は，FeSR からシトクロム f を経由して，ルーメン側に存在するプラストシアニン（PC）に渡される（FeSR-Cyt$f$ ルート）．一方，残りの $1e^-$ はシトクロム b を経由してキノンを還元し，ストロマ側の H^+ を取り込んでプラストヒドロキノン（PQH_2）を再生する（Q サイクル，図 6.8c）．両方の経路を合

Column

「光化学系Ⅱ反応中心複合体」の立体構造解明

分子種ごとに特定のアミノ酸配列をもつ1本のペプチド鎖（一次構造）に過ぎないタンパク質は，局所的にまとまった構造をつくり（二次構造），それらが折りたたまれて多様な立体構造（三次構造）を形成している．さらに，複数のタンパク質が補欠分子族や脂質膜とともに複雑な構造を形成することで生体高分子が形成され（四次構造），光合成などの複雑な反応を担っている．遺伝子 DNA の塩基配列で決定される一次構造やペプチド鎖の局所的な配列から形成される二次構造は比較的容易に推定できる．しかし，ペプチド鎖内の離れた原子の間で形成される三次構造や，他の分子との間で形成される四次構造を推定することは難しい．構造の推定には，特定の元素が分子内の状態に応じて示すシグナルを集める核磁気共鳴スペクトルなども利用されるが，最終的には高分子の形を実際に測定することが必要になる．

精製された生体高分子を結晶化すると高分子が規則正しく並べられる．規則正しく並んだ結晶では，それを構成する1つ1つの高分子の形に対応して，規則正しい隙間ができる．この規則正しい隙間で生じる電磁波の回折現象を利用すると高分子の形の情報が得られる（X 線回折）．

近年になり多くの高分子でその四次構造が決定されている．どの高分子の構造決定も多くの困難を乗り越えた結果であることは言うまでもない．なかでも，最も構造決定が難しいとされていた生体高分子が本章でも取り上げた光化学系Ⅱ反応中心複合体であった．この高分子も2011年に日本の研究グループにより，構成する各原子の位置を決定できる精度（1.9Å）でその構造が明らかにされた（下図）．この研究により光化学系Ⅱの特徴的な機能を担う酸素発生中心（OEC）の詳細な構造（Mn_4CaO_5 クラスターの歪んだ椅子型構造）も明らかになった．

光と水から再生可能なエネルギーを効率よくつくり出す光合成反応を人工的につくり出す試みは1980年代から始まっているが，その効率は植物に比べて低いままである．OEC の構造決定は，現在も研究が進められている水分解や酸素発生反応の解明への大きな一歩であり，植物のような高い効率の人工光合成を実現するための重要な知見である．

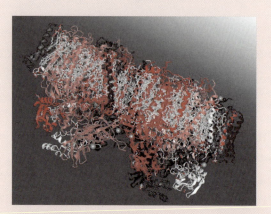

光化学系Ⅱ反応中心複合体
好熱性らん藻 *Thermosynechococcus vulcanus* 由来の PSII の立体構造（PDB：3WU2）．この構造はデータベースに登録されており，生物情報を集めた NCBI などのウェブサイトで自由に見ることができる．

わせて考える際には，PSIIからのPQH$_2$とQサイクルからのPQH$_2$をあわせて2 PQH$_2$とし，これがシトクロムb_6f複合体へ与えられたと考えると理解しやすい(図4.8c). これをまとめると，以下の式となる.

$$2PQH_2 + PQ + 2PC + 2H^+ (ストロマ) \longrightarrow$$
$$2PQ + 2PC^- + PQH_2 + 4H^+ (ルーメン)$$

光化学系IIでのPQ$_B$からPQH$_2$の生成過程まで含めて整理すると，

$$2PC + 2e^- + 4H^+ (ストロマ) \longrightarrow 2PC^- + 4H^+ (ルーメン)$$

となり，シトクロムb_6f複合体を間にはさんで，$2e^-$がPSIIからPCにわたる間に，$4H^+$がストロマ側からルーメン側に移動することがわかる(図6.8c). 電子伝達過程での電位の変化と共役して，ストロマ側からルーメン側へH$^+$が輸送される. シトクロムb_6f複合体から電子を受け取るPCは，銅を含むタンパク質である. 電子伝達を行う他の要素と比べて非常に小さく(10 kDa)[*17], 水溶性のPC$^-$は，グラナラメラに局在するPSIIとストロマラメラに局在するPSIの間でe$^-$を運ぶことができる(図6.8b ⑥参照).

PSI反応中心複合体は複数のサブユニットからなる. このなかで反応中心P700のChl$a$分子は，相同性のあるタンパク質であるPsaAとPsaBのヘテロ二量体(PsaA/PsaB)に結合している. ヘテロ二量体には約100分子のクロロフィルからなるコアアンテナも結合しており，反応中心へ光エネルギーを集めている. 励起されてe$^-$を放出し，酸化状態となったPSI反応中心のChl$a$分子はPC$^-$から速やかにe$^-$を受け取って元の状態へ戻る. 一方，反応中心Chl$a$分子から放出されたe$^-$は，さまざまな担体を経由してPSI反応中心複合体内を移動する(図6.8a ⑦). 最終的にe$^-$はストロマ側に存在する水溶性のFe-Sタンパク質であるフェレドキシン(Fd)をFd$^-$に還元する. チラコイド膜にはFd-NADP酸化還元酵素(FNR)が存在し，Fd$^-$からe$^-$を奪いNADPを還元してNADPH$_2$を生成する. これにより，H$_2$Oから始まった一連の電子の移動(非循環型電子伝達)が終了する(図6.8a ⑧).

PSI反応中心複合体で最終的に生じたFd$^-$はNADPの還元に使われるばかりでなく，チオレドキシン[*18](Tr)を還元し，これを介して標的酵素を光活性化したり，ニトロゲナーゼや硝酸還元酵素へ還元力を供給したり，過剰な光エネルギーで生じた活性酸素を消去したりする. また，Fd$^-$は，ストロマラメラにPSIとともに存在するシトクロムb_6f複合体に戻り，PQを還元してPQH$_2$を再生する経路も形成している. e$^-$はPC経由で再びPSIに戻ることで，PSIとシトクロムb_6f複合体の間を繰り返し循環する(循環型電子伝達). この反応では，光エネルギーによってPSIに生じた還元力は，NADPH$_2$生成ではなく，H$^+$の電気化学ポテンシャル勾配の形成だけに使わ

[*17] Daはdaltonの記号. ^{12}Cの12分の1の質量として定義され，原子や分子の質量を表す際に用いられる.

[*18] 約100のアミノ酸で構成される小さなタンパク質で，ジスルフィド結合(S-S結合)を形成する1対のシステイン残基をもつ. 還元された状態のチオレドキシンのシステイン残基は，標的とする酵素のシステイン残基間のS-S結合を還元する. これにより標的酵素の構造を変化させ，活性を調節する.

れる．強光下で過剰な還元力が存在する状態や，カルビン回路をもたずCO_2を直接還元しないC_4植物の葉肉細胞の葉緑体などでは，電気化学ポテンシャル勾配だけを形成できる循環型電子伝達は，過剰な還元力の生成を抑え ATP を合成する重要な経路である．

6.8　ATP の合成

　光合成による ATP 合成（光リン酸化）は，呼吸における酸化的リン酸化と同様に膜を挟んだ H^+ 濃度差と電位差（電気化学ポテンシャル勾配）により行われる．実際のチラコイド膜では Cl^- がルーメン側へ，Mg^{2+} や K^+ がストロマ側へ受動的に移動し，膜電位の一部をうち消すため，電位差はほとんどなく，おもに H^+ 濃度差（ルーメン側 pH 5 とストロマ側 pH 8 で Δ pH = 3〜3.5）によって化学ポテンシャル勾配が形成されている．単離したチラコイド膜に人工的に H^+ 濃度差を形成すると，光を当てなくとも ATP 合成が観察され，また，チラコイド膜に組み込まれ，膜を挟んで H^+ を透過させるナイジェリシンで pH 勾配を消失させると，ATP 合成が阻害される．

　H^+ 勾配で ATP 合成を行う ATP 合成酵素複合体は，ミトコンドリアの F_1F_o–ATP 合成酵素の F_o と F_1 に対応する CF_o と CF_1 の 2 つの部分からなり，CF_1CF_o–ATP 合成酵素あるいは CF_1CF_o–複合体とよばれる（図 5.12 参照）．CF_o は膜中で H^+ チャンネルを形成し，CF_1 はストロマ側で CF_o と結合して ATP 合成を行う．ATP 合成の触媒部位は CF_1 の特定のサブユニットにあり，CF_o–CF_1 内を通って約 3 分子の H^+ がルーメン側からストロマ側に移動する際に，1 分子の ATP が合成される．また，この酵素は光合成の行われる昼間，チオレドキシンにより還元されて活性化され，夜間は活性が抑えられる．これにより夜間，逆反応で ATP が分解されることが防がれている．

　光合成による ATP と $NADPH_2$ 合成の化学量論的収支を考えてみよう．非循環型電子伝達では，PSII と PSI でそれぞれ 4 光量子を吸収すると $4e^-$ が光化学系全体を流れる．この間，PSII で $4H^+$，$Cytb_6f$ 複合体で $8H^+$ の電気化学ポテンシャル勾配が形成され，PSI で $2NADPH_2$ が産生される．すなわち，8 光量子で $2NADPH_2$ と $12H^+$（3ATP 相当と見積もられる[19]）が産生されることになる．波長 680 nm の赤色光の光量子が 175 kJ mol^{-1} で，$NADPH_2$ が 220 kJ mol^{-1}，ATP が 32 kJ mol^{-1} のエネルギーをもつと仮定すると（生体内の実際の環境では多少異なる），そのエネルギー変換効率はおよそ 38% となる．$NADPH_2$ を生成しない循環型電子伝達の効率を考えてみると，2 光量子で還元した $2Fd^-$ で，PQ を PQH_2 に還元し，これにより $4H^+$ の電気化学ポテンシャル勾配，すなわち 1ATP が産生される．この系のエネルギー変換効率はおよそ 9% である．効率の異なる 2 つの電子伝達系を組み合わせれば，効率を柔軟に変化させられる．過剰なエネルギーを熱にして捨てるなど，自

[19] $3H^+$ で 1ATP なら，$12H^+$ では 4ATP になると考えられるが，細胞内では ATP 合成に必要な膜電位形成にも H^+ が使われるため，このように少なく見積もられる．

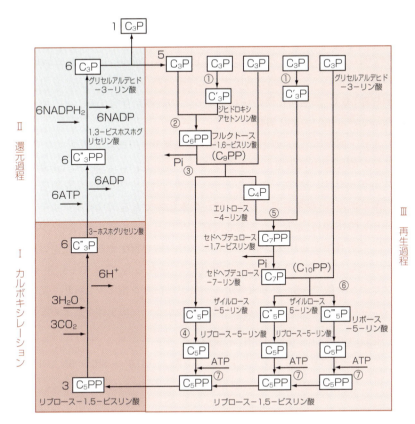

図 6.9 ストロマ反応（カルビン回路）
カルビン回路は，Ⅰ：カルボキシレーション，Ⅱ：還元過程，Ⅲ：再生過程の3段階からなる．Ⅲでは5分子の C_3P のうち，①二分子は異性化されて C'_3P を，② C_3P と C'_3P は C_6PP を，③これが脱リン酸化された C_6P と C_3P は C'_5P と C_4P を生じる．④ C'_5P は異性化されてリブロース-5-リン酸 (C_5P) となる．一方，⑤ C_4P と C'_3P は C_7PP を生じ，⑥これが脱リン酸化された C_7P と C_3P とから C''_5P と C'''_5P を生成する．これら2種も異性化されて C_5P となる．⑦ C_5P はリン酸化して C_5PP となる．

然環境下の変動する光強度に対応した応答が可能になる．

6.9 ストロマ反応

葉緑体ストロマの液相で行われる光合成反応の後半部分では，**チラコイド反応**で生産される ATP と $NADPH_2$ を利用して，CO_2 と H_2O から糖（炭水化物）が合成される（図 6.9）．反応自身は直接光を必要としないため，旧来，暗反応（dark reaction）とよばれてきた．しかし，チラコイド反応で産生される ATP と $NADPH_2$ が不可欠であり，反応に関わる多くの酵素がチオレドキシンやストロマ pH の変化を通して，直接・間接的に光制御を受けていることから，現在では，これらの反応は暗反応ではなく**ストロマ反応**とよばれることが多い．

ほとんどすべての真核光合成生物は以下で述べる炭素還元回路（carbon reduction cycle）でストロマ反応を行っている．カルビン（M. Calvin）らによって明らかにされたこの経路は，**カルビン回路**（Calvin cycle）とよばれる．その後の研究で，この経路を補足する光呼吸経路（酸化的C_2経路，グリコール酸経路）やC_4炭酸同化回路（C_4回路）などの経路が存在することも明らかになっている（6.11・6.12節参照）．

カルビン回路は，CO_2がH_2Oとともに五炭糖分子であるリブロース-1,5-ビスリン酸（C_5PP）に固定（カルボキシレーション）され，2分子の三炭糖（3-ホスホグリセリン酸）（$C_3''P$）となる第Ⅰ段階，ATPと$NADPH_2$を消費して有機酸である3-ホスホグリセリン酸が炭水化物であるグリセルアルデヒド-3-リン酸（C_3P）に還元される第Ⅱ段階，グリセルアルデヒド-3-リン酸からCO_2受容体であるリブロース-1,5-ビスリン酸を再生する第Ⅲ段階の3段階からなる（図6.9）．この間のCの酸化数[20]を見ると，CO_2で+4，3-ホスホグリセリン酸で+3，グリセルアルデヒド-3-リン酸で+1あり，反応が進むにつれて炭素が還元されてゆくことがわかる．反応全体をまとめると，

$$3CO_2 + 9ATP + 6NADPH_2 + 5H_2O$$
$$\longrightarrow グリセルアルデヒド{-}3{-}リン酸 + 9ADP + 8Pi + 6NADP$$

と表すことができる．

第Ⅰ段階のカルボキシレーション反応は，光合成生物に共通の酵素，リブロース-1,5-ビスリン酸カルボキシラーゼ／オキシゲナーゼ（RuBisCO）により行われる．RuBisCOは，55kDの大サブユニット8分子と12kDの小サブユニット8分子の合計16サブユニットからなる分子量約500kDの巨大なタンパク質である．タンパク質量あたりの酵素活性（比活性）が低いRuBisCOは，光合成全体の主要な律速要因のひとつである．他の反応と釣り合いのとれた光合成の活性を維持するために，たくさんのRuBisCO分子が必要である．そのため陸上植物の葉におけるRuBisCO量は，可溶性タンパク質の40%に達することがあり，地球上で最も大量に存在する酵素タンパク質となっている．陸上植物ではRuBisCOの大サブユニットは葉緑体ゲノムの*rbcL*に，小サブユニットは核ゲノムの*rbcS*にコードされている．この反応で，基質であるリブロース-1,5-ビスリン酸（RuBP）とCO_2は，一時的に炭素数6の化合物を形成するが，この分子は間もなく2分子の3-ホスホグリセリン酸（PGA）に分かれる（図6.9）．これらの反応はエネルギーを放出する不可逆反応である．RuBisCOはカルボキシレーション活性とともにRuBPとO_2を基質とした以下のような反応（オキシゲネーション）も触媒する．

$$RuBP + O_2 \longrightarrow PGA + ホスホグリコール酸$$

[20] 電子を失って酸化されたり，電子を得て還元されたりすると，物質の電子密度は単体の状態より増減する．電子の過不足を一定の規則で表したものが酸化数である．酸化数が大きいほど酸化された状態，小さいほど還元された状態にあると考えられる．

O_2 が酵素上で CO_2 と拮抗してカルボキシレーションを阻害し，同時に基質の RuBP を消費し減少させるこの反応は，CO_2 同化を行ううえで二重に不都合である．この反応で生じたホスホグリコール酸は光呼吸経路とよばれる複雑な代謝経路により一部が PGA として再生される(6.11 節参照)．

　第Ⅱ段階の炭素還元では，RuBP のカルボキシレーションで生じた PGA(三炭糖：C_3)がチラコイド反応で生じた $NADPH_2$ と ATP でグリセルアルデヒド-3-リン酸(GAP)(C_3)に還元される．この過程は，PGA の ATP によるリン酸化と，生じた 1,3-ビスホスホグリセリン酸の $NADPH_2$ による還元の 2 つの反応で行われる．

　第Ⅲ段階では生じた GAP から CO_2 受容体である RuBP が再生される(図 6.9)．第Ⅰ・第Ⅱ段階で 3 分子の RuBP からは 6 分子の GAP(C_3)が生ずるが，3 分子の RuBP を再生するためには 5 分子の GAP(C_3)しか必要ない．このため，カルビン回路をひと回りすると，1 分子の GAP(C_3)が余剰に生ずることになる．余剰の GAP は，六炭糖のグルコースや転流に使われるスクロース，デンプンなどの合成に利用される．余剰の GAP がそのままカルビン回路で利用される場合には，回路を 5 周回るうちに基質である RuBP を 3 分子増加させる．カルビン回路は GAP の代謝経路を変化させることにより，基質や中間代謝物の濃度を回路自身で制御できる．

　最終産物として 2 分子の GAP から 1 分子のブドウ糖が生産される場合，18ATP と $12NADPH_2$ が使われたことになる．ヘキソース 1 mol が 2800 kJ のエネルギーをもつのに対し，合成に使われた 18ATP と $12NADPH_2$ のもつエネルギーはおよそ 3200 kJ と見積もることができる(生体内では状況により多少異なる)．また，非循環的リン酸化によりこれらの分子を生産するためには，48 光量子が必要であり，そのエネルギーは赤色光(680 nm)で 8400 kJ に相当する．光合成では光エネルギー(8400 kJ)は化学エネルギー(3200 kJ)に変換され，さらに，貯蔵物質のエネルギー(2800 kJ)へと変換されていることがわかる．

6.10　CO_2 環境の変化と RuBisCO の特性

　植物の陸上への進出と分布の拡大と対応して，白亜紀以前 1200 ～ 2800 ppm であった大気中の CO_2 濃度は減少し，16,000 年前には大気中の CO_2 濃度は 180 ～ 260 ppm となった．近年，人間活動の影響などにより大気 CO_2 濃度は 400 ppm に再び上昇し，さらに上昇を続けているが，それでも，現在の CO_2 濃度は光合成生物の誕生した時代や陸上に植物が進出した時代と比べると低いレベルにある．このように低い大気 CO_2 濃度は，CO_2 を基質とする光合成の反応速度に強く影響している．大気 CO_2 濃度は最終的に葉緑体ストロマの CO_2 濃度に影響を与えるが，そこには光合成生物に共通の

CO_2 固定酵素である RuBisCO が局在している．RuBisCO（リブロース-1,5-ビスリン酸カルボキシラーゼ/オキシゲナーゼ）は，その名の示すとおりリブロース-1,5-ビスリン酸（RuBP）と CO_2 を基質としてカルボキシレーションを行うばかりでなく，RuBP と O_2 を基質としてオキシゲネーションを行う．両反応は酵素の同じ触媒部位で行われ，CO_2 と O_2 は拮抗し，濃度に依存して相互に反応を阻害する．このため，光合成によるカルボキシレーションの速度は大気 CO_2 濃度が上昇すると上昇し，逆に大気 O_2 濃度が上昇すると低下する（Warburg 効果）．CO_2 と O_2 の濃度が等しければ，カルボキシレーションはオキシゲネーションより約 80 倍速く行われ，オキシゲネーション反応の光合成速度への影響はわずかである．しかし，大気中の CO_2 と O_2 の濃度は，2015 年現在，0.04%（400 ppm）と 21% であり，CO_2 濃度が O_2 濃度に比べてきわめて低い．このため，カルボキシレーションはオキシゲネーションの 2.5〜3 倍にすぎず，大気中ではカルボキシレーションのうち 25〜29% が，オキシゲネーションによって拮抗的に阻害されると見積もられている．実際の植物では，気孔による CO_2 取り込みの制限や光合成で生じた O_2 により，葉緑体ストロマ RuBisCO 周辺の CO_2 濃度と O_2 濃度の差は，大気の濃度差よりさらに大きく，オキシゲネーションは O_2 がない状態で達成される光合成速度を 50〜90% 低下させることがある．また，RuBisCO のオキシゲナーゼ活性はカルボキシラーゼ活性より温度依存性が高く，このため，オキシゲナーゼ活性が上昇する高温では，光合成の阻害がより顕著になると考えられている．

6.11　光呼吸

RuBP と CO_2 を基質とした RuBisCO のカルボキシレーションで，2 分子のホスホグリセリン酸（三炭糖, C_3）が生じるのに対し，RuBP と O_2 を基質としたオキシゲネーションでは，ホスホグリセリン酸（C_3）とホスホグリコール酸（二炭糖, C_2）が生じる．ホスホグリセリン酸は，カルボキシレーションで生じたホスホグリセリン酸と同様にカルビン回路で代謝されるが（図 6.9 参照），ホスホグリコール酸は，直接，カルビン回路で利用できない．ホスホグリコール酸を再びカルビン回路で利用できるようにするために，酸化的 C_2 回路，あるいはグリコール酸回路とよばれる経路が植物に存在する．この経路では，葉緑体，ペルオキシソームとミトコンドリアが関与し，2 分子のホスホグリコール酸から 1 分子のホスホグリセリン酸が再生される（図 6.10）．経路の反応のうち，葉緑体ではリン酸化／脱リン酸化，ペルオキシソームでは酸化／還元とアミノ基の転移，ミトコンドリアではアミノ酸の代謝がそれぞれ分業で行われている．また，ペルオキシソームから戻った α ケトグルタル酸とミトコンドリアで生じたアンモニウムイオンを用いて，葉緑体でグルタミン酸

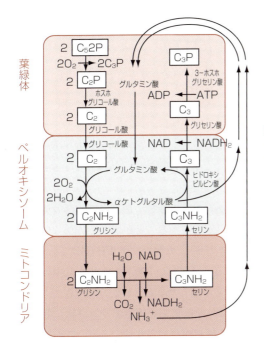

図6.10　C_2回路
葉緑体ストロマで生じたホスホグリコール酸(C_2P)は脱リン酸化され，グリコール酸(C_2)となる．グリコール酸はペルオキシソームへ運ばれ，オキシダーゼにより酸化されてグリオキシル酸と過酸化水素を生じる．生じた過酸化水素はカタラーゼにより H_2O と O_2 になる．一方，グリオキシル酸はトランスアミラーゼにより，グルタミン酸からアミノ基を転移されて，グリシン(C_2NH_2)となり，ミトコンドリアへ運ばれる．ミトコンドリアでは2分子のグリシンとNADから1分子のセリン(C_3NH_2)と CO_2, $NADH_2$, NH_3^+ が生ずる．生じたセリンは再びペルオキシソームへ戻り，トランスアミラーゼによりアミノ基が転移され，ヒドロキシピルビン酸が生じ，さらに，$NADH_2$ により還元されてグリセリン酸(C_3)が生じる．グリセリン酸は葉緑体へ運ばれてリン酸化され3-ホスホグリセリン酸(C_3P)となり，再びストロマ反応で利用される．

が合成される．これにより，ペルオキシソームで消費されるグルタミン酸のアミノ基が再利用されている．この経路でATPは生成されないが，葉緑体とペルオキシソームで O_2 が消費され，ミトコンドリアで CO_2 が発生する．光照射下で光合成とともに起こるこれらの O_2 の吸収と CO_2 の放出は**光呼吸**(photorespiration)とよばれる．

　光照射下での呼吸が暗所での呼吸より大きくなることや，光照射直後に暗所で見られる高い CO_2 の放出速度(post illumination CO_2 burst)の原因のひとつはこの光呼吸にある．光呼吸は，高い CO_2 濃度・低い酸素濃度のもとで進化したRuBisCOの酵素としての欠点と考えることもできる．しかし，光呼吸機能を低下させたタバコ突然変異体が，通常の CO_2 濃度の大気で強光阻害を受けやすくなることが知られており，光呼吸が強光阻害を回避する重要な機能を担っていることも示唆されている．

6.12　C_4炭素回路

　植物に $^{14}CO_2$ を与えると，三炭糖(C_3)の3-ホスホグリセリン酸が最初に標識されることが1950年代のカルビンの研究から明らかになった(6.9節参照)．しかし，サトウキビで同様の実験を行った場合には，三炭糖ではなくリンゴ酸やアスパラギン酸(四炭糖, C_4)が標識される．さらに行われた実験で，トウモロコシやソルガムをはじめとする多くの植物でも同様の結果が得られた．その後の研究から，CO_2 が C_4 に取り込まれる植物(C_4植物)には，

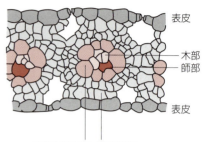

図6.11 クランツ構造
C_3植物の葉の構造(図6.3)とは大きく異なる.

高温や強光,乾燥した環境でもRuBisCO周辺のCO_2濃度を高く保つ葉の構造や代謝経路(**C_4炭素回路**,C_4 cycle)が存在することが明らかになった.イネ科(キビ,ソルガム),アカザ科(アカザ),カヤツリグサ科(スゲ)など,16科にわたって系統に関係なく存在するC_4植物は,700万年前に大気中のCO_2濃度が低下したことと対応して著しく増加したこともわかっている.

C_4植物の葉には,葉脈(木部と篩部)を維管束鞘細胞がリング状に取り囲むクランツ構造[21]とよばれる特有の構造が認められ(図6.11),この維管束鞘細胞を取り囲むように葉肉細胞が配置していることがある.維管束鞘細胞と葉肉細胞の間には原形質連絡(2章参照)が発達し,密接に物質のやりとりができるようになっている.このC_4植物の葉を穏和な条件で破砕して葉肉細胞だけを取りはずして維管束鞘細胞と比較した実験から,2種類の細胞では代謝系が異なっていることが明らかになった.維管束鞘細胞にはホスホエノールピルビン酸カルボキシラーゼ(PEPC)活性がほとんどない代わりに脱炭酸酵素活性とRuBisCOを始めとするカルビン回路酵素群の高い活性があった.これに対し,葉肉細胞にはRuBisCO活性がほとんどない代わりにPEPC,ピルビン酸リン酸ジキナーゼ,3-ホスホグリセリン酸キナーゼ,$NADPH_2$グリセルアルデヒド脱水素酵素,トリオースリン酸イソメラーゼなどの高い活性があった.両細胞では葉緑体が異なる形態を示すことがある.一般に,維管束鞘細胞の葉緑体はグラナ構造をもたず,非循環的電子伝達活性が低く,しばしばデンプンを蓄積しているのに対して,葉肉細胞の葉緑体は発達したグラナ構造をもっており,非循環的リン酸化により$NADPH_2$を生産できる.

維管束鞘細胞と葉肉細胞のこれらの違いは,C_4植物に特有の代謝系と対応する.代表的なC_4炭素回路のひとつにNADPリンゴ酸酵素型C_4回路がある(図6.12).この回路をもつ植物では,4段階の反応〔①CO_2固定,②脱炭酸,③CO_2再固定,④ホスホエノールピルビン酸(PEP)再生〕を経て光合成を行う.①CO_2固定反応は葉肉細胞において,葉肉細胞に局在するPEPカルボキシラーゼ(PEPC)により行われる.PEPCはHCO_3^-に対し高い親和性をも

[21] Krantz: ドイツ語で「首飾り,花冠」の意.

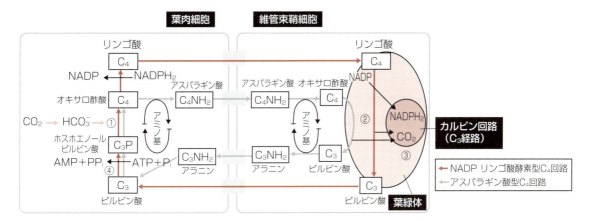

図 6.12 NADP リンゴ酸酵素型 C_4 回路とアスパラギン酸型 C_4 回路

ち，低い CO_2 濃度の大気中でも PEP と HCO_3^- を基質としオキサロ酢酸を生成する．また，PEPC はオキシゲネーション活性をもたないため，O_2 による拮抗阻害がない．生成したオキサロ酢酸は，すぐに $NADPH_2$ により還元されリンゴ酸となる．リンゴ酸は原形質連絡を介した拡散で維管束鞘細胞に運ばれ，葉緑体で②脱炭酸反応を受けて CO_2 を遊離し，その際 $NADPH_2$ も生ずる．この反応をまとめると，

リンゴ酸 + NADP ⟶ ピルビン酸 + CO_2 + $NADPH_2$

となり，葉肉細胞から維管束鞘細胞に，CO_2 とともに還元力が輸送されることがわかる．生じた CO_2 と $NADPH_2$ は，維管束鞘細胞の葉緑体に存在するカルビン回路で，CO_2 再固定に使われる（③）．維管束鞘細胞の葉緑体の CO_2 濃度は，輸送されたリンゴ酸から生じた CO_2 により高く保たれている．NADP リンゴ酸酵素型 C_4 回路では葉肉細胞葉緑体のグラナに局在する光化学系 II で O_2 が生じるため，炭酸固定を行う維管束鞘細胞の RuBisCO 周辺での O_2 発生はわずかであり，高い CO_2 濃度とともにオキシゲネーションによる光呼吸が抑制されると考えられる．脱炭酸で生じたピルビン酸は原形質連絡と葉緑体包膜のトランスロケータを介して葉肉細胞の葉緑体へと輸送され，

ピルビン酸 + ATP + P_i ⟶ PEP + AMP + PP_i

の反応でリン酸化されて PEP 再生が終了する（④）．

これとは別の C_4 炭素回路にアスパラギン酸型 C_4 回路がある．この回路でも，4 段階を経て光合成を行っている（図 6.12）．この回路では，①で葉肉細胞において PEPC により生成したオキサロ酢酸は，アミノ基が転移されアスパラギン酸となる．維管束鞘細胞に運ばれたアスパラギン酸はいくつかの段階を経て脱炭酸され，CO_2 を放出して最終的にアラニンとなる．葉緑体で

放出された CO_2 はカルビン回路による CO_2 再固定に利用される(③). アスパラギン酸型 C_4 回路では, 還元力は輸送されない. 生じたアラニンは葉肉細胞に戻り, アミノ基を転移してピルビン酸となった後に葉緑体でリン酸化され, PEP に再生される(④). PEPC を用いて CO_2 を濃縮する C_4 植物は, 気孔を閉じてのガス交換が不十分な状態でも光合成速度を高く維持できる. また, 強光で光合成が盛んに行われて細胞内の O_2 濃度が高まった場合や, 高温で RuBisCO のオキシゲナーゼ活性が相対的に高まった場合でも光呼吸が抑えられる. このため, 21% の O_2 を含む現在の大気での CO_2 補償点[*22]が, C_3 植物で 40〜50 ppm であるのに対して, C_4 植物ではきわめて低い.

*22 呼吸と光合成が釣り合い, 見かけ上 CO_2 と O_2 の吸収や放出がなくなる大気や外気の CO_2 濃度.

このように効率よく光合成を行う C_4 回路であるが, ピルビン酸からホスホエノールピルビン酸を再生する際に(④), ATP を消費して AMP を生ずる. このため, C_3 植物が CO_2 あたり 3ATP と $2NADPH_2$ を消費するのに対し, C_4 植物では 5ATP と $2NADPH_2$ に相当するエネルギーを消費することになり, 2ATP の消費に相当するおよそ 10%(細胞内の環境による)のエネルギーを余計に消費することになる. このため, 弱光や低温など CO_2 濃度以外で光合成が律速される環境では, C_3 植物が C_4 植物より効率よく光合成を行える.

6.13 CAM 植物

陸上植物は低い CO_2 濃度ばかりでなく, 水分の供給が不十分な環境に生息しており, 水分の損失を気孔の開閉などにより制御しながら光合成を行っている. 一般に日中は, 気温の上昇に対応して大気の相対湿度が低下し, 同時に, 日光を照射された葉では葉温が上昇する. これにより植物からの H_2O の蒸発(蒸散)が盛んになると, 植物は気孔を閉ざして蒸散を抑制するが, これは同時に, CO_2 の供給を抑制してしまう. 多くの植物は, エネルギー源である光が供給される昼間に基質である CO_2 供給が抑制される, 光合成のジレンマを抱えている. C_4 植物は, CO_2 を濃縮して光合成系に供給することで, 蒸散の抑制と CO_2 供給を両立している(6.12 節参照). これとは別に, 光合成のジレンマに対応する植物がある. 夜間に気孔を開き, 大気から CO_2 を取り込んで細胞に蓄え, 日中は気孔を閉じて蒸散を抑制しながら, 蓄えた CO_2 で光合成を行う植物である. このタイプの対応をする植物は, **ベンケイソウ型有機酸代謝**(Crassulacean Acid Metabolism: **CAM**)とよばれる代謝経路をもち, CAM 植物とよばれる. CAM 植物も, C_4 植物同様に, 系統に関係なくさまざまな分類群に存在している.

CAM で光合成を行う細胞の大部分は巨大な液胞で占められており, こうした細胞が空隙の少ない多肉の組織を形成している. CAM 植物では, 夜間に供給された CO_2 はデンプンの分解により生じた PEP と反応してオキサロ酢酸となり, さらに, $NADPH_2$ により還元されてリンゴ酸となった後, 巨大

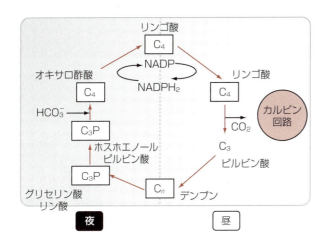

図 6.13　CAM 光合成

な液胞へ蓄積される(図 6.13)．昼間，光が供給されると，蓄えられたリンゴ酸は脱炭酸され，放出された CO_2 がカルビン回路によって固定される．CAM は夜間と昼間に同じ細胞のなかで代謝系を切り替え，H_2O の損失を抑えた光合成を行うことを可能にしている．リンゴ酸の生成や液胞への蓄積にエネルギーを使うため，CO_2 固定に必要なエネルギーが C_3 植物より高くなるのは C_4 植物と同様である．

練習問題

1. 高等植物の光合成では，2 つの光化学系が直列に並んで反応することが知られている．それを明らかにした実験的根拠をまとめなさい．
2. 光合成は，いまだ進化の途上にある反応系と考えられる．陸上植物の行う光合成系が，陸上環境に十分に適応できていない点はどのようなものかをまとめなさい．
3. ミトコンドリアで ATP を合成する酸化的リン酸化の過程と，葉緑体で ATP を合成する光リン酸化の過程とを比較して，共通する点と異なる点をまとめなさい．

7章 植物に特徴的な代謝

　植物は，光合成による大気中からの二酸化炭素の吸収と，土壌からの水吸収により，炭素，水素，酸素という主要元素（乾重量の 90 〜 95％）を体内に取り込んで，有機物合成に用いている．しかし，実際の生育には，土壌からの無機栄養塩吸収が不可欠である．各種無機栄養塩は，植物体を形づくる分子の構成要素になるとともに，体内環境の形成要因でもある．

　取り込まれた無機栄養塩は，植物細胞内でさまざまな分子へと形を変えていくが，どの細胞にも生命活動を継続する上で必須の代謝過程がある．5章で説明した同化や異化の過程は，そのような代謝過程であり，これを**一次代謝**（primary metabolism）とよぶ．一方，植物には，一次代謝のように生命活動に必須ではないが，特定の環境などで生育を続けるために，植物種に固有の，あるいは生育の一時期にのみ発現する代謝過程が存在し，これを**二次代謝**（secondary metabolism）とよぶ．

　ここでは，植物のみがもつ無機栄養塩の同化機能と，環境に適応して生きている植物が発達させてきた二次代謝という，植物に固有の二つの代謝過程について説明する．

7.1　植物の成長に必須の無機栄養塩

　ザックス（J. Sachs）は 1860 年に，無機栄養塩のみを含む溶液中で植物を育てる**水耕栽培**（hydroponic culture）を用いることで，植物の生育には無機栄養塩の存在が必要かつ十分条件であることを証明した．その後，さまざまな水耕培地が工夫されることで，現在，植物成長には，9種類の多量元素と8種類の微量元素が必須だとされている（表 7.1，口絵参照）．

　植物の栄養にとって，ある元素が必須であるかどうかは次のように決まる．

① その元素なしでは，植物が**生活環**（life cycle）[*1]を完結できない．

*1　生物の一生を，個体の始まり（たとえば受精）から，次世代の形成（生殖）にいたるまで，時系列で環状に並べて表現したもの．

② その元素が，正常に生育している植物体の代謝過程において絶対的に必須な分子の一部として機能している．

これまでの研究から，植物の必須元素として，C, H, O, N, S, P, K, Ca, Mg, Fe が知られている．多量元素は，通常，最も酸化された形態，すなわち，CO_2, H_2O, NO_3^-, SO_4^{2-}, $H_2PO_4^-$, K^+, Ca^{2+}, Mg^{2+} で植物に取り込まれる．ただし，鉄は，土壌中では Fe^{3+} として存在することが多いが，細胞内に取り込まれるときは Fe^{2+} である．ここで，CO_2, H_2O は光合成の基質として炭水化物合成に用いられ，K^+, Ca^{2+}, Mg^{2+}, Fe^{2+} (Fe^{3+}) は，無機イオンとして，それぞれが固有の生体内機能をもつ．N, S, P は，代謝によって，有機化合物の中に組み込まれる．Fe^{3+} はヘムタンパク質，フェレドキシン[*2]，その他の酵素の構成要素である．Mg^{2+} はクロロフィルを構成する．K^+ は植物細胞における主要な無機イオンとして，溶液環境，膨圧形成などに重要な働きをする．Ca^{2+} は細胞壁ペクチンの構成要素であるが，それ以上に生体膜の機能や構造維持，あるいは細胞内生理反応の調節物質として重要な働きをしている（口絵参照）．

ここでは N, S, P の 3 つの特徴的元素に注目し，その代謝過程を説明する．これら土壌から取り込まれる主要元素は，同化後に有機物に組み込まれるが，土壌から植物細胞に取り込まれるときは，陰イオンの形態をとることが多い．

*2 フェレドキシンは，タンパク質の一種で，鉄-硫黄クラスター (Fe-S クラスター) を含み，電子伝達体として機能する．非ヘムタンパク質の一種．動物から原核生物まで広く分布するが，植物では光合成，光呼吸などに用いられている．

表 7.1 植物の生育に必須の元素

				重要な機能
多量必須元素	炭素	C		有機物の構成要素
	酸素	O		有機物の構成要素
	水素	H		有機物の構成要素
	窒素	N		アミノ酸・タンパク質・核酸等の構成要素
	カリウム	K		浸透圧形成，イオン環境維持，酵素の活性調節
	カルシウム	Ca		生体膜の維持，細胞内二次情報物質，酵素の活性調節
	リン	P		核酸・リン脂質の構成要素，生体エネルギー物質の構成要素
	マグネシウム	Mg		クロロフィルの構成要素，酵素の活性調節
	イオウ	S		アミノ酸・補酵素の構成要素
微量必須元素	塩素	Cl		浸透圧形成，イオン環境調節，光合成酸素発生系の構成要素
	銅	Cu		酵素の構成要素
	鉄	Fe		チトクローム・ニトロゲナーゼ等の構成要素
	マンガン	Mn		酵素の構成要素，光合成酸素発生系の構成要素
	亜鉛	Zn		酵素の構成要素
	モリブデン	Mo		窒素固定，窒素同化
	ホウ素	B		Ca 代謝，核酸合成，生体膜・細胞壁の維持
	ニッケル	Ni		酵素の構成要素
その他，植物によって必要とされる元素（有用元素）	ナトリウム	Na		
	ケイ素	Si		
	コバルト	Co		

そのため，細胞内に入ったマイナス電荷を中和するために，K^+などの陽イオンが必要とされると考えられている．

7.1.1 窒素代謝

窒素は，タンパク質，核酸の主要構成要素であり，生命を紡ぐ最重要元素のひとつである．大気中には，窒素分子が大量に存在するが，それを利用できる生物はごくわずかである．大半の生物は，植物が土壌から取り込んだ無機窒素分子〔硝酸イオン(NO_3^-)，アンモニウムイオン(NH_4^+)〕の代謝物に，そのすべてを負っている．窒素が欠乏すると，植物は外界に存在する μM レベルの硝酸イオンやアンモニウムイオンに対する，吸収，還元・同化系の遺伝子を発現させる．また，長期間の欠乏状況では，地上部の生育抑制や根系の発達促進が起こる．

細胞膜には，複数種の硝酸イオン(NO_3^-)とアンモニウムイオン(NH_4^+)輸送機構が知られている．硝酸イオンの輸送に機能する NRT タンパク質群は，細胞膜 H^+-ATPase によって形成された H^+ の電気化学ポテンシャル勾配を利用して，硝酸イオンを細胞内に取り込むことができる．またアンモニウムイオンの輸送に働く AMT1 タンパク質も報告されている．

細胞内に取り込まれた硝酸イオンは，還元されて，亜硝酸を経てアンモニウムイオンになる(図 7.1a)．硝酸イオンを亜硝酸イオンに還元する酵素は，細胞質基質にある硝酸還元酵素(nitrate reductase：NR)である．硝酸還元

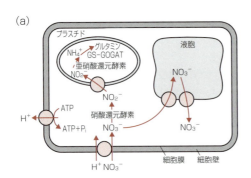

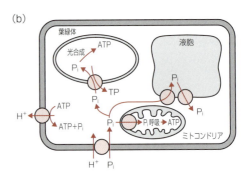

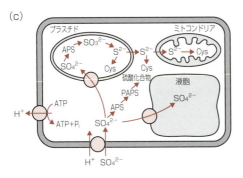

図 7.1　栄養塩の代謝

(a)硝酸イオンは，細胞内に取り込まれた後，硝酸還元酵素で亜硝酸に還元され，さらにプラスチド内でアンモニアにまで還元されてから，GS-GOGAT 系によるグルタミン合成に利用される．過剰な硝酸イオンは液胞に蓄積される．(b)細胞内に取り込まれたリン酸イオンの一部は細胞質基質で代謝に利用され，一部は液胞に蓄積されるが，多くは光合成と呼吸における ATP 合成に用いられる．(c)硫酸イオンは，細胞内に取り込まれた後，細胞質基質あるいはプラスチドで，アデノシン-5'-ホスホ硫酸(APS)になり，その後アミノ酸や含硫化合物へと同化される．

酵素は，Moを含む酵素で，Moが植物にとって微量必須栄養素になっている理由はここにある．亜硝酸をアンモニウムイオンに還元する酵素は亜硝酸還元酵素(nitrite reductase：NiR)である．亜硝酸還元酵素は葉緑体あるいはプラスチドに存在して，フェレドキシンを利用して還元反応を進めている．

アンモニウムイオンは強力な細胞毒であり，葉緑体の光リン酸化反応の脱共役剤として働く．したがって，生成されたアンモニアは，すぐにアミノ酸に同化される．この反応のひとつは，葉緑体内で，光合成に依存したグルタミン合成酵素/グルタミン酸合成酵素(GS/GOGAT)サイクルによって行われる．根などの従属栄養細胞では，アンモニウムイオンは呼吸から供給される還元物質とATPを用いて，やはりGS/GOGAT酵素系で同化される．それぞれ次の反応をつかさどる．

・グルタミン合成酵素(GS)
　　グルタミン酸 + NH_4^+ + ATP $\xrightarrow{GS}$ グルタミン + ADP + P_i(無機リン酸)
・グルタミン酸合成酵素(GOGAT)
　　グルタミン + 2-オキソグルタル酸 + NADH(または Fd_{red}) $\xrightarrow{GOGAT}$
　　グルタミン酸 + NAD^+(または Fd_{ox})

GSは，細胞質基質に存在するものと非光合成組織のプラスチド，および葉緑体に存在するものがあり，GOGATもNADH型はプラスチドに，Fd型は葉緑体に存在することが知られている．

グルタミンやグルタミン酸に取り込まれた窒素(アミノ基)は，特異的なアミノ基転移酵素により，他の2-オキソ酸，ピルビン酸，コハク酸，オキサロ酢酸などに移される．こうして，大半のアミノ酸が合成される．

7.1.2 リン代謝

植物におけるリン含量は，正常に生育している葉で1g乾物重あたりおよそ3〜5mgとされている．生体内に存在するリン含有化合物は，ほとんどすべてが正リン酸(オルトリン酸，H_3PO_4)あるいはそのエステル化合物[*3]であり，遺伝子の本体である核酸(DNA, RNA)，細胞膜を構成するリン脂質，代謝反応の中心物質であるヌクレオチドや糖リン酸など，いずれも細胞の主要構成要素である．また，タンパク質のリン酸化-脱リン酸化による機能調節においても重要な働きをしている．

地球上の動植物すべてに含まれるリンは，植物が土壌から吸収した正リン酸に負っている(表7.2)．土壌や水圏のリン酸濃度は数μMかそれ以下であり，自然界において，窒素と同様に恒常的にリン酸欠乏状態にある植物は，低リン酸濃度環境に適応してさまざまな生理反応を発達させている．外界のリン酸濃度が下がると，細胞のリン酸取り込み活性が上昇し，また植物が土

＊3　酸とアルコールが脱水縮合して，エステル結合を形成した化合物．生体内の多くのリン酸化合物は，リン酸エステル化合物を形成することが知られている．

表7.2
地殻と生物の主要な元素組成
生体乾燥物質の組成（理科年表61年版より）．

地殻		ウマゴヤシ	ヒト
O	46.60	C	45.4	48.8
Si	27.72	O	41.0	23.7
Al	8.13	N	3.30	12.9
Fe	5.00	H	5.54	6.60
Ca	3.63	Ca	2.31	3.45
Na	2.83	S	0.44	1.60
K	2.59	P	0.28	1.58
Mg	2.09	Na	0.16	0.65
Ti	0.44	K	0.41	0.55
H	0.14	Cl	0.28	0.45
P	0.11	Mg	0.33	0.12
Mn	0.10	Fe		0.005
Ba	0.04	Zn		0.002
F	0.06	Cu		0.0004
Sr	0.038	Mn		0.00005
S	0.026	ほかに Ni, Co, Al, Ti, B, I, As, Pb, Sn, Mo, V, Si, Br, F など		
C	0.020			
Cl	0.013			
Zn	0.007			
N	0.002			

*4 リン酸基を加水分解することができる酵素の総称．酸性条件で機能する酵素，アルカリ性条件で機能する酵素などがよく知られている．近年，リン酸化されたタンパク質からリン酸基を外すことができるプロテインフォスファターゼが，細胞内のさまざまな制御過程で重要な役割を果たしていることが知られるようになってきた．

*5 六員環の糖アルコールであるミオイノシトールの6つの水酸基のすべてにリン酸がエステル結合した糖リン酸化合物（フィチン酸，イノシトール-6-リン酸ともよばれる）に Ca, Fe, Zn, などの金属がキレート結合した塩．生体内のリン酸貯蔵物質として知られていたが，最近は細胞内制御物質として機能することも知られている．

壌から吸収できる無機リン酸濃度を上げるために，有機酸やフォスファターゼ*4 が分泌される．さらに，生体内での転流機構を発達させることで，取り込んだリン酸の有効利用を進め，次世代へ貴重なリン酸の受け渡しを行うために，種子に大量のリン酸化合物（おもにフィチン*5）を蓄積する．

植物が土壌から吸収するリン酸化合物は，正リン酸のみである．正リン酸イオンも H^+ の電気化学ポテンシャル勾配を利用した H^+ 共役輸送系（Pht ファミリー）で細胞内に取り込まれる．一般に，土壌中の遊離リン酸濃度はきわめて低い．細胞質の正リン酸濃度は通常 10 mM 程度と予想されているので，細胞膜を介して 1,000 倍から 10,000 倍の濃縮が行われている．

細胞に取り込まれたリン酸は，細胞質にリン酸のままとどまり代謝に組み込まれるもの，液胞に貯められるもののほかは，葉緑体あるいはミトコンドリアに取り込まれ，光リン酸化あるいは酸化的リン酸化を介して，ATP に組み込まれ，その後の反応に利用される（図7.1b）．

一般に，葉緑体で起こっている光合成反応は，

$$3CO_2 + 3H_2O + 正リン酸 \longrightarrow グリセルアルデヒド-3-リン酸 + 3O_2$$

とされるべきであり，3分子の CO_2 が固定されるごとに，1分子の正リン酸が消費されている．光合成によって固定された CO_2 が，最終的にデンプンになるかあるいはスクロース（ショ糖）合成へと導かれるかは，細胞のみならず

植物体全体の糖分配機構で重要な点である．デンプン合成の鍵酵素として ADP グルコースピロホスホリラーゼ（グルコース-1-リン酸＋ATP ⟶ ADP グルコース＋ピロリン酸）が働き，スクロース合成にはフルクトース-1,6-ビスホスファターゼ（フルクトース-1,6-二リン酸 ⟶ フルクトース-6-リン酸）とスクロース-6-リン酸シンターゼ（フルクトース-6-リン酸＋UDPG ⟶ スクロース-6-リン酸＋UDP）が働く．これらの酵素は正リン酸あるいはその化合物にアロステリックな調節[*6]を受ける．正リン酸濃度が減少するとデンプン合成が促進される方向に動く．

なお，細胞内に取り込まれた正リン酸のATPへの合成は，動物細胞も行うことができる唯一の，無機元素の有機物への同化反応である．

[*6] 酵素などのタンパク質において，活性部位以外の別の場所に，特定の物質が結合すると，タンパク質の構造変化が起こって機能が変化する現象．そのような調節を受ける酵素をアロステリック酵素といい，反応速度や基質親和性が変化する．

7.1.3 イオウ代謝

イオウは植物体内で多彩な働きをしている．含硫アミノ酸のひとつであるシステインに取り込まれたイオウは，ジスルフィド結合[*7]でタンパク質の三次元構造を決める．また多くの電子伝達系や補酵素の重要な要素である．二次代謝産物にもイオウを含む物質が多い．イオウや窒素が生体内で多用される理由のひとつは，どちらも複数の安定した酸化還元状態を取ることである．その結果，生体内のさまざまな酸化還元反応に関わることができる．

土壌中から取り込まれるイオウ化合物はおもに硫酸イオン（SO_4^{2-}）である．硫酸イオンも H^+ の電気化学ポテンシャル勾配を利用した H^+ 共役輸送系で細胞内に取り込まれる（図 7.1c）．また，大気中の二酸化イオウ（SO_2）をガスとして気孔から取り込み，代謝することもできる．

硫酸同化の最初のステップは，システインへの還元である．硫酸は非常に

[*7] 2個のチオール基（-SH）が酸化されて形成された-S-S-結合のこと．タンパク質のシステイン残基が，別のシステイン残基との間でジスルフィド結合をつくることで，タンパク質の立体構造が固定されることが知られている．

Column

農業とリン肥料

リンは，生体内の必須物質の構成元素としてなくてはならないもので，農業における三大肥料のひとつである．肥料としてのリン酸塩はリン鉱石からつくられるが，リン鉱石の産地は世界でも限られており，しかもその埋蔵量にも限界があり，あと100年ほどで枯渇する可能性が示唆されている．大生産国であるアメリカ合衆国と中国は，すでにリン鉱石の輸出制限を始めている．リン酸肥料のようないわゆる化学肥料は，現在の人口を支える農業が成立するためには必須の資源であり，化学肥料の出現は肥料革命とよばれている．もし，化学肥料が供給できなくなると，すぐに農業が衰退し，今の人口を養うことは不可能になるであろう．

人類が繁栄を続けるためには，農業の持続が必須であり，そのためには肥料の供給が最重要事項のひとつだが，現在，リン鉱石に代わるリン肥料を供給する手段は見つかっていない．18世紀，19世紀には，リン肥料や窒素肥料の争奪が戦争を引き起こしていたが，そのような事態になる前に，新たな解決策を見いだす必要があるとされている．

安定な化合物であるため，ATPによって活性化される必要がある．これに働くのがATPスルフリラーゼであり，以下の反応を触媒する．

$$SO_4^{2-} + ATP \longrightarrow APS + PP_i$$

ここで，APSはアデノシン-5'-ホスホ硫酸，PP_iはピロリン酸である．主要な酵素はプラスチドに存在している．

生成したAPSは，APSスルホトランスフェラーゼの作用で，グルタチオンを酸化するとともに亜硫酸(SO_3^{2-})を生じる．亜硫酸は，フェレドキシンを電子供与体とした亜硫酸還元酵素で硫化物イオン(S^{2-})となる．硫化物イオンは，O-アセチルセリン(OAS)と結合することで，最終的にシステインと酢酸を生じる．この反応を触媒するのがシステイン合成酵素である．

もうひとつの含硫アミノ酸であるメチオニンは，システインから合成される．

合成されたシステインやメチオニンから，アセチルCoAやS-アデノシルメチオニンが合成される．

7.2 二次代謝

二次代謝は，近年，特異代謝ともよばれるが，すべての細胞で必須とされる一次代謝とは異なり，植物種，あるいは器官や組織，またその植物が生育している環境や成長過程に応じて，さまざまに異なる物質がつくられる代謝反応の総称で，植物(やある種の菌類，細菌類)で発達した代謝系である．

固着生活を送る植物は，変化する環境に適応するために，さまざまな二次代謝化合物を産生している．通常，細菌は数百種類の，動物細胞は数千種類の代謝化合物を含むと考えられているが，植物細胞の場合は，多様な植物がそれぞれさまざまな二次代謝産物を産生するため，植物界に存在する化合物の総数は，数十万種類におよぶと考えられている．また，ゲノム中に含まれる代謝関連遺伝子の割合も，動物よりはるかに高い．

7.2.1 二次代謝の生理機能

同じところにとどまって生活する植物は，植食性の生物や劣悪環境から，逃げ出すことはできない．そこで，昆虫や草食動物，あるいは病原体の攻撃から自らを守るための防御物質として，多彩な二次代謝産物を合成して利用している．これらの二次代謝産物は，動物などへの強い生理活性を示すことで植物を外敵から守ることができる．これらの物質は動物であるヒトに対しても生理活性を示す場合があり，嗜好品や医薬品として長く利用されてきた．その代表は，タバコが産生するニコチン，コーヒーがつくるカフェイン，あるいはケシが含有するモルヒネなどである．また，種子植物が生殖のために花粉の媒介を動物に頼る場合は，花色物質や匂い物質となる二次代謝物質に

よって媒介生物を誘引することができる．さらに，春や秋の紅葉時に，葉に蓄積される化合物の多くは二次代謝産物である．春の紅葉は，紫外線の防御に働くという仮説があるが，秋の紅葉が何のために起こるのかはまだわかっていない．

7.2.2 二次代謝化合物の種類

二次代謝による化合物の合成は，一次代謝で生成する代謝物を起点として始まる(図7.2)．おもな二次代謝化合物として，アミノ酸の一種フェニルアラニンからシキミ酸経路を経て合成される芳香族化合物ポリフェノール類(フェニルプロパノイド，フラボノイド，タンニン)，イソプレン単位が重合して生産されるイソプレノイド(テルペノイド)，分子内に窒素を含む化合物(アルカロイド，グルコシノレート類)などが知られている．花色形成や紅葉に働くアントシアニンは，フラボノイドの一種であり，生殖成長時の花弁や，春と秋の葉組織など，限られた時期の限られた組織でのみ生合成される．先にあげたニコチン，カフェイン，モルヒネ類はアルカロイドの仲間で，動物への生理活性作用が強い．ニコチンは根で合成され，葉に運ばれる．これらの化合物は，植物自身への阻害作用を防ぐために，液胞に貯められることが多い．柑橘類の香りとして知られるリモネンはテルペノイドの一種であり，果実表皮の細胞壁中の貯蔵細胞に蓄えられている．ジギタリスやいくつかの

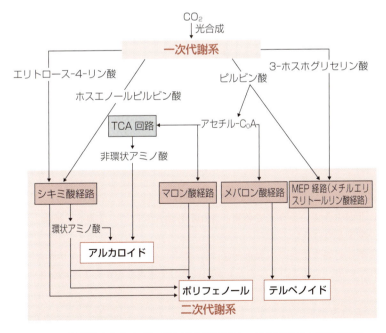

図7.2 二次代謝産物生合成に関わる主要経路と一次代謝系との相互関係

キョウチクトウ科植物に含まれるステロイド配糖体もテルペノイドの一種で，強力な薬理作用をもつ(表7.3).

表7.3 代表的な二次代謝産物

化合物の総称	化合物名	構造式	
ポリフェノール	デルフィニジン	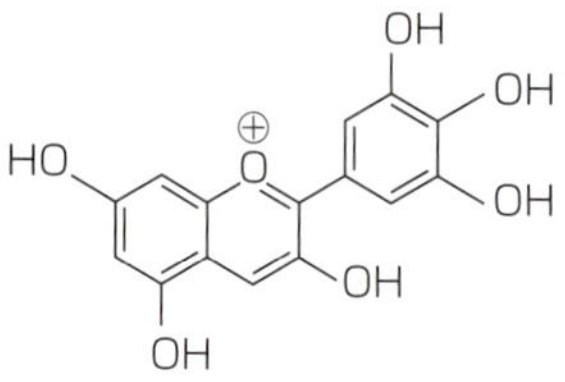	アントシアニジンの一種，花の表皮に蓄積する青色色素
	(エピ)カテキン	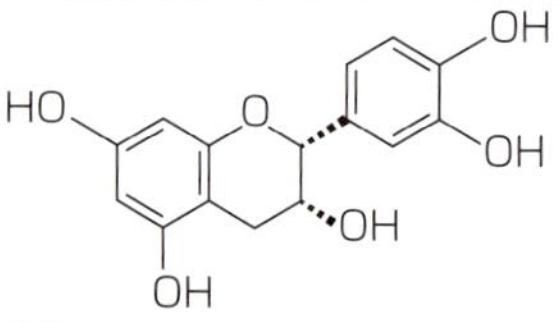	お茶などに含まれる生理活性物質
テルペノイド	メントール	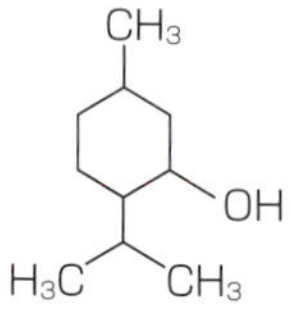	ハッカやミントに含まれる昆虫忌避物質
	ジギトニン	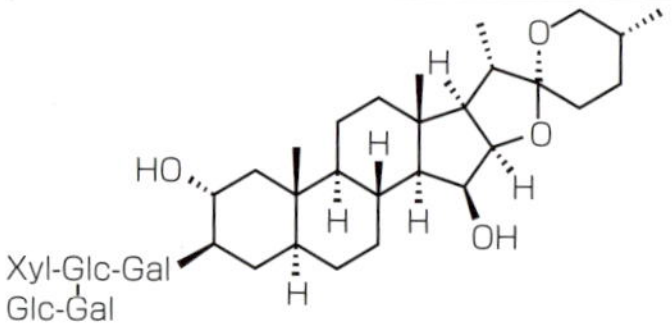	ジギタリスに含まれ，強い薬理作用をもつ.
アルカロイド	ニコチン	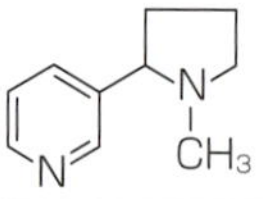	タバコの葉に貯蔵される昆虫忌避物質
	カフェイン	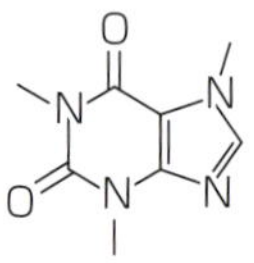	コーヒーに含まれる生理活性物質

練習問題

1 ヒトが生きていくうえで必要とされる必須元素について調べ，植物との違いをまとめなさい．

2 農業に必要な肥料の三大栄養素はN(窒素)，P(リン)，K(カリウム)とされている．なぜこの3つの元素が肥料として重要なのかをまとめなさい．

8章 組織，個体における物質輸送

4章では，個々の細胞がもつ物質輸送過程の理論とそれを担う分子機構について説明した．多細胞生物としての植物体は，個別の細胞がもつ物質輸送機構と，細胞間の物質輸送機構を組み合わせることで，個体の統合された物質輸送，分配機構を形づくっている．ここでは，植物個体で行われている物質輸送の実際について説明する．

8.1 隣接する細胞間の物質輸送

植物体を構成する個々の細胞は，実際には細胞壁を貫く細胞質の糸（**原形質連絡**，プラズモデスマータ）でひとつながりになった巨大な細胞体と考えられている．この構造を**シンプラスト**（symplast）とよぶ．これに対し，細胞壁の連続構造を**アポプラスト**（apoplast）とよぶ．シンプラストとアポプラストを分ける構造が細胞膜であり，植物体は，多核の巨大な単細胞からなると考えることもできる（図 8.1，2章参照）．さまざまな物質が，この原形質連絡を通して，隣接する細胞に輸送されることが知られている．根の皮層細胞どうしや，維管束における柔細胞どうしには，複雑な原形質連絡網が存在するが，葉組織における表皮細胞と葉肉細胞の間には，原形質連絡は少ない．また，種子における胚組織と親組織の間にも原形質連絡は存在しない．後者については，2つの組織が別個体の細胞であることからも当然のことといえる．

原形質連絡には，細胞分裂の際に，細胞板で切り離されずに細胞質のつながりがそのまま残った一次原形質連絡と，細胞分裂後，2つの細胞間に新たに形成された二次原形質連絡が知られている．原形質連絡は，藻類などの比較的原始的な植物細胞間には多数見られ，細胞間の物質の通り道として機能していると考えられている．また，一次原形質連絡の中には，図 8.1 に示す小胞体のような膜構造と，タンパク質複合体からなる複雑な構造が存在する．一般に原形質連絡の直径は 30〜50 nm 前後で，無機イオンや低分子量の有

8章 組織，個体における物質輸送

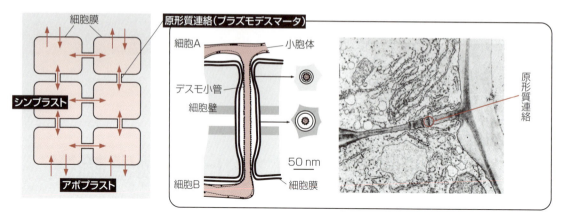

図8.1 シンプラストとアポプラスト，シンプラストをつなぐ原形質連絡
中央の図は，Robards, *Protoplasma* 72 : 315-323(1971)を参考に作成．右の写真は，Flowers and Yeo, "Solute Trasnport in Plants", Springer(1992)より．

機化合物は自由に透過できるが，タンパク質などの高分子は通らないと考えられていた．しかし今では，原形質連絡を介した細胞間の物質輸送や制御機構はかなり複雑で，転写因子のようなタンパク質，あるいはmRNAなども原形質連絡を通過して機能することが明らかとなっている．このような機構の下では，遺伝子が発現する細胞とその遺伝子の産物であるタンパク質が機能する細胞が異なったり，隣接する細胞の直接的制御のもとで遺伝子発現が生じるような複雑な関係が築かれたりする．ある種の植物ウイルスも，原形質連絡を利用して細胞間を移行することが知られている．

8.2 維管束による物質の長距離輸送

原形質連絡を通した細胞間の物質輸送は，溶液中の拡散による．生体内低分子の場合には，細胞内，あるいは隣接細胞間を数十μm移動するのに，1秒以内しかかからないから拡散で十分である．一方，多細胞から構成される植物体において，遠く離れた位置にある細胞どうしが物質のやり取りを行う装置が**維管束**(vascular bundle)である．維管束は，物質の遠距離輸送を行うための管が連なって，植物組織中に張りめぐらされている．藻類やコケ植物にはこのような組織は存在せず，物質の輸送は隣り合った細胞どうしのバケツリレーのように行われる．シダ植物や種子植物では，維管束組織が発達し，巨大な植物体においても，十分な量と速度の物質輸送が可能になっている．維管束はおもに**木部組織**(xylem tissue)，**篩部組織**(phloem tissue)，**形成層**(cambium)からなる組織系である(図8.2)．

木部は，**道管**〔(xylem) vessel〕と木部柔組織からなる．道管は，地下部から地上部へ，おもに水と栄養塩を運ぶ管であり，道管要素とよばれる細胞が死後，縦につながって形成されている．篩部は，**篩管**(sieve tube)(篩管要素)，

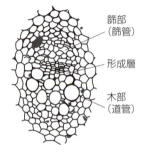

図8.2 維管束の横断面

伴細胞(companion cell)，篩部柔組織からなる．篩管は，光合成産物としての糖類をはじめとした生体物質を運ぶ組織である(図 2.2 参照)．

8.3　土壌からの物質吸収と道管による物質輸送

　植物は，環境中の無機化合物を，生命活動に必須の有機化合物に変換できる独立栄養生物である．大気中から供給される二酸化炭素と酸素を除くすべての無機物質は，水も含めて土壌などの外環境から吸収する必要がある．陸上の維管束植物では，根がその役割を果たしている．一般に，根の表皮細胞とその一部から形成された根毛が，第一の吸収組織として働く(図 8.3)．細胞膜には，各物質に固有の膜輸送体が存在し，その物質を細胞内に取り込むことができる．取り込まれた物質は，原形質連絡などによりシンプラストを通って根の中心柱にある維管束組織まで順に運ばれていくと考えられている．

　また，表皮細胞で吸収されなかった水や一部の栄養塩類は，細胞壁空間(アポプラスト)を，根の中心に向かって拡散していくことが知られている．これらの物質は，途中の皮層細胞で一部が吸収され，さらに**内皮**(endodermis)とよばれる組織でそのほとんどが吸収される．内皮には，**カスパリー線**

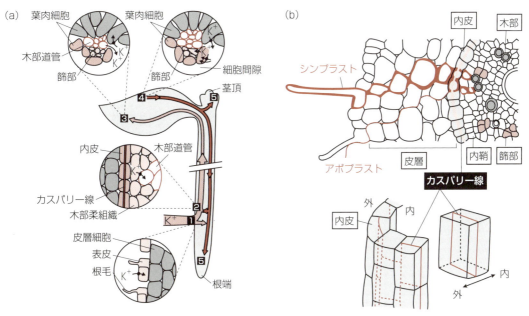

図 8.3　水と栄養の流れ
(a)植物の根は，土壌から水とイオンを取り込む栄養吸収器官としての役割と，土壌中で力学的に植物体を安定させる支持器官としての役割をもつ．土壌から吸収されたイオンと水は，最終的に根の維管束に入り，地上部へと送られる．図は K^+ の吸収と移動を番号によって順を追って示した．(b)イオンと水の吸収では，最初に根毛で取り込まれた分子が，原形質連絡を通じて順次隣接細胞に送られていくシンプラスト経由の輸送と，根の細胞壁空間に進入した分子が，それぞれの細胞で吸収されるアポプラスト経由の輸送の存在が示唆されている．〔(a)は，Buchanan, Gruissem, Jones, "Biochemistry & Molecular Biology of Plant", ASPP(2000)より．(b)は，Esau, "Plant Anatomy", John Wiley & Sons(1953)を参考に作成〕

(casparian strip)とよばれる特殊な構造が付随している．カスパリー線は，内皮の根放射方向の細胞壁に，疎水性物質であるスベリンを含んだ構造として存在する．水も溶質もカスパリー線で遮断されることで，細胞壁空間を伝って内皮の内側の中心柱に入り込むことができない．カスパリー線の存在は，根で吸収される水とすべての溶質は，シンプラスト，アポプラストのどの経路を通るにせよ，表皮や根毛細胞，皮層細胞，あるいは内皮細胞のいずれかにおいて，必ず細胞膜を介した膜輸送機構で選別されなければならないことを意味している．中心柱に入り込んだ水と溶質は，木部柔細胞から道管へと運び込まれ，地上部に輸送される．

木部道管は，2つの管状要素(仮道管と道管要素)からなる．仮道管は，長く伸びた紡錘状の形をし，側壁で隣り合って配置されている．側壁には多数の壁孔が開いていて，水や溶質はそこを通って流れていく．道管要素は，被子植物と一部の裸子植物，シダ植物に存在する．仮道管より短く，両端に孔が開き，その孔が末端どうしでつながって長い通路(道管)を形成する(図2.2参照)[*1]．中心柱の道管柔細胞から道管への水や溶質の輸送(木部ローディング)は，道管周囲の生きている細胞の膜輸送体によって行われる，細胞からの排出過程である(表8.1)．水は，ローディングで道管中に運び込まれた溶質により，道管内の水ポテンシャルが下がることで生じたエネルギー勾配にしたがって，道管中に受動的に取り込まれる．

昼間，葉の気孔が開いている状態では，水は大気中にどんどん蒸発していき，その結果，道管中の水が地下部から最上部まで引き上げられる．これが蒸散流である．このとき，道管中では毛細管現象と水の凝集反応が働いて，水が上部に移動すると考えられている．相対湿度50％で水耕栽培されたトウモロコシでは，4週間の成長の間に約5リットルの水を吸い上げたという実験結果がある．このうち，植物体にとどまるものや光合成などに利用され

*1 木部要素は，生きていた木部柔細胞が内部構造を失って死ぬことで形成される．この過程は植物のプログラム細胞死の代表的な例である．道管は，死細胞である木部道管要素が縦に長くつながった構造体である(2.2節参照)．

表8.1 道管液，篩管液の物質組成

物質名		含量(g/L)	
		道管液	篩管液
無機イオン	K	0.09	1.54
	Na	0.06	0.12
	Mg	0.03	0.09
	Ca	0.02	0.02
	Fe	0.002	0.01
	硝酸	0.01	—
アミノ酸		0.7	13
スクロース		—	154
pH		6.3	7.9

Salisbury and Ross, "Plant Physiology", Wadsworth (1992)を参考に作成

る水は，全体の10%以下に過ぎない．大部分の水は，土壌から取り込んだ栄養塩類を地上部に送り込むための媒体として植物体を通過していくだけである．進化の過程で植物が海から陸上に進出するにあたって，最も障壁となったのは乾燥だと考えられているが，植物体は必ずしも水を節約するような構造にはなっておらず，むしろ水を浪費してもイオンの移動に利用するという選択をしたことになる．

　根にエネルギー代謝阻害剤を与えると，道管を通じた物質輸送が阻害される．これは根で生じた根圧とよばれる力が阻害されるためとされているが，根圧の実体は，能動輸送(4章参照)で道管内に運び込まれた溶質による水ポテンシャルの低下が，道管への水の流入を促すものと考えられている．

　道管中の水と溶質は，一体化して地上部へと輸送されていく．木部での輸送速度は，数mm/秒である．これは，草丈1mの植物の根から頂端までの輸送が，数十分で行われることを意味している．道管内の水の輸送は，道管末端の気孔からの水の蒸発に依存する．道管内の水と溶質は，蒸散による水ポテンシャルの低下にしたがって生じる負の静水圧(4.4節参照)に依存して移動するが，その際に道管内で生じる水の凝集力が水柱の連続的移動を保証している．水が蒸散によって引き上げられる負の静水圧はたいへん大きい（地上部外気の水ポテンシャルは，$-100\,\mathrm{MPa}$近くにもなる）．実際には，約100mの高木の先まで水をもち上げる圧力勾配は，数MPaあればよいことが計算されるので，蒸散と水の凝集力でつくりだされる圧力勾配は，現在知られているどんなに背が高い植物においても，地上から水を運び上げるのに十分な力となりうる．むしろ，この水を引っ張り上げる圧力(張力)は，道管内で陰圧となることから，道管を構成している細胞壁が弱いと，圧力に負けて管がつぶれてしまう．通常，木部道管の細胞壁はリグニン(1.2節参照)が沈着して強固な二次壁肥厚(らせん模様など)を生じるが，これは道管が陰圧

Column

植物の分布と道管による水輸送

　冬に道管液が凍ると道管内に気泡が生じ，その結果，水が供給できなくなって葉や植物が枯れてしまうことがある．常緑樹は，冬でも葉をつけているため昼間には蒸散が起こるが，道管に気泡が生じて水柱が切れてしまうと葉が枯れる危険がある．ツバキ，カシ，クスノキなどの常緑広葉樹は，太い道管をもつため，冬に道管液が凍るような温度になる寒い地域では，水の供給が絶たれる可能性があり生育することはできない．

　一方，常緑針葉樹は，道管とともにさらに細い仮道管をもつため，たとえ道管液が凍っても気泡が生じにくい．それで，北の寒い地域でも，道管の水柱が切れる可能性が小さいので，生育を続けることができると考えられる．これが，シベリアのタイガにおいて，トウヒやモミ，マツなどの常緑針葉樹が優占種になるひとつの理由とされている．

によってつぶれることを防ぐための適応と考えられる．さらに，道管中の水に加えられる陰圧が大きくなりすぎると，道管液中に気泡が生じることがある（キャビテーション）．気泡によって道管中の水柱が途切れると，それより上への水の輸送が遮断されるため上部組織は枯死する．植物は，この気泡形成を防いだり，水柱の遮断を修復するための生理機構をもっているとされているが，その詳細はまだよくわかっていない．

8.4 篩管による同化産物の輸送と転流

　維管束を構成するもうひとつの重要な要素は篩部である．篩部は，篩要素（被子植物では篩管要素，シダ植物と裸子植物では篩細胞）や伴細胞などからなり，緑色器官における光合成同化産物を植物体全体に運搬する役割を果たしている[*2]．また，細胞両端には篩板が形成され，細胞膜と細胞壁に孔を開けることで，隣接する篩管要素がつながる．篩板に開いている孔は，直径数 μm の大きさをもち，篩管要素内の細胞含有物が輸送されていくことを助けている．篩管を構成する篩管要素には，それぞれひとつないし複数の伴細胞が付随している．伴細胞と篩管要素は，多数の原形質連絡でつながっており，篩管で輸送される物質の多くは，伴細胞で細胞外から取り込まれ，篩管要素に原形質連絡で移動すると考えられている（図8.4）．

　篩管が輸送する物質のうち，最も重要なものは光合成による同化産物としての炭水化物である．実際にはスクロース（ショ糖）が輸送されることが多い．道管による輸送は，地下部から地上部への一方通行であるが，篩管による輸送は，光合成産物を過剰につくりだすことができる組織（**ソース**，source：成熟緑色組織）から，それを必要とする組織（**シンク**，sink：根，果実，未成熟組織）へと物質を運ぶことであり，方向性は決まっていない．しかし，これまでに1本の篩管が2つの方向に物質を輸送する例は見いだされていない．

　篩管が輸送する物質は，光合成同化産物ばかりではなく，アミノ酸などの窒素化合物，カリウムやリンなどの無機栄養塩，あるいは植物ホルモンなど多様である（表8.1）．

　篩管の中を物質が輸送される機構として，1930年にミュンヒ（E. Münch）によって提唱された圧流説が知られている．ソース組織において，同化産物が篩管に積み込まれる（篩部ローディング）と，篩管内の水の化学ポテンシャルが減少する．その結果，水が周囲の組織から篩管内へと流れ込み，篩管内の圧力が上昇する．一方，シンク組織においては，同化産物が篩管から周囲組織へと積み降ろされる（篩部アンローディング）ため，篩管溶液中の溶質濃度が減少して，水の化学ポテンシャルが上がり，水も同時に周囲の組織へと移動し，篩管内の圧力が下がる．結果として篩管内の圧力勾配が，ソース組織とシンク組織の間に生じ，篩管液が全体として圧力にしたがって流れるこ

[*2] 篩管は，道管と異なり，生きた細胞である篩要素が連なって形成された長い構造である．被子植物の篩管要素は，成熟過程で核や液胞を失い，小数のオルガネラのみを含む物質輸送に都合のよい形に分化する（2.2節参照）．

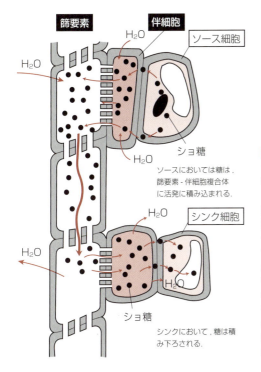

図 8.4 篩管の輸送機構(圧流説)
ソース器官において同化産物が篩管に積み込まれると，篩管内の水ポテンシャルが減少し，水が周囲の組織から篩管に流れ込む．流れ込んだ水により篩管内の圧力が上昇する．シンク器官では同化産物が積み降ろされることで，篩管内の水ポテンシャルが上昇し，水も周囲の組織に移動することで，篩管内の圧力が下がる．こうして，篩管の中に圧力の勾配ができ，この圧力差を利用して内容物が輸送される．〔Taiz and Zeiger, "Plant Physiology", Sinauer Associates (2006)を参考に作成〕

とになる(これを篩管液の体積流とよぶ．図 8.4)．篩管(篩管要素)における物質の輸送速度はおよそ 1 m/時間とされている．光合成産物の輸送を測定した多くの研究は，この圧流説が篩管輸送をよく説明できることを示している．実際，道管と違って，篩管要素の連結部に篩板が形成されるのは，ソース組織とシンク組織における篩管内圧力差が，篩管内溶液の体積流を保証するために十分維持される必要があるからと考えることができる．

8.5 篩管で輸送されるその他の物質

篩管は植物の機能を支える重要な物質を輸送する(表 8.1)．その第一は，老化組織から若年組織に転流されることが知られているカリウム，アミノ酸態の窒素，リン酸などの栄養塩である．根から吸収された栄養塩は，道管を通して植物体全体に分配されていくが，組織間の移行には篩管が利用される．これらのイオンを篩管に運び込むための輸送体が維管束(伴細胞を含む篩部)で発現していることが知られているが，転流の調節がどのように行われているかは明らかではない．また，ある種の植物ホルモンも篩管を通して長距離輸送されている．さらに，タンパク質や核酸(RNA)のような高分子も篩管によって輸送されていることが明らかになっている．

8.6　細胞内の物質輸送と原形質流動

　細胞間輸送や長距離輸送によって個々の細胞にもたらされた物質は，境界としての細胞膜を越えて細胞内に取り込まれる．それでは，細胞内に取り込まれた物質は，細胞内でどのように分配されていくのであろうか．

　個々のオルガネラ膜には，それぞれ細胞膜と同様の膜輸送体タンパク質が存在し，物質輸送をつかさどっている(4章参照)．一方，それぞれのオルガネラまで物質が動く過程は，基本的には物理的拡散による．拡散は，化学ポテンシャルによって引き起こされる分子の自発的移動である．拡散速度は濃度勾配の傾きに直接比例することがわかっている．液体や固体の拡散はガスのそれに比べずっとゆっくり進行する．拡散による物質の移動距離は時間ではなく時間の平方根に比例する．また，分子の形態によって，同じ程度の大きさの分子でも拡散速度はかなり異なる．いずれにせよ，植物細胞程度の大きさ($20 \sim 100 \mu m$)にとっては拡散による分子の輸送は十分に速い．ATPほどの大きさの分子(分子量約500)の物質は細胞の端から端へ，拡散によって1分以内に移動しうる．通常の，代謝反応において基質と酵素が出会うような距離では，拡散による物質移動で十分な化学反応速度が保証される．

　一方，たとえ細胞内でも，溶液相での長距離にわたる物質輸送は，拡散では間に合わなくなることがあり，効率的な輸送機構が必要となる．これは，直径$100 \mu m$程度の細胞でも，植物細胞のようにその大半を液胞が占める場合，細胞質基質のみを物質が移動していくには，直径の数倍の距離を移動しなければならないことによる．移動距離が倍になると，かかる時間は4倍になる．こうして，比較的大きな体積をもつ植物細胞では，物質輸送のための細胞内機構である**原形質流動**(cytoplasmic streaming)が発達してきた．

　植物細胞を顕微鏡で観察すると，細胞小器官が方向をもって動いている様子が観察される．細胞内顆粒は毎秒数μmから数十μmの速さで移動している．細胞質には細胞小器官のほかにタンパク質などが多量溶け込んでおり，密度や粘性が大きくなって，拡散による物質の移動速度は水溶液よりさらに遅くなる．原形質流動で移動できれば，それが数秒で済む．

　原形質流動は，細胞質に存在する**アクチン**(actin)と**ミオシン**(myosin)というタンパク質の相互作用によって引き起こされる(図8.5)．運動のエネルギーはATPから供給される．アクチンとミオシンは，動物の筋肉運動をつかさどる主要タンパク質だが，植物細胞の細胞内運動も同じタンパク質の作用で生じる．ミオシン分子には，多様なサブファミリーが存在する．植物細胞の原形質流動に機能するミオシンは，クラスXIに属する．

　植物細胞内における原形質流動の物理的機構は，シャジクモ節間細胞を用いて詳しく研究されてきた(カバー写真参照)．シャジクモ節間細胞は，長さ10 cm，直径1 mmに達する円柱状の巨大細胞で，細胞内に活発な原形質流

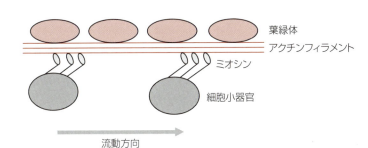

図 8.5 原形質流動
シャジクモ節間細胞では，細胞質基質に固定された葉緑体の上にアクチンフィラメントが線路のように延びている．細胞質にある各種オルガネラに結合したミオシンが，このアクチンフィラメントの上をすべり運動することで原形質流動が起きると考えられている．〔左図は新免輝男博士のご厚意による．『細胞の運動』，裳華房(1992)より．右の写真は，Kersey *et al., J. Cell Biology* **68**：264-275(1976)より〕

動を観察できる．この細胞では，繊維状のアクチン構造（アクチンフィラメント）が細胞内表層に縦方向に並んでおり，その上を細胞質に溶け込んでいるミオシン分子が滑っていくことで，原形質流動が生じるとされている．最近，植物界最速とされるシャジクモのミオシン遺伝子を，シロイヌナズナのゲノムに導入して働かせると，シロイヌナズナの成長が速くなることが示された．これは，原形質流動が，細胞内の物質移動を制御しており，それが成長の限定要因であることを示した最初の証拠である．

練習問題

1. 植物個体において長距離輸送をつかさどる道管と篩管が，それぞれ物質を輸送する機構について説明しなさい．

2. 一般的な植物細胞の大きさ（端から端までの長さ）を 50 μm とする．分子 X がこの細胞を端から端まで拡散するために 10 秒かかったとする．
   ① 今，根で吸収された分子 X が拡散だけで細胞間を受け渡されていくとすると，高さ 50 m の木の先端に到達するのにどのくらいの時間がかかるか計算しなさい（到達にかかる時間は，距離の2乗に比例するものとする）．
   ② 原形質流動の速度を 10 μm/sec とすると，分子 X が細胞を端から端まで移動するのにどのくらいの時間がかかるか計算しなさい．根で吸収された物質が原形質流動だけで細胞間を受け渡されていくとすると，高さ 50 m の木の先端に到達するのにどのくらいの時間がかかるか計算しなさい（細胞は一列に並んでいるものとする）．
   上の計算から，道管による物質輸送がいかに効率がよいかまとめなさい．

9章 細胞分裂と細胞成長

　植物はその一生において，種子が発芽して成長し，花を咲かせ実をつけるというように形をさまざまに変えていく．前章までで植物の体をつくる物質の合成や輸送について説明した．本章では，植物の形態形成の基本となる，細胞分裂と細胞成長について説明する．

9.1　細胞周期

　新しい細胞は，細胞の分裂によってのみ生じる．細胞が分裂して2つの細胞になる過程で，細胞は内部で劇的な変化を示す．遺伝情報を正確に娘細胞に伝えるために，親細胞のDNAは正確に複製されなければならない．また，複製されたDNAは2つの娘細胞に均等に分配されなければならない．これらの一連の過程は定められた順序で繰り返して進行するので，**細胞周期**(cell cycle)とよばれる．細胞周期はG_1期，S期，G_2期，M期に分けられる（図9.1a）．G_1期（DNA合成期）ではDNAを複製するための準備が行われ，S期（DNA複製期）ではDNAが複製される．G_2期（分裂準備期）では**有糸分裂**(mitosis)の準備が行われ，複製されたDNAはM期（分裂期）で均等に分配された後，**細胞質分裂**(cytokinesis)が起こって2つの娘細胞に分かれる．G_1とG_2の名前は，S期とM期の間を意味するギャップ(Gap)のGに由来する．植物では上述の細胞周期を経ずに，**核内倍加**(endoreduplication)とよぶ有糸分裂を伴わないDNA複製過程を経ることで，4組の染色体をもつ四倍体や，多倍数体の細胞がみられることもある．なお，ミトコンドリアと葉緑体などの色素体はそれぞれ独自のDNAをもち，細胞とは独立に増殖できるので，細胞周期と同調して増殖するとは限らない．G_1期，S期，G_2期をまとめて**間期**(interphase)とよび，見かけ上，細胞に著しい変化は見られない．一方，M期の細胞は外見上も著しい変化を示す．

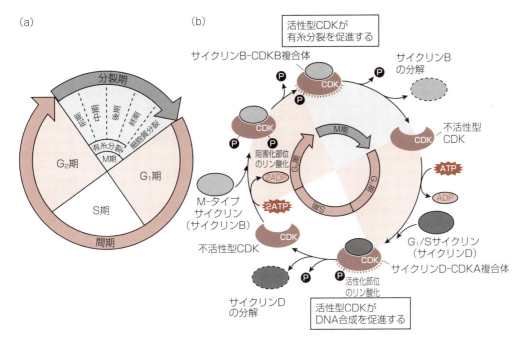

図 9.1　細胞周期を制御するサイクリン-CDK 複合体
細胞周期の過程は，サイクリンとサイクリン依存性タンパク質キナーゼ(CDK)によって制御される．植物細胞では，G_1 期後期に働くサイクリン D(G_1/S サイクリン)や，S 期後期に働くサイクリン A(S-タイプサイクリン)，および M 期移行直前に働くサイクリン B(M-タイプサイクリン)がある．G_1 期から S 期への移行過程ではサイクリン D-CDKA 複合体が，G_2 期から M 期への移行過程ではサイクリン B-CDKB 複合体が働いて，それぞれの過程を制御する．サイクリン-CDK 複合体の形成は一過的であり，サイクリンの合成とユビキチン化を介した分解，および CDK 自身のリン酸化と脱リン酸化，CDK 阻害因子による調節などによって，CDK の活性が制御されている．

9.1.1　細胞周期における微小管の変化

　細胞周期の間に，微小管はまるで七変化のように現れては消え，消えてはまた現れる(図 9.2，口絵参照)．間期の植物細胞では，細胞膜の内側に，細胞の長軸に対して垂直に配向する表層微小管が見られる．G_2 期には核膜から放射状に伸長する微小管が多く見えるようになり，M 期に入ると，微小管は劇的な変化を示す．まず**前期**(prophase)では，細胞膜内側の表層微小管が消失すると同時に，将来の細胞分裂面になる細胞内側に**分裂準備帯**(preprophase band，前期前微小管束ともよばれる)が現れ，分裂面をはさんだ両側に紡錘体微小管が現れる．**前中期**(prometaphase)には，分裂準備帯が消失し，核膜が断片化し，紡錘体微小管のプラス端は染色体の**動原体**(kinetochore)の部分に結合する．**中期**(metaphase)には複製した染色体は細胞の分裂面に整列する．**後期**(anaphase)には染色体が 2 つの極の方向に移動し均等に分配され，紡錘体微小管は消失する．**終期**(telophase)は細胞質分裂が起こる過程で，新たに形成された娘細胞の核と細胞分裂面の間に**隔膜形成体**(フラグモプラスト，phragmoplast)が現れる．隔膜形成体は微小管

9章 細胞分裂と細胞成長

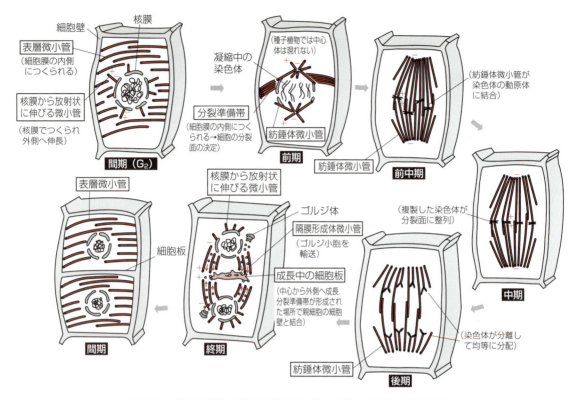

図9.2 細胞分裂(体細胞分裂)過程において著しく変化する微小管

とアクチンフィラメントからなり，最初は分裂面の中央付近に現れ，**細胞板**(cell plate)を形成しながら，分裂面の外側に広がる．新しい細胞板が分裂面の中央から外側に向かって形成され，親細胞の細胞壁と癒合し，2つの娘細胞が形成される．

　細胞板が親細胞の細胞壁と癒合する位置は，前期に分裂準備帯が現れた位置に相当する．そのため，分裂準備帯から将来細胞板の形成される位置を示す何らかのシグナルが残されていると考えられる．細胞板は，ゴルジ体で形成された細胞壁多糖類を含む小胞が集まって形成される．隔膜形成体の微小管の上を移動するキネシン様**モータータンパク質**(motor protein)[*1]はゴルジ小胞の輸送を行う．シロイヌナズナにおいて，小胞の膜の融合に関わるSNAREタンパク質の一種であるKNOLLEと，小胞の形成に関わるGTPaseであるタンパク質ダイナミン(dymanin)が，ともに細胞板に局在して働いている．

[*1] ATPのエネルギーを機械的な運動に変換するタンパク質．ミオシンやキネシンなどがある．

9.1.2 サイクリン-CDK 複合体による細胞周期の制御

　細胞周期の過程は，**サイクリン**(cyclin)とよばれるタンパク質とサイクリ

ン依存性タンパク質キナーゼ（CDK）によって制御されている．CDK はタンパク質キナーゼの一種で，サイクリン存在下で細胞周期の開始や進行に関わるタンパク質をリン酸化することにより，細胞周期制御の鍵因子として働く酵素である．CDK のキナーゼ活性には，サイクリンとの結合によるサイクリン-CDK 複合体の形成が必要である．サイクリンや CDK は細胞周期で特異的に働く時期によっていくつかの種類がある．植物には，G_1 期後期に働くサイクリン D（G_1/S サイクリン）や，S 期後期に働くサイクリン A（S-タイプサイクリン），および M 期移行直前に働くサイクリン B（M-タイプサイクリン）がある．例えば，G_1 期から S 期への移行過程ではサイクリン D-CDKA 複合体が，G_2 期から M 期への移行過程ではサイクリン B-CDKB 複合体が働いて，それぞれの過程を制御する（図 9.1b）．サイクリン-CDK 複合体の形成は一過的であり，サイクリンの合成と分解，および CDK 自身のリン酸化と脱リン酸化によって，CDK の活性が制御されている．サイクリンは，ATP 依存的に**ユビキチン**（ubiquitin）とよばれる小さなタンパク質が付加されることで，巨大なタンパク質複合体である **26S プロテアソーム**（26S proteasome）によって細胞質中で分解される．また，CDK の活性は，CDK 阻害因子によって負に制御されている．

植物細胞の細胞周期は植物ホルモンによっても制御を受けている．シロイヌナズナでは，オーキシン（10.1 節参照）は G_1 期から S 期への移行に必要な転写促進因子 E2F タンパク質を安定化させるのに対し，サイトカイニン（10.3 節参照）は，サイクリン D3 の合成を促進することによって細胞周期の進行を促進すると考えられている．一般に，植物の器官の一部を脱分化させてカルスとよばれる未分化な細胞塊を誘導する場合や，単離した植物細胞を人工培養液中で増殖させる場合には，適度なオーキシン（場合によっては同時にサイトカイニンも）を含む培地を用いる．

9.2　分裂組織と幹細胞

地球上に数百年，数千年と生き続ける植物があるということは，われわれにとっては驚きであり，その生命力の秘密に興味がある人は少なくないだろう．植物が成長し続けるためには，常に新しい細胞をつくりだす必要がある．新しい細胞や組織は**分裂組織**（またはメリステム：meristem）[2]でつくられる．維管束植物では，茎や根の頂端にある分裂組織（頂端分裂組織）として**茎頂分裂組織**（shoot apical meristem）[3]と**根端分裂組織**（root apical meristem）がある．また，茎を太くする維管束形成層（vascular cambium）や，表皮や皮層が破壊された後に形成されるコルク形成層は器官を放射軸方向に成長させる側方分裂組織である．さらに，腋芽を形成する腋芽分裂組織，側根を形成する側根分裂組織，イネ科の節間を成長させる介在分裂組織などが

[2]「メリステム」という語は，ギリシャ語の「分裂」という意味の"meristos"に由来する．

[3] shoot apical meristem に対応した語で，この英語の意味を正確に反映させて「シュート頂分裂組織」とも表記されるが，本書では「茎頂分裂組織」で統一する．

ある．生殖成長期に花原基を形成する茎頂分裂組織を花序分裂組織，また花器官を形成する分裂組織を花芽分裂組織とそれぞれよぶ．また，分裂組織は一次分裂組織と二次分裂組織にも区分される．胚発生で形成される茎頂分裂組織と根端分裂組織が一次分裂組織にあたり，一度分化した細胞や組織が脱分化[*4]して分裂するようになった維管束形成層やコルク形成層，腋芽分裂組織や側根分裂組織は二次分裂組織にあたる．

*4 すでに分化した細胞がその特徴を失い未分化の状態になること．

9.2.1 植物の幹細胞

分裂組織には**幹細胞**(stem cell)[*5]とよばれる未分化な細胞集団があり，そこから生じるすべての細胞のもとになる細胞である．幹細胞は分裂によって自身の幹細胞としての性質をもった娘細胞と，分化した娘細胞，あるいは分化する細胞を生み出す娘細胞とに分かれる．幹細胞の周囲には幹細胞からつくられる分裂頻度の高い娘細胞があり，娘細胞が分裂することによって分化した細胞や組織をつくりだす．このような幹細胞の性質を維持するために必要な，幹細胞周囲の微小な環境を**幹細胞ニッチ**(stem cell niche)とよぶ．植物の場合，細胞の運命は，細胞系譜[*6]ではなく，細胞が置かれた位置に依存して決まると考えられている．

*5 植物学の分野では，昔から「始原細胞」という語が用いられてきたが，近年は動物学の分野で用いられる「幹細胞」も使われるようになった．本書では「幹細胞」で統一する．

*6 受精卵から成体になるまで，細胞分裂を繰返して各組織を分化させ，各器官を形成させるまでの道筋を細胞系列に基づいて明らかにしたもの．

9.2.2 茎頂分裂組織の維持機構

茎頂分裂組織は茎の先端にあり，通常若い葉に守られているので，葉を取り除かないと観察できない．被子植物の栄養成長期の茎頂は，表皮を形成するL1層とその内側のL2層，さらにその内側のL3層から構成されている．また，茎頂分裂組織には役割の異なる3つの分帯(zonation)がある．活発な茎頂分裂組織の中心は**中央帯**(central zone)とよばれ，分裂組織の幹細胞とともに，細胞分裂活性が比較的低い細胞群が含まれる．中央帯のL1層やL2層の幹細胞の周囲には，分裂活性の高い娘細胞が存在しており，L1層では垂層分裂[*7]によって，L2層では垂層分裂と一部並層分裂によってそれぞれ細胞を増やすことによって，新たに生じた細胞は側方に押しやられる．この中央帯の側方領域は**周辺帯**(peripheral zone)とよばれ，葉のもとになる葉原基を形成する．L3層では細胞分裂面はランダムに起こる．中央帯の下部には，茎の内部組織(維管束組織や髄組織)を生み出す**髄状帯**(rib zone)とよばれる領域がある．

*7 細胞分裂の分裂面が組織表面に対して直角である場合を垂層分裂といい，平行である場合を並層分裂という．

分裂組織を形成する機構については，シロイヌナズナの茎頂分裂組織や花芽分裂組織が異常に大きくなる*clavata*(クラバータ)変異体，および，正常な茎頂分裂組織を形成しない*wuschel*(ブシェル)変異体の研究によって，興味深いモデルが提唱されている(図9.3)．このモデルでは，茎頂分裂組織の形成中心(organizing center)とよばれる領域で発現する*WUSCHEL*(*WUS*)遺伝子が，上層の

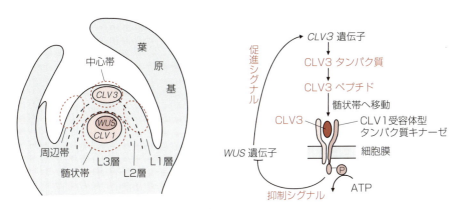

図 9.3　ブシェル遺伝子（WUS）とクラバータ遺伝子群（CLV）による茎頂分裂組織の維持におけるフィードバック制御
茎頂分裂組織の L1 層と L2 層の真ん中には中央帯とよばれる幹細胞の集団がある．中央帯の幹細胞の形成には，ブシェル（WUS）遺伝子が幹細胞の下部にある髄状帯で発現することが必要である．WUS 遺伝子からつくられる WUS タンパク質は転写因子として働くことで，中央帯で幹細胞が形成されると，そこでクラバータ 3（CLV3）遺伝子が発現する．CLV3 遺伝子からできる CLV3 タンパク質は修飾を受け，13 アミノ酸からなる CLV3 ペプチド（図 10.24 参照）となり，中央帯から髄状帯へアポプラストを移動し，髄状帯の細胞の細胞膜にある受容体型タンパク質キナーゼである CLV1 タンパク質にリガンドとして結合する．続いて CLV1 受容体型キナーゼは自己リン酸化して，WUS 遺伝子の発現を抑制するシグナルを出し，分裂組織が大きくなりすぎないようにフィードバック制御をするというモデルが提唱されている．

L1，L2 層に位置する幹細胞での $CLAVATA3$（$CLV3$）遺伝子の発現を誘導する．$CLV3$ 遺伝子から生産される CLV3 ペプチド[8]は，L3 層および下部で発現する受容体の CLV1 タンパク質と相互作用し，WUS 遺伝子の発現領域が広がらないように抑制する．このように，WUS 遺伝子と CLV 遺伝子群による負のフィードバックループによって，茎頂分裂組織のサイズが一定に維持されている（図 9.3）．

[8] アミノ酸からなり，プロリン残基が水酸化修飾されるとともに，糖（アラビノース）が付加されるペプチドで，ペプチドホルモンの一種（10.9 節参照）．

9.3　植物器官の成長

上述したように，茎では茎頂分裂組織において新たな細胞が生み出され，それらが新たな葉や茎を形成する細胞として各組織に分化する．ヒトの背丈を超えるほど高く成長する茎や，地中深く成長する根は，どのようなしくみで成長するのだろうか．

茎や根などの軸性器官の成長には，細胞分裂による細胞数の増加と，細胞の伸長成長による細胞体積の増加の 2 つの要素が含まれている．ここでは，根の成長における 2 つの要素を見てみよう．

植物の生育条件が一定である場合には，根は一定速度で成長することが知られている．これは，根全体が成長するのではなく，根の先端付近の分裂領域と伸長領域とよばれる領域だけが成長するためである（図 9.4a）．分裂領域は細胞分裂が起こる領域で，伸長領域は細胞が伸長する領域であり，さらにその基部には分化領域（成熟領域ともよばれる）がある．図 9.4a を見ると，

9章 細胞分裂と細胞成長

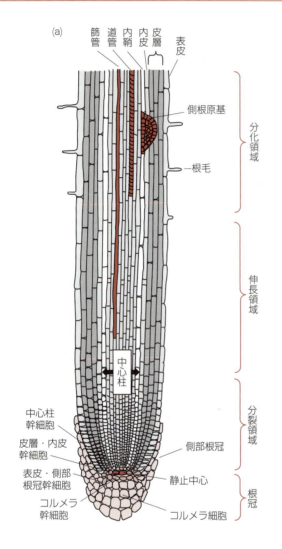
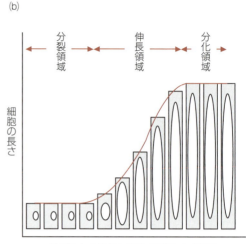

図9.4 根の構造と細胞成長
(a) 根の構造の模式図．(b) 根の表皮，あるいは皮層の1列の細胞を順番に並べると細胞の成長過程を知ることができる．

細胞が縦に連なっていることに気がつく．細胞が列をなしているのは，一列の細胞は列の先端部にある分裂頻度の高い細胞から生じているからである．モデル植物として知られるシロイヌナズナの場合，表皮細胞の列は表皮・側部根冠幹細胞の垂層分裂と娘細胞の並層分裂を繰り返すことで生じる．また，皮層細胞と内皮細胞の列も皮層・内皮幹細胞の垂層分裂と娘細胞の並層分裂を繰り返すことで生じる．内鞘細胞を含む中心柱[*9]の細胞列は，中心柱幹細胞の垂層分裂によって生じる．伸長領域の細胞は，細胞の横軸方向の伸長をほとんどせず，縦軸方向に伸長し細胞体積を増大させ，やがて分化領域では細胞の伸長は停止して，それぞれの組織に分化する．たとえば表皮細胞は根毛を生ずる．

根冠と中心柱の境に**静止中心**（quiescent center）とよばれる分裂頻度が低

[*9] 内皮より内側の内鞘と維管束のまとまりをいう．

い細胞集団がある．静止中心の細胞は，分裂頻度の高い表皮・側部根冠幹細胞，皮層・内皮幹細胞，中心柱幹細胞，コルメラ幹細胞とそれぞれ接している．一部の静止中心の細胞をレーザーで破壊すると，これに接しているコルメラ幹細胞が分裂をせずに分化することから，静止中心は周囲の幹細胞の性質の維持に働くと考えられる．

表皮または皮層のなかで，縦に連なった一列全部の細胞について，順番に個々の細胞の長さを測定して，横軸を幹細胞からの細胞数とし，縦軸にそれぞれの細胞の長さをプロットすると図9.4bができる．植物が一定条件で生育している場合には，細胞の分裂頻度も一定であると考えられるので，横軸は時間軸と同じ意味をもつ．つまり，図9.4bは細胞が生まれてから伸長を停止するまでの細胞が成長する様子を表している．分裂した細胞はすぐに伸長を始めるわけではなく，分裂領域にいる間は細胞の長さはあまり変わらない．伸長領域の最も長い細胞が伸長を停止すると，新しい細胞が伸長を始めることにより，根全体としては一定速度で成長する．

茎の成長も根と同様に考えることができ，茎頂分裂組織でつくられた茎の各組織(表皮，皮層，内皮など)を構成する細胞群が，先端付近で縦方向に大きく伸長成長することで，茎の成長を可能にしている．

また，葉などの扁平器官の面積も細胞数と細胞サイズに依存しているが，シロイヌナズナの葉の細胞数の少ない変異体では，葉はそれほど小さくならず，あたかも葉面積の不足を補うように個々の細胞のサイズが大きくなることが知られている．このような現象を**補償作用**(compensation)とよぶ．

9.4 細胞の伸長成長

細胞の成長には3つのタイプがある．根の伸長する細胞に見られるような，細胞全体が伸長する**伸長成長**(elongation growth)，根毛や花粉管に見られる先端部だけが成長する**先端成長**(tip growth)，葉の細胞に見られる複雑な形の細胞成長である．まず，伸長成長について，次に先端成長について，最後に両方の複合型について述べる(P.114 コラム参照)．

9.4.1 細胞の伸長方向とセルロース微繊維の配向

植物細胞は膨圧によって目一杯に膨れているが，膨圧は細胞壁全体を押し拡げようとするので，細胞壁の構造が均一であるならば，細胞は丸くなるはずである．ところが，図9.4aで見られるように，伸長領域の細胞は細長い形を保ったまま伸長する．細胞の形を決めているものは何だろうか．細胞壁を構成している成分を分解する細胞壁分解酵素で細胞壁を取り除くと，細胞は丸い形をしたプロトプラストになることから，細胞壁が細胞の形を決めていると考えてよい．なかでも細胞壁の基本骨格を構成する**セルロース微繊維**

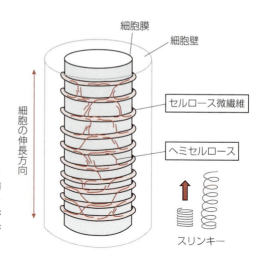

図 9.5
細胞壁を構成するセルロース微繊維とヘミセルロース
縦方向に伸長する皮層細胞では，セルロース微繊維が"たが"のように働き，細胞が横に膨らむものを阻止している．細胞壁が縦方向に伸展するには，セルロース微繊維をつないでいるヘミセルロース部分が緩む必要がある．図ではセルロース微繊維の間に隙間があるように描かれているが，実際には多数のセルロース微繊維が密に取り巻いており，独立した円となっているわけではない．

(cellulose microfibril) が重要な役割をもっている．伸長領域の皮層細胞の細胞壁では，新しくつくられるセルロース微繊維は細胞長軸に対して直角に配向しており，図 9.5 のように細胞を取り巻いている．かなりの強度があるセルロース微繊維が，細胞に箍（たが）をはめるように取り巻いているので，細胞は横方向には膨らむことができず，縦方向にのみ伸長すると考えられる．セルロースはつくるがセルロース微繊維を形成できないシロイヌナズナの変異体では，細胞が丸く肥大する．このことからも，セルロース微繊維の配向が重要なことがわかる．

9.4.2 細胞壁を構成する丈夫な構造と柔らかい構造

膨圧によって膨れた植物細胞が縦方向に伸長するには，細胞壁が縦方向に緩むのが最も効果的である．細胞壁は，5〜10気圧の膨圧に耐える丈夫な構造をもつと同時に，縦方向に伸長を促すために緩むことができる柔らかい構造をもつように設計されている．皮層細胞の細胞壁では，長軸に直角に配向するセルロース微繊維が細胞壁の基本構造を形成し，セルロース微繊維はマトリックス多糖（ヘミセルロースやペクチン）とよばれる柔らかい多糖によって取り巻かれている．細胞壁には少なくとも2種類の網状構造があるといわれている．ひとつはセルロース–ヘミセルロース網状構造で，もうひとつはペクチン網状構造である．

細胞の縦方向への伸長に重要なのは，セルロース–ヘミセルロース網状構造で，ヘミセルロースは水素結合でセルロース微繊維を取り巻くように結合しているばかりでなく，セルロース微繊維の間をつなぐ役割をもっている（図9.5）．したがって，ヘミセルロースがセルロース微繊維の間をしっかりとつなぎ止めていれば，細胞壁は縦方向へ引き伸ばされることはない．細胞壁が

9.4 細胞の伸長成長

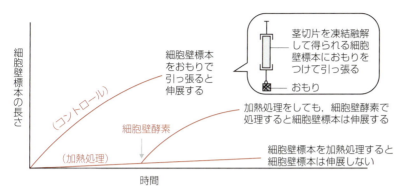

図 9.6 細胞壁標本が細胞壁酵素処理によって伸びやすくなることを示す実験
伸長する茎の組織を凍結した後に融解すると，細胞膜が壊されるために細胞としての機能は失うが，細胞壁中の酵素の活性が保存されている細胞壁標本が得られる．細胞壁標本を加熱処理やタンパク質分解酵素で処理することにより細胞壁中のタンパク質を変性させると，細胞壁標本は伸展性を失ってしまう．しかし，外から細胞壁酵素を新たに与えると細胞壁標本の伸展性が再び回復する．このことから，細胞壁酵素の重要性が証明された．

伸展するには，細胞壁酵素の働きによって，細胞壁多糖間の水素結合の減少やヘミセルロースの短小化によって多糖間の結合を弱め，セルロース微繊維の間をつないでいるヘミセルロースが緩む必要がある．細胞壁が縦方向へ伸展する様子は，セルロース微繊維をステンレス製のバネの形をした玩具スリンキー(図 9.5)にたとえると理解しやすい．

9.4.3 細胞壁を緩ませる細胞壁酵素

細胞壁が緩むには細胞壁中の酵素の働きが重要であることは，細胞壁標本を用いた実験によって明らかにされた(図 9.6)．また，細胞壁の伸展性が酸性の pH で促進されるのも，細胞壁酵素の最適 pH が 4.5 付近にあるからである．細胞壁酵素のうち，よく知られているのは，**エクスパンシン**(expansin)という酵素で，細胞壁多糖間の水素結合を切る作用がある．そのほか，代表的なヘミセルロースであるキシログルカン(図 9.7)のつなぎ変えや切断をするエンド型[*10]キシログルカン転移酵素／加水分解酵素などがある．イネ科植物幼葉鞘の細胞壁のマトリックス多糖は，他の植物と違っていて，$(1 \rightarrow 3, 1 \rightarrow 4) \beta$ グルカンがおもなので，幼葉鞘の細胞壁については，$(1 \rightarrow 3, 1 \rightarrow 4) \beta$ グルカン分解酵素が注目されている．

[*10] 分解酵素にはエキソ型とエンド型がある．基質の端から順に切断するものをエキソ型，基質の中のほうを切断するものをエンド型という．

9.4.4 細胞伸長に必要な一定以上の膨圧と持続的な細胞壁の緩み

細胞体積の増大速度(v)は式 $v = \phi(P-Y)$ で表される(図 9.8)．ϕ は細胞壁の伸展性を表す係数で，P は膨圧を表す．Y は**臨界降伏点**(yield threshold)とよばれ，P が「しきい値[*11]Y」よりも大きくなったときに，はじめて細胞壁の緩みが起こり，細胞の伸長が起こる．

[*11] ある反応を引き起こすために必要な作用因の最小値．

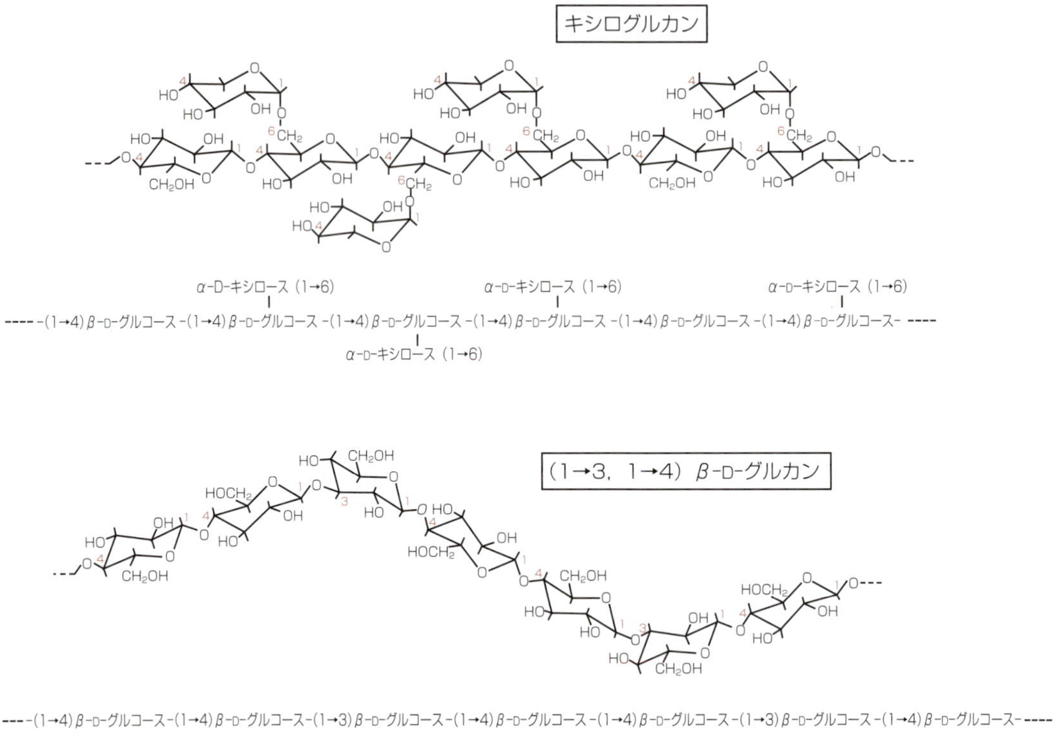

図 9.7 キシログルカンと(1→3, 1→4) β-D-グルカンの構造

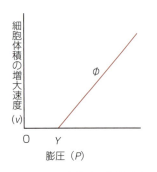

図 9.8 細胞体積の増大速度を表す $v = \phi(P - Y)$

1965年にロックハート(J. A. Lockhart)が報告したこの式は、膨圧 P がしきい値である臨界降伏点 Y よりも大きいときに、細胞伸長が起こることを表している。ϕ は細胞壁の伸展性を表す係数で、伸展性が高ければ ϕ は大きくなる。

伸長しない細胞の場合、膨圧による圧ポテンシャルと細胞内外の浸透ポテンシャル差が均しくなるまで水を吸収して、細胞は目一杯に膨らみ、細胞壁には応力とよばれるストレスが発生し平衡に達する。一方、伸長する細胞では「応力緩和」とよばれる細胞壁の緩みが起こり、細胞壁がさらに引き伸ばされて伸展する。そのため、圧ポテンシャルが減少し、その分だけ細胞内外の浸透ポテンシャル差が生じて吸水が起こる。P が Y よりも大きければ細胞壁の応力緩和が継続して起こるので、圧ポテンシャルは細胞内外の浸透ポテンシャル差よりも常に小さくなり、吸水が継続して起こることになる。したがって、細胞が成長を続けるには、しきい値以上の膨圧があることと、細胞壁が緩み続けることの2つが重要である。

9.4.5 セルロース微繊維を合成するセルロース合成酵素

セルロース微繊維は、細胞膜にあるセルロース合成酵素複合体によってつくられる。セルロース合成酵素を単離する試みは長いこと成功しなかったが、セルロースを合成する酢酸菌のセルロース合成酵素遺伝子が発見されてから、植物のセルロース合成酵素の研究が急速に進んだ。陸上植物のセルロー

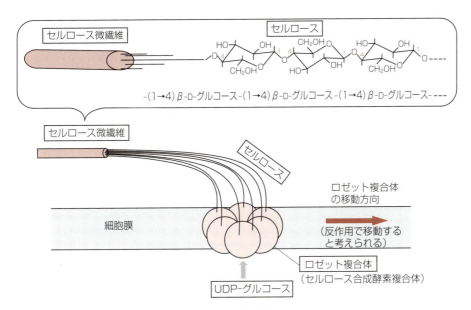

図 9.9　セルロース微繊維を形成するロゼット複合体
ロゼット複合体を構成するセルロース合成酵素により UDP-グルコースから約 20 ～ 40 本のセルロースがつくられる．これらのセルロースが水素結合によって結晶構造をつくり，セルロース微繊維が形成される．

ス合成酵素群は CESA (CELLULOSE SYNTHASE A) とよばれる遺伝子ファミリーにコードされる．これらの酵素群には，細胞の伸長成長における一次細胞壁の合成に関与する酵素と，伸長が停止した細胞における二次細胞壁の合成に関与する酵素がある．図 9.9 にあるようにセルロース合成酵素複合体は 6 つのサブユニットからなり，ロゼット文様型をしている．各酵素分子がそれぞれ 1 本ずつグルカン鎖を合成し，それらが束ねられてセルロースの微繊維となる．

　一方，ヘミセルロースやペクチンは，セルロースのような長鎖構造を取るわけではないので，ゴルジ体で合成された後，エキソサイトーシスによって細胞膜外へ分泌され，細胞壁を構成する．ヘミセルロースは，セルロースや他のヘミセルロースと水素結合によって凝集しやすい性質をもっている．ペクチンは多数のカルボキシル基をもち，カルシウムやホウ素を介して網状構造をつくり，水分子を細胞壁中に蓄えることによって，ヘミセルロースの凝縮を緩和していると考えられている．細胞壁では 5 nm よりも大きな分子は通りにくいが，これはペクチン網状構造のためである．

9.4.6　セルロース微繊維と表層微小管の配向の関係

　縦方向に伸長する皮層細胞の細胞壁では，新しくつくられたセルロース微繊維が横方向に配向しているだけでなく，細胞膜の内側にある表層微小管も

横方向に配向していることが観察される（図 9.2 参照）．微小管を破壊するオリザリンやコルヒチンなどの薬剤で植物細胞を処理すると，細胞が横方向へ肥大する．この実験結果も，縦方向への伸長のための微小管の重要性を示す．セルロース合成酵素複合体は，細胞膜の外側にセルロース微繊維を形成するので，反作用によってセルロース微繊維とは反対方向へ細胞膜を移動させると考えられる（図 9.9）．実際にセルロース合成酵素が微小管に沿って移動するという観察や，上記の薬剤をもちいた実験から，微小管はセルロース合成酵素複合体の移動方向を指示する道としての役割をもつと考えられている．

茎の表皮細胞の細胞壁は肥厚しており，表皮細胞の内側にある皮層細胞とは異なった細胞壁構造が観察される．したがって茎の成長については表皮細胞の厚い細胞壁の伸展性が重要になる．表皮細胞の厚い細胞壁ではセルロース微繊維の配向は一定ではなくなる．ときどき変化するために多層構造となっている．ベニヤ合板が方向の異なる薄い板を張り合わすことによって強度を高めているように，表皮細胞の細胞壁ではセルロース微繊維の配向をときどき，変えることによって，細胞壁の強度を高めていると考えられる．しかし，セルロース微繊維がどの方向に配向する場合にも，新しくつくられるセルロース微繊維と微小管の配向の一致が観察される．

9.5　細胞の先端成長

根毛や花粉管の成長では，細胞の先端部分だけが成長するので，先端成長とよばれる．成長の速い花粉管の成長速度は 1 時間に 1 cm に達する．先端成長の場合は先端部分でのみ新しい細胞壁が形成される．これは，ペクチンを含む多数のゴルジ小胞がエキソサイトーシスによって，細胞壁成分を先端

Column

複合型細胞成長

シロイヌナズナの葉の表皮細胞は右図のように複雑な形をしている．くびれている部分ではセルロース微繊維の配向が見られるばかりでなく，表層微小管が観察されるなど，伸長成長の特徴を示している．一方，突出した部分では ROP タンパク質が集積してアクチンフィラメントが観察されるなど，先端成長の特徴を示す．これらの観察から，葉に見られる複雑な細胞の形を伸長成長と先端成長の複合型として説明する興味深いモデルが提唱されている．

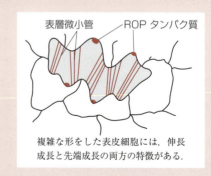

複雑な形をした表皮細胞には，伸長成長と先端成長の両方の特徴がある．

9.5 細胞の先端成長

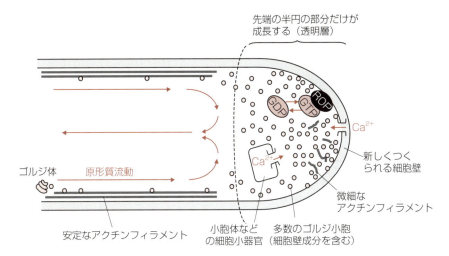

図9.10 細胞の先端成長
花粉管や根毛では逆噴水型の原形質流動が見られ，細胞核周辺のゴルジ体でつくられたゴルジ小胞は，原形質流動によって先端部の少し手前まで運ばれた後，先端部にある透明層とよばれる部分に放出される．先端部の透明層には多数のゴルジ小胞があり，成長速度の周期的な変化にともなって，透明層のアクチンフィラメントや Ca^{2+} 濃度が変化する．アクチンフィラメントはゴルジ小胞のエキソサイトーシスに必要な働きをしていると考えられており，Ca^{2+} 濃度の変化は先端部細胞膜の Ca^{2+} チャンネルや，Ca^{2+} を貯蔵する細胞小器官によって制御されている．

部に放出することによって形成される（図9.10）．

　花粉管や根毛の先端部の細胞膜にはROP（Rho of Plants）GTPaseとよばれる低分子GTP結合タンパク質が集積しており，このROP GTPaseが先端成長速度を制御するスイッチとして働いていると考えられている．GTPを結合したROP GTPaseが活性型で，GTPがGDPに分解されると不活性型になる．ROP GTPaseの活性が高まるとアクチンフィラメントが先端部に形成されて成長速度が高まる．一方，細胞質基質のカルシウムイオン（Ca^{2+}）濃度が高まると，アクチンフィラメントが消失してROP GTPaseの働きが低下し，成長速度も低下する．

練習問題

1. 細胞が伸長するときに液胞の体積が増大することが観察される．細胞伸長に対する液胞体積の増大の意味を述べなさい．
2. 根の伸長領域の細胞が横方向へは肥大せず，縦方向にのみ伸長する機構について説明しなさい．
3. 伸長成長と先端成長において，細胞体積を増大させるために必要な2つの要素について，それぞれまとめなさい．
4. 茎頂分裂組織と根端分裂組織の働きについて，共通点と相違点をそれぞれまとめなさい．

章 形態形成と成長調節物質

　植物の成長は生体内のさまざまな物質によって調節されている．とくに植物が自ら合成し，その成長や発生，環境応答などを低濃度で調節する生理活性があり，多様な植物に普遍的に存在する物質を**植物ホルモン**（plant hormone）とよぶ．代表的な植物ホルモンとして，オーキシン，ジベレリン，サイトカイニン，エチレン，アブシシン酸，ブラシノステロイド，ジャスモン酸が知られている．また近年，ストリゴラクトンも植物ホルモンとして扱われるようになった．これらの植物ホルモン以外にも，数多くの生理活性をもつ分泌型ペプチドが知られている．この章では，これらの成長調節物質の特徴や生理作用について説明する．

10.1　オーキシン

　オーキシン（auxin）は最も代表的な植物ホルモンのひとつであり，おもな天然オーキシンはインドール-3-酢酸（IAA）である（図 10.1a）[*1]．オーキシンは，胚発生，根・葉・花などの器官の形成，維管束のパターン形成，果実の発達などの形態形成に重要な役割をもつ．また，光屈性や重力屈性などの

[*1] IAA 以外の天然オーキシンとして，フェニル-3-酢酸（PAA）がある．

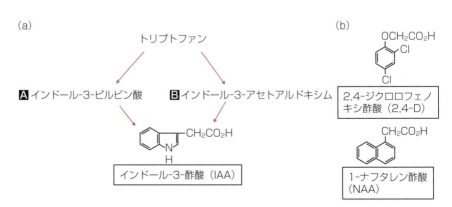

図 10.1　インドール-3-酢酸の生合成経路（a）と合成オーキシン（b）
(a) A 経路が一般的だが，シロイヌナズナなどのアブラナ科には B 経路がある．
(b) 2,4-D と NAA は合成オーキシン．

環境応答にも深く関わる．また，IAA に類似した構造の 1-ナフタレン酢酸（NAA）や，2,4-ジクロロフェノキシ酢酸（2,4-D）は，オーキシン活性をもつ人工オーキシンとして，カルスの形成や植物体の再生など組織培養によく用いられる（図 10.1b）．

10.1.1 オーキシンの生合成

オーキシンはおもに茎頂や若い葉，果実や種子でつくられる．植物細胞において IAA はトリプトファンから合成される[*2]．主要な経路として，トリプトファンからインドール-3-ピルビン酸（IPA）が合成され，次に，IPA から IAA が合成される経路（IPA 経路）がある（図 10.1a）．シロイヌナズナなどのアブラナ科植物では，この経路以外にもトリプトファンからインドール-3-アセトアルドキシムを経て IAA になる経路がある．

植物細胞内の IAA は，すべてが活性のある IAA（遊離型 IAA）として存在するのではなく，一部はアミノ酸や糖とのエステル結合によって結合型 IAA として存在する．これらの結合型 IAA はオーキシン活性をもたないが，細胞内の酵素によって加水分解されると活性のある IAA となる．また，細胞内の IAA は不安定で，IAA オキシダーゼによって分解を受ける．したがって細胞内のオーキシン濃度は，生合成と分解，アミノ酸や糖との結合によるオーキシンの不活性化，さらには次の項目で述べるオーキシンの取込みと排出による輸送など，さまざまなレベルで調節されている．

10.1.2 オーキシンの極性輸送

オーキシンは植物体内のさまざまな組織で方向性をもって輸送される．このことは，簡単な実験で知ることができる（図 10.2）．茎断片の茎頂側に標識した IAA を与えると，茎の基部側で標識した IAA が検出される．一方，標識した IAA を基部側に与えても，茎頂側では標識した IAA が検出されない．このとき茎断片の頂端－基部の向きと重力の向きは無関係であり，茎断片を上下逆にしても IAA は茎頂側から基部側へ移動する．つまり，茎には IAA を茎頂側から基部側に輸送するしくみがある．また，根において IAA は基

[*2] 植物細胞内のインドール-3-酪酸（IBA）は，ペルオキシソームで β 酸化を受けることで IAA に変換される．

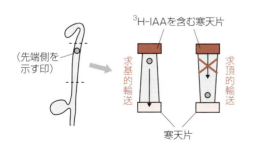
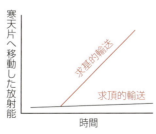

図 10.2 オーキシンの極性輸送を示す実験
茎切片に与えた放射性オーキシンは，基部方向へは移動するが先端方向へは移動しない．

部(シュート側)から先端(根端側)へ中心柱を通って輸送されるが，根端に輸送された IAA は表皮を通って逆向きにシュート側へ輸送される(図 10.3a).

このような方向性をもったオーキシンの**極性輸送**(polar transport)は，細胞膜に存在するオーキシン取り込み輸送体の AUX1/LAX タンパク質群や，オーキシン排出輸送体の PIN タンパク質群が担う[*3]．とくに，PIN タンパク質などの排出輸送体が，細胞内の特定の側の細胞膜に局在することで，細胞外への方向性をもつオーキシン排出輸送が可能となっている(図 10.4)．

オーキシン取り込み輸送体の AUX1 に欠損をもつシロイヌナズナの *aux1* 変異体では，根の重力屈性能が顕著に低下する．このことは，オーキシンの取込み輸送が根の重力屈性に必要なことを示す．また，オーキシン排出輸送体である PIN1[*4] の欠損変異体 *pin1* では，花芽がほとんど形成されず，花

*3 これら以外にも，オーキシンの取り込みや排出を行う ABCB 輸送体タンパク質ファミリーも存在する．

*4 シロイヌナズナのゲノムには複数の PIN タンパク質をコードする遺伝子があり，*PIN1* とは別のメンバーである *PIN2* 遺伝子の欠損変異体では，根の重力屈性能が顕著に低下する．

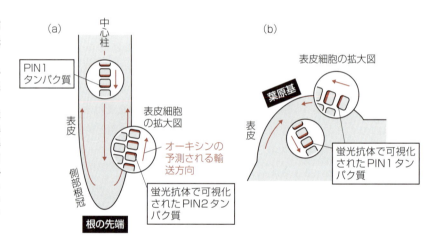

図 10.3 オーキシンの輸送極性が反対である根の先端(a)と葉原基(b)

矢印は PIN タンパク質の分布から予測されるオーキシンの輸送方向を示す．根の中心柱では，オーキシンは根の先端方向へ求頂的に輸送され，表皮では求基的に輸送される．一方，葉原基の表皮では葉原基の先端に向かって(求頂的)，葉原基の中心部分では先端から基部に向かってオーキシンが輸送される．シロイヌナズナでは複数の PIN タンパク質が見いだされている．

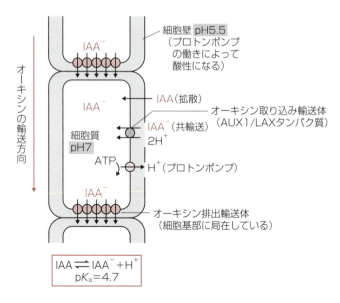

図 10.4 オーキシンの極性輸送機構

IAA は，拡散あるいは H^+ との共輸送によって細胞内に取り込まれ，細胞基部に局在するオーキシン排出輸送体によって細胞外へ放出される．この過程が繰り返されることによってオーキシンは極性輸送される．このモデルでは，オーキシンの極性輸送そのものには，エネルギーを要する系は含まれていないが，極性輸送が継続して起こるためには，プロトンポンプによって細胞膜内外の pH 勾配と膜電位が維持されている必要がある(pK_a は電解質の解離定数．IAA が 50% 解離する pH を表す)．

茎の先端がピン(針)状になる．このピン状の茎は，野生型の植物をオーキシン極性輸送阻害剤〔1-ナフチルフタラミン酸(NPA)など〕で処理すると再現できる．花芽がほとんど形成されない *pin1* 変異体の茎頂や，オーキシン極性輸送阻害剤処理をした茎頂にオーキシンを添加すると，正常な花芽が形成される．また，野生型の茎頂では，葉や花の原基が形成されるときに，原基の周囲でオーキシンの極性輸送がみられる(図 10.3b)．これらの証拠から，オーキシンの極性輸送が葉や花芽の形成に必要なことが示されている[*5]．

また，PIN タンパク質の細胞膜における局在や活性の調節には，細胞内の小胞輸送を介した PIN タンパク質のリサイクリングやリン酸化・脱リン酸化などの制御が深く関わっている．

[*5] PIN タンパク質を介したオーキシンの極性輸送は，胚発生での子葉や幼根の形成，葉の維管束パターンの形成など，器官発生や組織分化にも重要な役割を果たしている．

10.1.3 オーキシンの受容と信号伝達

植物細胞内のオーキシンは，核内オーキシン受容体の F-box タンパク質 TIR1(Transport Inhibitor Response 1)や TIR1 に類似した AFB(AFB1, 2, 3)タンパク質と結合する．TIR1/AFB 受容体は，タンパク質分解の基質の目印となるユビキチンを標的タンパク質に付加する **SCF ユビキチンリガーゼ**(SCF ubiquitin ligase)[*6]とよばれる複合体の構成因子である．オーキシンと結合した受容体がどのようにオーキシン応答を引き起こすのか，以下に説

[*6] Skp1, Cul1, F-box タンパク質などの複合体からなり，ユビキチン連結酵素として，標的タンパク質をポリユビキチン化する．

> ### Column
>
> ### オーキシンの発見
>
> 19世紀の後半に，ダーウィン(C. Darwin)父子は，カナリーグラス幼葉鞘の先端部に光を遮る金属箔をかぶせると光による屈曲が起きないことを注意深く観察し，幼葉鞘の先端で受容した光刺激が数ミリメートル下にある伸長組織へ伝達され陰側の成長が促進されると推論した．この伝達物質が現在のオーキシンである．20世紀に入って，ウェント(F. W. Went)はアベナ幼葉鞘の先端部から拡散するオーキシンをゼラチンブロックに取りだすことに成功し，さらにオーキシンの生物検定法として，アベナ屈曲試験法を確立した(右図)．この方法によって，オーキシンを定量的に測定することができるようになり，「屈性は幼葉鞘の両側における成長促進物質の不均等分布によって引き起こされる」というコロドニー–ウェント説が提唱され現在に引き継がれている．
>
>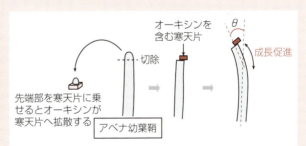
>
> **アベナ屈曲テスト**
> アベナ幼葉鞘の屈曲角度(θ)を測定することによって，寒天片中のオーキシン濃度を知ることができる．なお，幼葉鞘とは，単子葉植物に見られる胚的器官で子葉鞘ともいう．幼葉鞘の内部にある本葉を保護するための組織で，発芽後の一時期だけ現れ，本葉が成長すると幼葉鞘は役割を終える．

明する.

　通常，植物細胞におけるオーキシンに応答した遺伝子群の転写は，**ARF**（Auxin Response Factor：**オーキシン応答因子**）とよばれる転写因子が制御している．ARF タンパク質はオーキシン応答性遺伝子群のオーキシン応答性配列（AuxRE, Auxin-Responsive Element：TGTCTC）に結合するが，細胞内のオーキシン濃度が低いときには，**Aux/IAA タンパク質**（Aux/IAA protein）とよばれる転写のリプレッサータンパク質が ARF の C 末端領域と相互作用して ARF の転写因子としての働きを阻害する．細胞内のオーキシン濃度が高くなると，オーキシンは TIR1/AFB 受容体と結合し，Aux/IAA タンパク質はオーキシン分子を"のり"として，TIR1/AFB 受容体と相互作用する．その結果，SCF 複合体によって Aux/IAA タンパク質がユビキチン化を受け，タンパク質分解装置であるプロテアソーム（26S プロテアソーム）によって分解される．すると，これまで Aux/IAA タンパク質によってその機能を抑制されていた ARF が，標的のオーキシン応答性遺伝子群の転写を直接活性化（または抑制）する．こうしたユビキチン-プロテアソーム系[*7]がオーキシンの信号伝達に重要な働きを担っており，これらの一連の過程によってさまざまなオーキシン応答を引き起こす（図 10.5）.

　オーキシン応答性遺伝子には，Aux/IAA タンパク質をコードする *Aux/IAA* 遺伝子群や，アミノ酸との結合を促進して結合型 IAA を生み出す酵素をコードする *GH3* 遺伝子群，そして細胞伸長の制御に働く *SAUR* 遺伝子群などが含まれる．このように，オーキシンによって内生オーキシン量を減少させる遺伝子や，オーキシン応答を負に制御する遺伝子などが早期に誘導されることから，オーキシンの下流にはオーキシン応答を一過的にする負のフィードバック制御があると考えられる．

10.1.4　オーキシンによる成長調節——重力屈性

　オーキシンの成長調節の例として**重力屈性**（gravitropism）について説明する．重力屈性は，芽生えの根や胚軸・茎などの器官が重力の向きに対して，正または負の屈性を示す現象である．水平に倒した根や茎では，重力方向（下側）にオーキシンが移動することで，オーキシンの不等分布を形成する．根や茎では，オーキシンに対する感受性が異なっており，水平に倒した根では下側の細胞の成長が抑制されることで，根が下方に屈曲するのに対して，茎では下側の細胞の成長が促進されることで，茎が上方に屈曲する．このように重力屈性や光屈性において，オーキシンの不等分布に従って器官両側の細胞で偏差成長が起こるという考えは，**コロドニー・ウェント説**（Cholodny-Went theory）とよばれる．

　では，根や茎はどこで重力を感じているのだろうか．根や茎には**平衡細胞**

[*7] ATP のエネルギーを消費して，異常なタンパク質や標的タンパク質を特異的に分解する機構．標的タンパク質をユビキチン化してプロテアソームによって分解する．

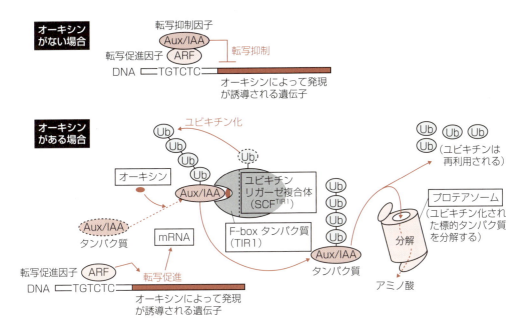

図 10.5 オーキシンによって誘導される遺伝子発現の機構
SCF ユビキチンリガーゼ複合体の F-box タンパク質(TIR1)にオーキシンが結合すると，転写リプレッサーである Aux/IAA タンパク質がユビキチン化され，プロテアソームで分解される．図中の SCF^{TIR1} は，F-box タンパク質として TIR1 をもつユビキチンリガーゼ複合体を表す．TIR1 がオーキシン受容体で，オーキシン分子は Aux/IAA タンパク質と TIR1 を相互作用させる"のり"の役割をする．

(statocyte)とよばれる重力感受細胞がある．根の重力屈性では根冠のコルメラ細胞が，茎の重力屈性では内皮細胞がそれぞれ平衡細胞として重力感受に働くことがわかっている(図10.6)．コルメラ細胞や茎の内皮細胞にはアミロプラスト[*8]があり，これが平衡石の役割をして重力方向に応じて細胞内を移動する．根冠を取り除いた根やレーザーで特定のコルメラ細胞を破壊した根では，根の重力屈性が失われる．デンプンを合成できないシロイヌナズナの *phosphoglucomutase* 変異体でも根や胚軸の重力屈性能が弱まる．これらの変異体で完全に重力屈性が消失しないのは，デンプン粒を含まない色素体が平衡石として働いているからだと考えられている．また，シロイヌナズナにおいて茎の内皮細胞が形成されない *scarecrow* 変異体では茎の重力屈性能が完全に失われる．これらのことから，根冠のコルメラ細胞や茎の内皮細胞がそれぞれ根や茎の平衡細胞として重力屈性に必須なことがわかる[*9]．

コルメラ細胞や茎の内皮細胞のような平衡細胞が，アミロプラストの位置を変化させることによって重力刺激を感知しているとする説を，**デンプン−平衡石説**(starch statolith hypothesis)とよぶ．

重力刺激を与えられた根や茎では，重力方向にオーキシンが蓄積するようになり，器官の上側と下側でオーキシンの不等分布が生じる(図10.6)．上述

[*8] アミロプラストはデンプン粒を有する色素体(2.4.1 項参照)．

[*9] 茎の重力屈性には，内皮細胞の液胞の構造・機能や小胞輸送系が重要なことが遺伝学的に示されているが，実際に内皮細胞が重力刺激をどのように認識しているのか，そのしくみはよくわかっていない．

10章 形態形成と成長調節物質

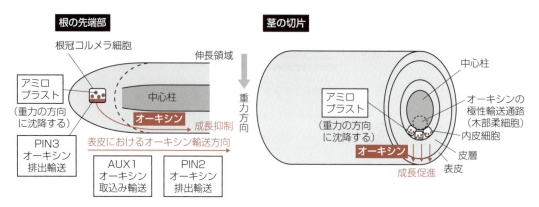

図 10.6　根と茎の重力屈性におけるオーキシン輸送
重力刺激を受容する平衡細胞は，根の根冠の中心にあるコルメラ細胞と茎の中心柱の外側にある内皮細胞であり，いずれも細胞質より密度の高いアミロプラストをもつ．根を水平にすると，根冠コルメラ細胞のPIN3タンパク質が数分以内に重力屈性方向の細胞膜に局在するようになる．そのため，コルメラ細胞のオーキシンが根の下側の伸長領域にAUX1タンパク質やPIN2タンパク質によって輸送されて成長が抑制され，根は重力方向に屈曲しながら成長する（正の重力屈性）．茎を水平にすると，木部柔細胞のオーキシンが茎の下側の表皮や皮層に集まって成長が促進されるので，茎は上方に屈曲しながら成長する（負の重力屈性）．

したオーキシン輸送に異常が起こった変異体の根や，オーキシンの極性輸送阻害剤で処理した根や茎でも重力屈性が阻害される．また，オーキシン感受性の異常な変異体では，根や茎の重力屈性が異常になる．これらのことから，オーキシンの極性輸送と感受性が正常な重力屈性に必要なことがわかる．

10.1.5　オーキシンによる成長調節——側根形成

真正双子葉植物[*10]の地下部の根系は，発芽後に成長する主根と，主根や既存の根から形成される側根，および地上部シュートから形成される不定根から成り立つ．オーキシンは側根や不定根などの形成を促進することが古くから知られており，挿し木の発根剤として利用されてきた．

側根は根の内部の**内鞘細胞**（pericycle cells）の細胞分裂によって生じる．この側根形成の開始や側根原基の発達にオーキシンが重要な役割を果たしており，先に説明したAux/IAAタンパク質やARFタンパク質がオーキシンを介した側根形成に重要な役割を果たす（p.123 コラム参照）．

10.1.6　オーキシンによる成長調節——細胞伸長促進作用と酸成長説

オーキシンは茎の伸長を促進する作用をもつ．これは茎の伸長方向に沿って細胞伸長を促進することによる．この細胞伸長のしくみは，オーキシンによって細胞膜プロトンATPase（プロトンポンプ）の活性が高くなり，細胞壁の酸性化が起こると，エクスパンシン（9.4.3項参照）など細胞壁酵素が活性化し，細胞壁の緩みが促進されることで細胞が伸長すると考えられている．これは**酸成長説**（acid growth theory）とよばれる．最近の研究で，オーキシ

*10　被子植物のうち，単子葉植物とモクレン目，コショウ目，さらにより原始的なアンボレラ属，スイレン目を除いた一群．バラ科，アブラナ科，マメ科，キク科，ナス科などが含まれる．

ンが細胞膜プロトンポンプのリン酸化レベルを上昇させることにより，酵素活性を増大させることが明らかとなった．オーキシンの酸成長説を裏づける実験として，カビ毒の一種であるフシコクシン(fusicoccin)は細胞膜プロトンATPaseを直接活性化し，瞬時に細胞壁を酸性化することによって茎でも根でも著しい成長促進作用を示すことが知られている．

10.2 ジベレリン

ジベレリン(gibberellic acid：GA)は，種子発芽の促進，茎や葉の伸長促進，花成の促進，果実の成長，特定の種における性の決定などに関わる植物ホルモンであり，未成熟種子や発達中の果実に高濃度で含まれる．ジベレリンにはその構造の違いから複数の種類が存在するが，分子の基本骨格は共通している(図10.7)．活性の強いジベレリンとして，GA_1，GA_3，GA_4がある．

ジベレリンの生合成は，ゲラニルゲラニル二リン酸から出発し，色素体，小胞体膜，細胞質における複雑な経路を経て合成される(図10.8)．細胞内のジベレリンは生合成と不活性化のバランスで調節されており，活性型ジベレリンの量が増えると活性型ジベレリンを合成する酵素遺伝子の発現が抑制さ

Column

オーキシンによる側根形成の制御

シロイヌナズナの側根欠失変異体である*solitary-root*(*slr*)変異体では，Aux/IAAタンパク質のSLR/IAA14が安定化するアミノ酸置換変異によってオーキシン感受性が低下し，オーキシンによる側根形成の誘導が起こらない．また，オーキシン応答因子であるARF7とARF19は機能が重複しており，それらを同時に欠失する*arf7 arf19*二重変異体では側根形成能が顕著に低下する．こうした変異体の研究から，側根形成にはオーキシンの情報伝達系が重要な役割を果たしていることがわかってきた．

野生型では，オーキシンによってSLR/IAA14タンパク質がユビキチン-プロテアソーム系を介して分解されると，ARF7とARF19が活性化し，側根形成を制御する*LBD16*などの下流遺伝子群を誘導することで側根形成を行う．SLR/IAA14タンパク質が安定化する優性変異をもつ*slr*変異体では，恒常的にARF7とARF19の活性が抑制されるために側根形成が起こらない．*arf7 arf19*二重変異体では，ARF7とARF19タンパク質がどちらも欠損しているため，側根形成が起こらない．

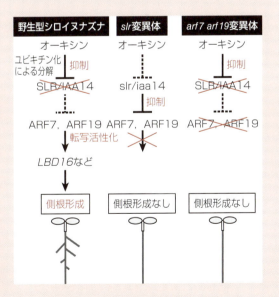

れ，活性型ジベレリンを不活性化する酵素遺伝子の発現が促進される．エンドウの芽生えでは，ジベレリンの生合成遺伝子(GA20酸化酵素)が茎頂や若い葉で発現していることから，これらがジベレリンのおもな合成部位であると考えられる．

10.2.1 ジベレリンによる成長促進作用

ジベレリンは生育中の植物の背丈を高くする作用がある．とくにロゼット型植物やイネ科植物の成長に対するジベレリンの効果は著しい．たとえばキャベツをジベレリンで処理すると節間が成長して人の背丈を超えるほどになる．農作物の場合は背丈が高いと倒れやすくなり，収穫量が下がる．収穫量を上げるためには背丈がある程度低いほうがよい．例えば，20世紀の半ばの「緑の革命(Green Revolution)」とよばれる多収穫品種の登場は，背丈を調節するジベレリンの生合成系に欠陥を起こす矮性変異によるものであった(2章参照)．

ジベレリン生合成能に欠損があり背丈が低くなった変異体であっても，根の長さは正常であることが多い．これは，根のジベレリンに対する感受性が茎に比べて非常に高いので，根の成長には少量のジベレリンで十分であるためと説明されている．

ジベレリンの細胞伸長作用について，ジベレリンは表層微小管(9.1.1項参照)の配向を細胞伸長に適した方向(細胞長軸に対して直角)に安定化するという考え方が提唱されている．また，ジベレリンには細胞伸長だけでなく，

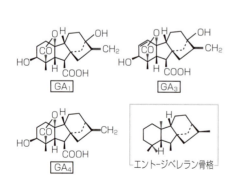

図 10.7 代表的なジベレリンの構造
植物によって違いはあるが，代表的なジベレリンは GA_1 と GA_4 であり，植物によっては栄養成長には GA_1 を用い，生殖成長には GA_4 を用いる場合も知られている．イネ馬鹿苗病菌(次ページコラム参照)のジベレリンは GA_3 である．

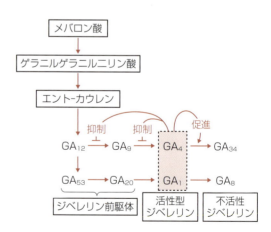

図 10.8 ジベレリン生合成の調節
活性型ジベレリンが多くなると，活性型ジベレリンを合成する酵素の遺伝子の発現が抑制され，活性型ジベレリンを不活性化する酵素の遺伝子の発現が促進されることによって，細胞内ジベレリン量が調節されている．

細胞分裂も促進する作用があり，イネ科植物では節間の基部にある介在分裂組織の細胞分裂を促進する．

10.2.2　ジベレリンの受容と信号伝達

　ジベレリンの生合成遺伝子が働かない変異体では，茎葉の伸長が抑制されるため，矮性を示す．しかし，外からジベレリンを与えると茎葉の成長が回復する．一方，外からジベレリンを与えても茎葉の伸長が回復しない変異体は，ジベレリン応答に必要な因子が欠損する変異体である．このような変異体を用いた研究から，ジベレリンの信号伝達においてもオーキシンと同様，ユビキチン-プロテアソーム系が重要なことが明らかとなった．

　イネではジベレリン受容体である GID1（Gibberellic Insensitive Dwarf1）タンパク質と，F-boxタンパク質の GID2 を含む SCF 複合体が，DELLA（デラ）ドメインとよばれるジベレリン応答遺伝子の転写を負に調節する領域をもつ DELLA タンパク質[*11]のユビキチン化を行い，プロテアソームによる分解を促進する．GID1 受容体や GID2 の機能を失ったイネ変異体では，茎葉の伸長が抑制され矮性を示すが，外からジベレリンを与えてもジベレリン非感受性を示し，成長が回復しない．逆に，イネでは，ゲノム中に1つしかない DELLA タンパク質の機能が失われた *slender rice* 変異体は，ジベレリン応答遺伝子の転写を負に調節するタンパク質がないことから，恒常的にジベレリン応答が起こる．そのため茎葉の伸長が促進され，あたかもジベレリンで処理をしたかのように徒長する．

　これに対してシロイヌナズナでは，ジベレリン受容体 GID1〜GID3 の3種類と，F-box タンパク質 SLY を含む SCF 複合体が，5種類の DELLA タンパク質（RGA, GAI, RGL1, RGL2, RGL3）のユビキチン化による分解を介してジベレリン応答を促進する．そのため複数ある受容体や DELLA タンパク質の1つの機能が失われても，残りのメンバーが機能するので，顕著な表

*11　イネでは *SLENDER RICE* とよばれる遺伝子にコードされている．

Column

ジベレリンの発見

　イネには背丈だけが異常に高くなるのに実がならない「馬鹿苗病」という病気があり，かつて台湾などで稲作に大きな被害を与えてきた．1926年，台湾の農事試験場に勤務していた黒沢英一は，イネ馬鹿苗病菌の培養液をろ過して得られる菌を除いた液が，イネを馬鹿苗のように異常に成長させる効果があることを発見し，馬鹿苗病菌はイネの成長を促進させる毒素を分泌すると報告した．この毒素が，現在ではジベレリンとよばれる植物ホルモンである．ジベレリン（GA）の名は毒素をだす馬鹿苗病菌 *Gibberella fujikuroi* に由来する．

10章 形態形成と成長調節物質

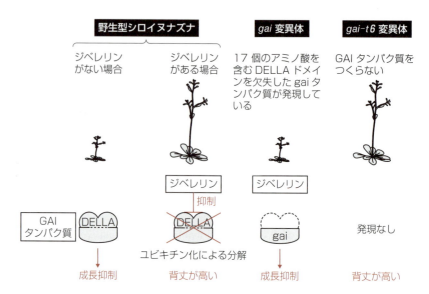

図 10.9 DELLA タンパク質(GAI)の働きを抑制するジベレリンと成長促進との関係

シロイヌナズナにおいて，背丈が低い gai 変異体では GAI タンパク質のうち 17 個のアミノ酸(DELLA ドメイン)が欠失した gai タンパク質が発現していた．一方，正常な背丈を示す gai-t6 変異体では GAI タンパク質は発現していなかったことから，GAI タンパク質は成長を抑制する作用があると考えられる．つまり野生型では，ジベレリンがなければ DELLA ドメインを介して GAI タンパク質の働きによって成長が抑制され，ジベレリンがあればジベレリンが DELLA ドメインを介して GAI タンパク質の働きを抑制するので背丈が高くなる．ところが DELLA ドメインを欠失した gai タンパク質はジベレリンに対する感受性を失っているので，gai 変異体では gai タンパク質が成長を恒常的に抑制していると考えられる．

現型が現れない．ただし，DELLA タンパク質の GAI が DELLA ドメインを欠失しユビキチン化による分解を受けない優性変異を起こした gai 変異体では，恒常的にジベレリン応答遺伝子の転写を抑制するので，ジベレリン存在下でもジベレリン非感受性となる(図 10.9)．

10.2.3 ジベレリンによる α-アミラーゼの分泌

ジベレリンは種子の発芽を促進するが，ジベレリンの発芽促進作用は，オオムギやイネなどの穀類でよく研究されている(図 10.10)．穀類の果実の胚乳組織に貯蔵されているデンプンやタンパク質は，胚乳の表面にある糊粉細胞が分泌する α-アミラーゼやプロテアーゼによって分解され胚の栄養になる．ジベレリンは，これらの加水分解酵素をつくるための活性化シグナルであるばかりでなく，糊粉細胞が役割を終えたあとに起こすプログラム細胞死を導くシグナルとして働くこともわかってきた．

さまざまな α-アミラーゼ遺伝子の上流領域の解析から，ジベレリン応答配列として MYB 型転写因子が特異的に結合する DNA 配列に類似する

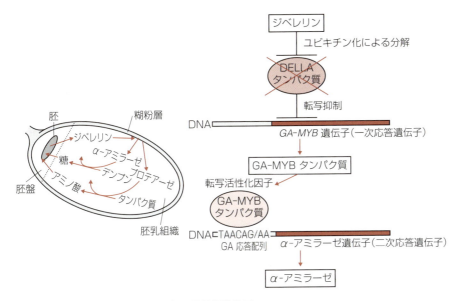

図 10.10　ジベレリンによる穀類の発芽促進作用
穀類の果実の胚乳組織にはデンプンやタンパク質が貯蔵され，胚乳の表面に 1 層ないし数層の生きた細胞からなる糊粉層がある．胚でつくられたジベレリンは胚盤を通って糊粉層に達し，糊粉細胞を活性化する．糊粉細胞にはタンパク質を貯蔵するたくさんの小液胞（タンパク粒）があり，液胞中のタンパク質は分解されα-アミラーゼを合成する材料となる．糊粉細胞でつくられたα-アミラーゼやプロテアーゼによって，胚乳の貯蔵物質が分解されて糖やアミノ酸になり，胚はこの栄養分を胚盤を通して吸収して成長する．

TAACAG/AA の共通配列が見つかり，オオムギ糊粉層で働く *GA-MYB* 遺伝子が見いだされた．ジベレリン処理によって転写抑制因子である DELLA タンパク質の分解または不活性化が起こって *GA-MYB* 遺伝子の発現が起こると，GA-MYB タンパク質が転写因子としてα-アミラーゼ遺伝子の上流領域にあるジベレリン応答配列に結合し，α-アミラーゼの発現を誘導すると考えられる．

10.3　サイトカイニン

サイトカイニン（cytokinin）は，細胞分裂の促進，細胞周期の調節，葉の老化，シュートの再分化などに働くホルモンである．サイトカイニンは，核酸の塩基であるアデニンに類似した物質として，アデノシンリン酸（ATP, ADP）とジメチルアリル二リン酸から複数の段階を経て生合成され，イソペンテニルアデニン，またはゼアチンとして作用する（図 10.11）．生合成には，前駆体ヌクレオチドを合成するイソペンテニル基転移酵素（isopentenyl transferase：IPT）やシトクロム P450 酵素である CYP735A，および前駆体ヌクレオチドからリボースリン酸を外して活性型をつくりだす LONLYGUY（LOG）とよばれる酵素が働く．また，活性型はサイトカイニン酸化酵素（cytokinin oxidase：CKX）による分解などによって不活性化される．

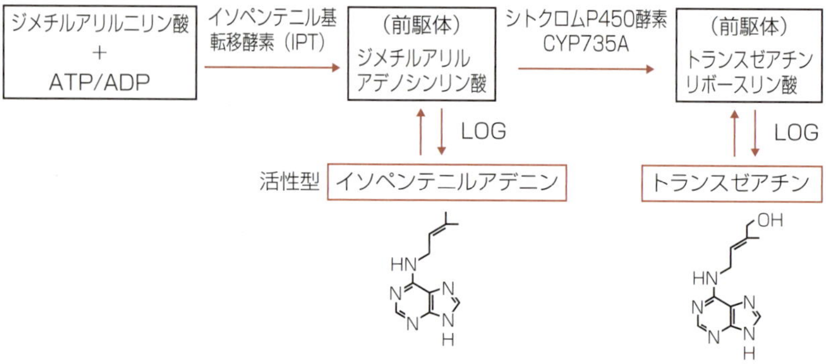

図 10.11
サイトカイニンの生合成経路
サイトカイニンを合成するアグロバクテリウムから、イソペンテニル基転移酵素が見出されたことがきっかけとなり、植物のイソペンテニル基転移酵素が見出された。植物の酵素はATP/ADPにイソペンテニル基を結合させ、サイトカイニンの前駆体を生成する。

IPTの機能が低下するシロイヌナズナの *ipt* 多重変異体では、シュートの成長が抑制されるのに対して根の成長が促進される。このことはサイトカイニンがシュートの成長の促進と根の成長の抑制に働くことを示している。

10.3.1 サイトカイニンの受容と信号伝達

植物細胞ではサイトカイニンは生体膜に存在する受容体タンパク質に結合する。シロイヌナズナには、AHK2 (Arabidopsis Histidine Kinase 2)、AHK3、AHK4/CRE1とよばれる3種類の受容体タンパク質があり、いずれも小胞体膜に存在してサイトカイニンと結合すると考えられている[*12]。これらはサイトカイニン結合ドメイン(CHASEドメイン)とヒスチジンキナーゼドメインからなる。

サイトカイニンが小胞体膜の受容体と結合すると、そのシグナルを細胞質に存在するAHP (Arabidopsis Phospho Transmitter) タンパク質が受け取る。サイトカイニンのシグナルは受容体からAHPタンパク質を介して核内の転写因子であるARR (Arabidopsis Response Regulator) タンパク質へのリン酸基のリレーによって伝達される。この情報伝達系は、細菌の二成分制御系 (two-component system) とよばれる、センサーヒスチジンキナーゼとレスポンスレギュレーターによるリン酸リレーによる信号伝達系と類似している(図10.12)。

シロイヌナズナでは、AHPやARRタンパク質に複数のメンバーが存在している。ARRタンパク質にはA型、B型があり、B型のARRタンパク質はDNA結合ドメインをもち、A型のARRタンパク質などのサイトカイニン応答性遺伝子の転写を直接制御する。一方、サイトカイニンによって誘導されたA型のARRタンパク質は、B型のARRと競合してリン酸基を奪い合うことで、サイトカイニン応答を負に制御している。

*12 AHK4/CRE1受容体に突然変異を起こした *wooden leg* 変異体では、根の篩部が形成されず、維管束は木部のみとなる。このことから、サイトカイニンは根の維管束柔細胞が木部に分化するのを抑制する働きをもつと考えられる。

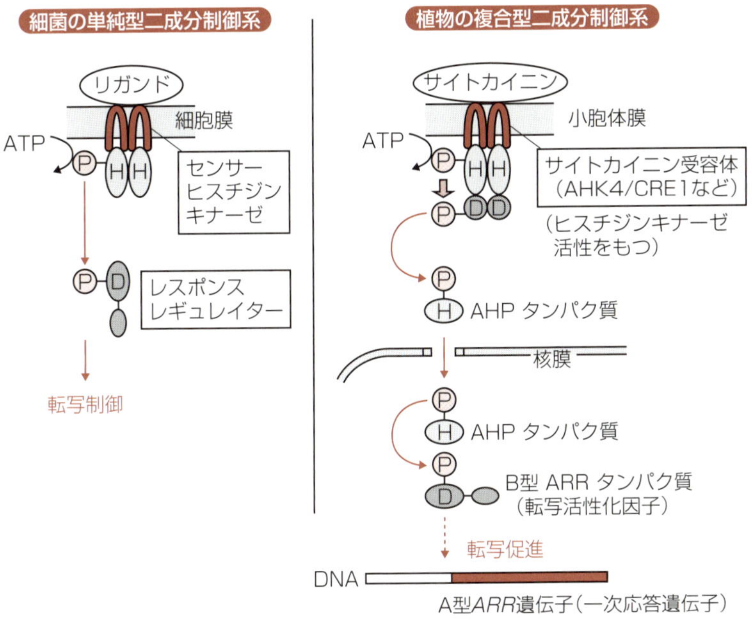

図10.12 サイトカイニンの信号伝達と二成分制御系

細菌にみられる単純型二成分制御系（左）と，サイトカイニンの受容と信号伝達でみられる植物の複合型二成分制御系（右）．Hはヒスチジン．Dはアスパラギン酸．Pはリン酸基．

10.3.2 サイトカイニンと茎頂分裂組織の形成・維持

サイトカイニンは，組織培養でのカルス形成やシュートの再分化などに作用するが，茎頂分裂組織の形成や維持にどのような役割をもつのだろうか．

シロイヌナズナの茎頂分裂組織を欠いた変異体 *shoot meristemless*（*stm*）に対して，外からサイトカイニンを添加すると，失われていた茎頂分裂組織が回復する．また，この変異体の茎頂部でサイトカイニン合成酵素をコードする *IPT* 遺伝子を発現させると茎頂分裂組織が回復する．つまり，茎頂分裂組織の形成や維持にはサイトカイニンが重要であり，*stm* 変異体では茎頂

Column

サイトカイニンの発見

19世紀の後半から植物組織や細胞を培養する試みがなされてきたが，なかなか植物個体を再生することはできなかった．決定的なきっかけとなったのは，1955年にアメリカのスクーグ（F. Skoog）の研究室で発見されたカイネチンである．スクーグらは，ニシンの精子からとった古いDNAをタバコのカルス（細胞塊）の培地に加えるとカルスが著しく成長することを観察した．ところが，新しいDNAを用いたらまったく効果がなく，新しいDNAをオートクレーブ（実験器具を滅菌するための装置．滅菌処理中は120℃になる）にかけたら再び活性を示した．スクーグらはDNAの分解産物の中から活性成分を精製し，カイネチンを単離することに成功した．カイネチンは植物には含まれていないが，カイネチンの発見は合成サイトカイニンであるベンジルアデニンや植物のサイトカイニンを見いだすきっかけとなった．

部でサイトカイニンの合成が起こっていないと考えられる．実際，*stm* 変異体の原因遺伝子産物であるSTMタンパク質は，ホメオドメインをもつKNOX I 型転写因子[*13]として *IPT* 遺伝子の発現を活性化している．

また，イネにおいてサイトカイニンの前駆体を活性型に変換する酵素をコードする *LOG* 遺伝子の変異体では，茎頂分裂組織が小さくなる．これらの研究から，サイトカイニンが茎頂分裂組織の形成や維持に重要な役割をもつことがわかってきた．

10.4 エチレン

エチレン(ethylene)は，果実の発達，葉や花弁の老化，芽生えの形態形成，特定の植物の性分化，ストレス応答などに作用する植物ホルモンである．未熟な果物の近くにエチレンを多く発生させるリンゴの果実を置くと，未熟な果物が早く熟すことがよく知られている．

芽生えにおいて，エチレンは**三重反応**(triple responses)とよばれる形態形成を引き起こす(図10.13)．これは，暗所において生育する黄化芽生えに

[*13 動物にも保存されるホメオドメイン(homeodomain)とよばれるDNA結合ドメインを含む転写因子の一群．シロイヌナズナの *stm* 変異体や，葉身の葉脈に節／こぶ(knots)が形成されるトウモロコシの *Knotted1* 変異体の原因遺伝子がコードするタンパク質．]

図 10.13 エチレンによる三重反応
エチレンによる三重反応は植物により多少違いがあり，真正双子葉植物に見られる典型的な三重反応は，フックの過剰な屈曲，茎や根の成長抑制と肥大である．エンドウの場合は，茎が重力に対して直角すなわち水平に成長するという特徴的な反応を示す．

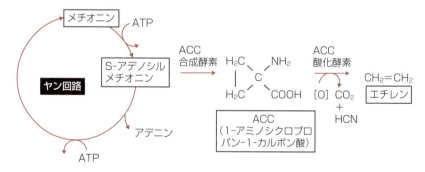

図 10.14 ヤン回路によるエチレンの生合成
エチレンはメチオニンからつくられるが，エチレン合成が活発な組織でも，前駆体であるメチオニンの濃度がとくに高いわけではない．この謎は，ヤン(S. F. Yang)らが発見したヤン回路の存在によって解決した．ヤン回路において，エチレンの前駆体であるメチオニンやS-アデノシルメチオニンからエチレンがつくられると，ヤン回路が回転してATPを消費しメチオニンやS-アデノシルメチオニンが再生するためである．

10.4 エチレン

エチレン処理をすると，① 胚軸の肥大，② 胚軸・根の伸長成長抑制，③ フックの過剰な湾曲，という 3 つの反応を起こすことをいう．植物体内でのエチレンの生合成は，S-アデノシルメチオニンから，エチレン前駆体 ACC (1-アミノシクロプロパン-1-カルボン酸) を介してエチレンが合成される (図 10.14)．この過程には ACC 合成酵素 (ACC synthase), ACC 酸化酵素 (ACC oxidase) が働く[*14]．

エチレンの合成はほとんどの組織で起こるが，成熟前の果実や，葉や花器官が老化して脱離する際に誘導される．また，病原菌やウィルスに感染した場合や，物理的傷害などの非生物ストレスによってもエチレン合成が誘導される (14 章参照)．

[*14] エチレンは気体であり扱いにくいため，実験的に植物にエチレン処理をする場合には，エチレン前駆体の ACC や，水と反応してエチレンを生成するエセフォン (ethephon) が用いられている．

10.4.1 エチレン受容体によるエチレン応答の調節

エチレンの受容体 ETR1 (Ethylene Triple Response 1) は，植物ホルモンの受容体として最初に見つかった．ETR1 のアミノ末端の疎水性領域がエチレンの結合部位であり，この部分に銅イオンが結合しているとエチレンが結合できる．シロイヌナズナには ETR1 のほかに 4 種類の受容体 ERS1, ETR2, EIN4, ERS2 がある．

これらの受容体は細胞膜ではなく，小胞体膜に存在しており，エチレンの非存在下では，受容体はエチレン応答を抑制するシグナルを下流に出している．シロイヌナズナではこれらの受容体の機能が重複しているため，1 つの働きを欠失しても表現型に影響が見られない．ただし，4 つのエチレン受容体が働かない四重変異体では，エチレン応答が恒常的に発現し著しい矮性を示す．つまり，エチレンの非存在下では受容体は成長を促進するシグナルを出していると考えられる (図 10.15)．なお，シロイヌナズナの etr1-1 優性変異体では，ETR1 タンパク質がエチレンの受容に必要な銅イオンの結合に影響をおよぼすアミノ酸置換を起こすため，エチレン存在下でもエチレン応答が恒常的に抑制され，エチレン非感受性の表現型を示す[*15]．

[*15] トマトの Never ripe 変異体も，etr1-1 変異体と同様にエチレン受容体遺伝子の優性変異によってエチレン非感受性を示すため，果実が成熟せず葉や花が老化しにくい．このようなエチレンによる成熟変異遺伝子を利用して，果実や花が日持ちする組換え作物・花卉の開発が行われている．

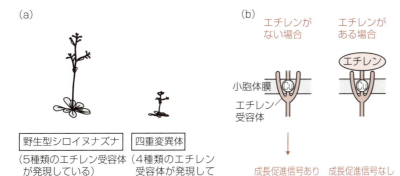

図 10.15
エチレン受容体が成長促進信号をだしていることを示す実験 (a) と実験結果を説明するためのモデル (b)

5 種類のエチレン受容体のうち 4 つのエチレン受容体が発現していない四重変異体では，エチレン応答の信号が恒常的に発現し著しい矮性を示す．このことは，エチレン受容体は，エチレン非存在下では成長促進信号をだしていることを示す．

10.4.2 エチレンの信号伝達

エチレン受容体の下流には，エチレン応答の抑制に働くセリン・スレオニンキナーゼであるCTR1や，CTR1によって負に制御されるEIN2(12回膜貫通ドメインをもつ機能未知タンパク質)がある．エチレン非存在下では，

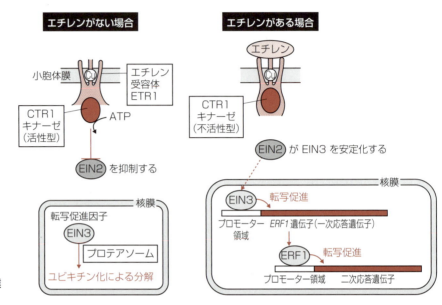

図10.16
エチレン信号伝達

Column

エピスタティック解析によるエチレン信号伝達の解明

エチレン信号伝達の変異体には極端に形態の異なるものがある．*etr1, ein2, ein3*変異体はエチレン非感受性なので，エチレンの存在下でも背丈が高いのに対して，*ctr1*変異体はエチレン信号が恒常的に発現しているので矮性形質を示す(右図)．表現型の異なる変異体を交配して得られる二重変異体が片親の形質を示すときには，エチレン信号伝達の順序を推定することができ，これをエピスタティック解析という．二重変異体の形質の解析によって，エチレンの信号伝達経路はETR1 → CTR1 → EIN2/EIN3 であることがわかった．現在では，ETR1タンパク質はエチレン受容体であり，EIN3タンパク質は転写因子であることがわかっている．

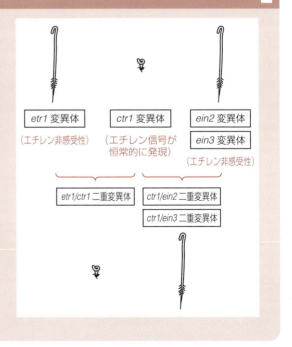

CTR1が活性化しEIN2タンパク質の働きを抑制するが，エチレン存在下では，CTR1が不活性型となり，EIN2の働きが促進される．EIN2の下流ではエチレン応答の促進に働く転写因子EIN3が，ERFとよばれる転写因子群の遺伝子発現を誘導する(図10.16)．

興味深いことに，EIN3はエチレン存在下では安定に存在するが，エチレン非存在下で，EBFとよばれるF-boxタンパク質を含むSCF複合体によってユビキチン化を受けプロテアソームで分解される．オーキシンやジベレリンの応答とは信号伝達における作用が異なるが，エチレン応答にもユビキチン-プロテアソーム系が関与している．

10.5 アブシシン酸

アブシシン酸(abscisic acid：ABA)は，種子の登熟や休眠，乾燥耐性，ストレス応答，気孔の閉鎖などを制御する働きをもつ．アブシシン酸の生合成は水分欠乏など乾燥ストレスによって促進される．アブシシン酸の生合成は，ジベレリンと同じようにメバロン酸から作られたゲラニルゲラニル二リン酸から出発する．そしてβカロテンを介してキサントキシンまで色素体でつくられ，最終的には細胞質で合成される(図10.17)．アブシシン酸を合成できない変異体や非感受性の変異体は，種子の登熟や休眠，乾燥耐性に異常が生じる．そのため，そのような変異体は胚発生が終わった後に登熟・乾燥することなく親植物の上ですぐに発芽する(「穂発芽」とよばれる)．アブシシン酸の生合成・応答のしくみを利用して，穂発芽を起こしにくい農作物を開発する試みがなされている．

10.5.1 アブシシン酸の受容と信号伝達

アブシシン酸の受容体であるPYR/PYL/RCARタンパク質は，他の植物ホルモンの受容体と異なり，細胞質と核の両方に局在する．この受容体の働きを失ったシロイヌナズナ変異体はアブシシン酸非感受性を示すため，通常は発芽を阻害するような高濃度のアブシシン酸を含む培地でも発芽すること

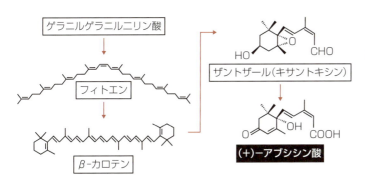

図10.17 アブシシン酸の生合成経路
カロテノイドの生合成は色素体で行われ，ザントザール(以前はキサントキシンとよばれた)がつくられてから細胞質へ移行しアブシシン酸に代謝される．アブシシン酸(ABA)には光学異性があり，植物のABAは(+)-ABAであり，(±)-ABAと表記されている市販の合成品はラセミ体である．なお，ラセミ体とは鏡像異性体を50%ずつ含む物質である．

10章　形態形成と成長調節物質

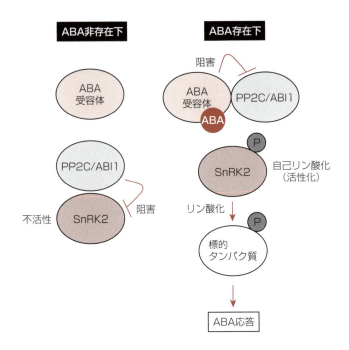

図 10.18　アブシシン酸の信号伝達経路

ができる．シロイヌナズナには PYR/PYL/RCAR 受容体タンパク質をコードする遺伝子が 14 個，イネには 11 個あるため，これらの受容体はその働きが重複していると考えられる．

　アブシシン酸と結合した受容体が下流にシグナルを伝達するには，タンパク質ホスファターゼである PP2C/ABI1 に加えて，SnRK2 キナーゼやアブシシン酸応答を担う転写因子が関与する（図 10.18）．アブシシン酸非存在下では，PP2C ホスファターゼである ABI1 が SnRK2 キナーゼの自己リン酸化を抑制している．一方，アブシシン酸が受容体に結合すると，そこに PP2C/

Column

アブシシン酸の発見

　1965 年，アメリカのグループとイギリスのグループがほとんど同時にアブシシン酸を同定した．アメリカのアディコット（F. T. Addicott）らはワタの果実から，果実の落果を促進する物質を同定し，離層形成を促進するという意味で，アブシシン II と命名した．一方，イギリスのウエアリング（P. F. Wareing）らは，カエデの葉からシラカバやカエデの芽の休眠を誘導する物質を同定しドルミンと命名したが，アブシシン II と同一物質であることがわかり，アブシシン酸という名前に統一された．アブシシン酸の離層形成促進作用は，現在ではエチレンによると考えられており，アブシシン酸の名前としては休眠を誘導することを意味するドルミンのほうが適している．しかし，アブシシン酸の名前がすでに普及しているのでこの名が使用されている．

ABI1 ホスファターゼをよび込み，その活性を不活性化する．すると PP2C/ABI1 に抑制されていた SnRK キナーゼの自己リン酸化が起こり，下流でアブシシン酸応答性遺伝子を調節する転写因子や，制御タンパク質をリン酸化して活性化する(図 10.18)．アブシシン酸の下流で働く転写因子として，アブシシン酸によって発現が誘導される遺伝子のプロモーター領域に見られる**アブシシン酸応答配列**(ABRE：ABA-responsive element)に結合し，それらの発現を制御する AREB/ABF 型転写因子が知られている．

このようなアブシシン酸の信号伝達のしくみは，遺伝子発現の調節を介した応答だけでなく，次の項で説明するように，遺伝子の転写と翻訳を介さないタンパク質のリン酸化・脱リン酸化による迅速な細胞応答を制御することを可能にしている．

10.5.2　アブシシン酸による気孔閉鎖の調節

アブシシン酸は気孔の閉鎖の調節において重要な役割をもつ．気孔は植物がガス交換を行う場であり，表皮にある2つの孔辺細胞から形成される．孔辺細胞はその膨圧が高くなると偏差的に変形し気孔が開く．一方，膨圧が低くなると気孔は閉じる．光合成に必要なガス交換のために気孔が開くのは，光存在下で孔辺細胞の細胞膜に存在するプロトン-ATP ポンプが活性化することで，プロトンの排出とカリウムイオンと塩化物イオンの取り込みが起こり，孔辺細胞の膨圧が高まることによる．

一方，乾燥ストレスによって孔辺細胞内のアブシシン酸濃度が上昇すると，アブシシン酸の信号伝達の下流で働く陰イオンチャネルが遺伝子の転写を介さずに活性化し，細胞膜の脱分極を引き起こす．すると細胞膜のカリウム取り込みチャネルが阻害されるとともに，カリウムイオン遊離チャネルが開いてカリウムイオンを細胞外に排出されるため，孔辺細胞の膨圧が低下して気孔が閉じる(13 章参照)．このようにして，アブシシン酸によって乾燥ストレスに応じた迅速な細胞応答が起こる．

10.6　ブラシノステロイド

ブラシノステロイド(brassinosteroid, 図 10.19)は，器官の細胞伸長の促進，花粉管の伸長，維管束組織の分化などを制御する．ブラシノステロイドは，1970 年に茎の細胞の伸長を促進する物質として，アブラナの花粉抽出物から見つかった．1990 年代後半にブラシノステロイドの生合成・応答変異体の研究において，それらの変異体が強い矮性形質を示すことから，その重要性が認められるようになった．たとえば，シロイヌナズナ *det2* (*de-etiolated 2*)変異体は暗所で光形態形成を示す変異体として見つかったが，原因遺伝子の解析からブラシノステロイド合成酵素の欠損変異体であることがわかっ

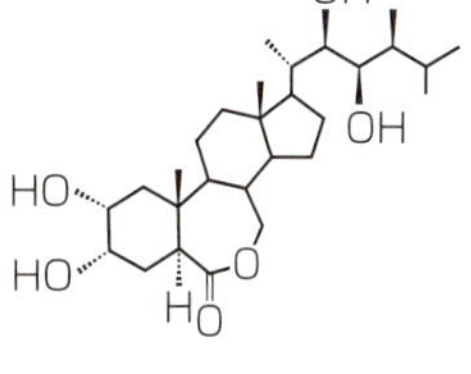

図 10.19
ブラシノライド(ブラシノステロイドの一種)の構造

10章　形態形成と成長調節物質

図10.20　ブラシノステロイドの信号伝達
ブラシノステロイド非存在下では，細胞内のBIN2キナーゼが下流でブラシノステロイド応答に働く転写因子(BES1, BZR1)をリン酸化して不活性化する．ブラシノステロイドがBRI1受容体に結合すると，別の細胞膜タンパク質であるBAK1とともに，下流にBIN2キナーゼを不活性化する信号を伝達する．すると，BIN2キナーゼの標的転写因子(BES1, BZR1)が脱リン酸化されて活性化し，ブラシノステロイド応答性遺伝子の転写が制御されるというモデルが提唱されている．

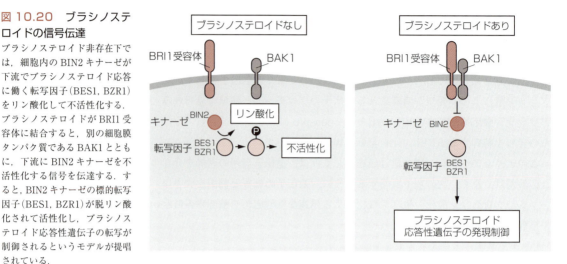

た．その後，多くの植物種でブラシノステロイドの生合成，受容体，信号伝達の変異体が矮性を示すことがわかった．

ブラシノステロイドの受容体はBRI1とよばれるロイシンリッチリピート(LRR)をもつセリン/スレオニン型受容体キナーゼである．この受容体が欠損したシロイヌナズナの bri1 変異体は強い矮性を示す．BRI1受容体は細胞膜に局在するが，ブラシノステロイドを受容した後の信号伝達についても盛んに研究が進められている（図10.20）．

10.7　ジャスモン酸

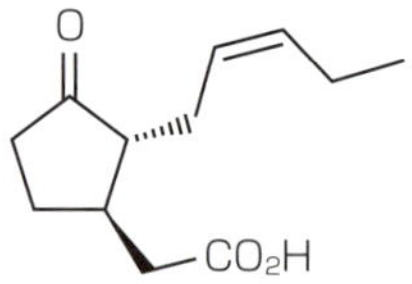

ジャスモン酸(jasmonic acid)は，傷害・病害応答(14章参照)，老化，花の器官の発達などに関与する植物ホルモンである（図10.21）．ジャスモン酸の発見は，1962年にジャスミンの花の香りとしてよく知られているメチルジャスモン酸（ジャスモン酸のメチルエステル）が発見されたことによる．ジャスモン酸やメチルジャスモン酸は広く植物に存在する．

図10.21　ジャスモン酸の構造

Column

ブラシノライドの発見

1970年に，アメリカのミッチェル(J.W. Mitchell)とマンダバ(N. Mandava)によって，セイヨウアブラナの花粉から成長促進物質が見いだされた．1979年に構造が明らかにされ，ブラシノライドと名づけられた．用いた花粉は40 kgにもおよび，ミツバチを使って集められた．ブラシノライドはブラシノステロイドの一種である．植物の種類によって，多少構造の異なるブラシノステロイドが見いだされているが，ブラシノライドが最も成長促進活性が高い．

ジャスモン酸の生合成は，複数の細胞小器官を通って起こる．まず，色素体でリノレン酸から複数の反応を経たあと，ペルオキシソームでジャスモン酸となる．そして細胞質でイソロイシンと結合したジャスモン酸イソロイシンが活性型の化合物となる．

ジャスモン酸は，虫等による食害や病原菌などに対する防御応答に関わる[*16]．ジャスモン酸を合成できないシロイヌナズナ変異体は，野生型よりも食害を受けやすく生存率が低い．

ジャスモン酸の信号伝達では，オーキシンやジベレリンと同様に，ユビキチン-プロテアソーム系を介して下流遺伝子の発現を制御する．核内受容体であるF-boxタンパク質のCOI1はSCFユビキチンリガーゼ複合体の構成因子であり，ジャスモン酸がCOI1受容体と結合すると，SCF複合体によってJAZとよばれるリプレッサータンパク質のユビキチン化を介したプロテアソームによる分解が促進される．すると，JAZタンパク質によって活性が阻害されていた転写因子が活性化し，ジャスモン酸応答性遺伝子の発現を誘導する．ジャスモン酸応答性遺伝子には食害の防御などに関与する遺伝子が含まれている．ジャスモン酸受容体が欠損した$coi1$変異体ではジャスモン酸非感受性となり雄性不稔となる．このことからジャスモン酸が花の器官分化にも関与することがわかる．

[*16] 昆虫の幼虫等によって食害を受けた葉は，ジャスモン酸の合成を誘導する．ジャスモン酸は揮発性があるため，周囲の植物に対しても作用して，防御のためのジャスモン酸応答を引き起こす可能性が示唆されている．

10.8 ストリゴラクトン

ストリゴラクトン(strigolacton)はラクトン構造をもつカロテノイド誘導体の総称名で，もともとストライガ属やハマウツボ属などの根寄生植物の種子発芽を促進する物質として知られていた(図10.22)．しかし，その後の研究で，植物が土壌中で共生する菌根菌を誘引する際に，ストリゴラクトンを用いることや(15章参照)，シュートの分枝(枝分かれ)が異常な変異体の研究から，カロテノイド由来のストリゴラクトンが腋芽の成長を抑制する役割をもつことが判明した．これらの知見から，近年ストリゴラクトンが植物ホルモンとして認められるようになった．ストライガやオロバンキなどの根寄生植物は，自分の種子が宿主植物の根の近くいることを感知するのに，宿主植物が共生菌根菌を誘引するために分泌するストリゴラクトンを利用している．

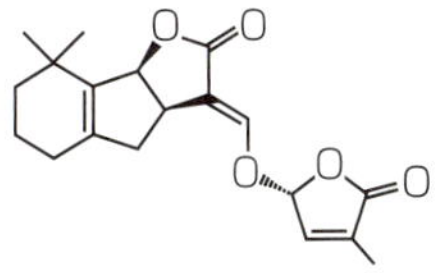

ストリゴラクトン生合成の変異体は人工ストリゴラクトンである化合物GR24の処理でシュートの分枝の表現型が回復するが，信号伝達に異常ある変異体では回復しない．イネの$d14$変異体はシュートの分枝が異常な変異体だが，ストリゴラクトンの添加では表現型が回復しない．その原因遺伝子産物であるD14タンパク質(α/β hydrolase)は，直接ストリゴラクトンと相互作用して，これを加水分解する活性をもち，ストリゴラクトンの受容体

図10.22
(+)-5-デオキシストリゴール(ストリゴラクトンの一種)の構造

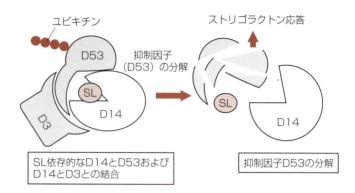

図 10.23　ストリゴラクトンの信号伝達
SL：ストリゴラクトンまたはストリゴラクトン関連化合物,
D14：SL 受容体（α/β-ヒドロラーゼ），
D53：抑制因子（リプレッサー），
D3：F-box タンパク質

として働く．

　興味深いことに，ストリゴラクトンの信号伝達でも，他のいくつかの植物ホルモンと同様にユビキチン－プロテアソーム系が役割を果たすと考えられている（図 10.23）．信号伝達のモデルでは，D14 タンパク質がストリゴラクトンを受容すると，F-box タンパク質である D3 タンパク質を含む SCF 複合体との相互作用が促進され，リプレッサータンパク質 D53 の分解を促進すると考えられる．このように複数の異なる植物ホルモンの信号伝達において，ユビキチン－プロテアソーム系を用いた共通のしくみが植物の進化の過程でどのように獲得されたのかは，非常に興味深い．

10.9　ペプチドホルモン

　ここまで述べた植物ホルモン以外にも，細胞外に分泌されて植物の成長に作用するペプチド（分泌型ペプチド）が数多く発見されている．全長が 100 アミノ酸残基程度以下の低分子分泌型ペプチドのうち，植物の成長や発生に関与するものを**ペプチドホルモン**（peptide hormone）とよぶ（図 10.24）．ペプチドホルモンは，前駆体のプレプロペプチドがシグナル配列によって分泌経路に入ると，翻訳後プロセシングを受けるなどの過程を経て，成熟型ペプチドとなる．

　成熟型ペプチドのうち，短鎖翻訳後修飾ペプチドとよばれるグループは，プロリン残基の水酸化，チロシン残基の硫酸化，水酸化プロリン残基へのアラビノース糖鎖修飾などの翻訳後修飾を受けた後に，プロテアーゼによる分解を受けて 10～20 アミノ酸残基からなって細胞外に分泌される．例えば，**ファイトスルフォカイン**（Phytosulfokine：PSK）は，アスパラガスの培養細胞が培養液中に分泌する細胞増殖を促進するチロシン硫酸化ペプチドとして発見された．茎頂分裂組織のサイズを維持するしくみに働く CLAVATA3（CLV3）ペプチド（9 章参照）は，アラビノース糖鎖修飾が含まれる．また，道管細胞分化を抑制する TDIF ペプチドは CLV3 に類似したホモログで，CLE ファミ

10.9 ペプチドホルモン

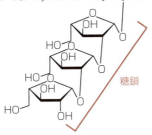

ファイトスルフォカイン(PSK)	Tyr(SO₃H) - Ile - Tyr(SO₃H) - Thr - Glu
CLV3	Arg - Thr - Val - HyPro - Ser - Gly - HyPro - Asp - Pro - Leu - His - His - His
TDIF	His - Glu - Val - HyPro - Ser - Gly - HyPro - Asn - Pro - Ile - Ser - Asn

糖鎖

図 10.24　代表的なペプチドホルモンの構造
Tyr(SO₃H)：硫酸化されたチロシン，HyPro：ヒドロキシプロリン

リーとよばれるペプチドファミリーのメンバーである．

　別の成熟型ペプチドのグループとして，分子内にシステイン残基同士がジスルフィド結合をもつペプチドで，40-80 アミノ酸残基程度で分泌されるタイプ（システインリッチペプチド）がある．このグループには，葉の気孔の数を増やす STOMAGEN（ストマジェン）や，花粉管を誘引するために助細胞が分泌するペプチドとしてトレニアから発見された LURE（ルアー）（12.6 節参照）などが知られている．

　これらの分泌型ペプチドは，細胞膜に存在する受容体キナーゼ（ロイシンリッチリピート受容体型キナーゼ）に受容されシグナルを伝達している．ペプチドホルモンの研究は，植物生理学の分野において近年盛んに研究が行われている．今後，さまざまな働きをもつ新たなペプチドホルモンがさらに発見されることが期待される．

練習問題

1 重力方向に成長する根を横にして水平すると，根は重力屈性反応を示して再び重力方向に屈曲する．このとき根ではどのようなことが起こっていると考えられるか，以下の語を用いて説明しなさい．
〔根冠，コルメラ細胞，アミロプラスト，オーキシン輸送，偏差成長〕

2 オーキシン，ジベレリン，ジャスモン酸の 3 つの植物ホルモンは，受容体と結合した後の信号伝達の過程において共通する機構が存在する．どのような機構か説明しなさい．以下の語を用いて説明しなさい．
〔SCF ユビキチンリガーゼ，プロテアソーム，リプレッサータンパク質，遺伝子発現〕

11章 光応答

　植物は光を重要な情報源として利用している．植物には，動物の目にあたる光受容器官があるわけではなく，その応答も比較的遅いため，植物が光を感じていることを観察するためには特別な注意が必要である．しかし，長年の研究により，植物が光を敏感に感知し，それを利用する精緻なしくみをもつことが明らかとなっている．植物の光応答は，その多くが形態形成に関わっており，**光形態形成反応**（photomorphogenesis）ともよばれる．

　植物に限らず，生物が光を感知するシステムの中心には光受容体が存在する．植物は，**フィトクロム**（phytochrome），**クリプトクロム**（cryptochrome），**フォトトロピン**（phototropin）など，他の生物には見られない独特の光受容体をもつ．これらの光受容体は，光を吸収することにより活性化され，細胞内の情報伝達系を通じて，さまざまな生理・形態応答を引き起こす．本章では，植物の光形態形成と光受容体について概説する．

11.1　光応答の基礎

　光応答を理解するには，光の物理的性質や光化学反応の基礎をある程度知っておく必要がある．以下，光刺激の物理的な側面について簡単に解説する．

11.1.1　光化学反応

　生物の光応答の基本になるのは，光受容物質による光の吸収である．光の実体は光子であり，ひとつひとつの光子は波長に反比例したエネルギーをもつ．特定の波長の光子を吸収した分子は励起状態となる．この励起状態の分子が起こす反応が光化学反応である．

　光化学反応を考える場合，光量を表す単位として，単位面積を通過した光量子数[*1]（$\mu mol/m^2$）が広く用いられ，光強度の単位としては，単位時間あたりの光量（$\mu mol/m^2/s$）が用いられる．一方，ルックス，カンデラなどの単位

[*1] 光子の数のことで，molで表される．

は，人間の目の感度を考慮した「明るさ」を示す単位であり，植物の光応答を記載するうえで適当な単位とはいえない．

光の波長は長さの単位で測られ，可視光の範囲はおおよそ 450〜700 nm となる．これより短い波長の光が紫外光，長い波長の光が赤外光となる（図11.1）．とくに，700〜800 nm 程度の光は遠赤色光とよばれる．

光受容体の実体はタンパク質である．アミノ酸からなるタンパク質は，まれな例を除き可視光を吸収できないが，色素分子を結合することで光受容体として機能できる．タンパク質に結合した色素（**発色団**, chromophore[*2]）は，光を吸収して励起状態となり，これが引き金となって，タンパク質の構造変化を引き起こす．それがシグナルとして下流因子に伝わる．

*2 光を吸収する構造単位．実体は光受容体に結合した色素分子．

11.1.2 光量と光応答

光受容体が励起されて活性化状態となる割合は，光量が十分少ない条件下では，与えた光量にほぼ比例する．したがって，ある一定の応答を得るのに必要な照射時間と光強度は反比例の関係にあり，これを相反則という（図11.2）．一方，応答に一定期間の照射が必要なタイプ[*3]の応答では，照射した総光量よりも光強度[*4]が重要である．この場合，活性化される光受容体分子の割合は光強度に比例するので，応答の程度は光強度に依存する．

*3 光受容体が活性化され続ける状態でのみ応答が見られる場合．

*4 単位時間・単位面積あたりの光量．

11.1.3 作用スペクトル

発色団はすべての波長の光を一様に吸収するのではなく，固有の吸収スペクトルをもつ．そのため，より吸収効率の高い波長の光がより効果的に応答を引き起こす．これを定量的に調べたものが**作用スペクトル**（action

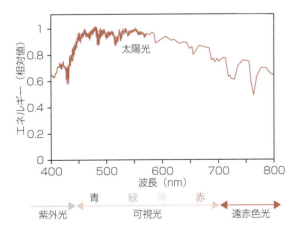

図 11.1 波長と光
太陽光のスペクトル分布．太陽光は可視光領域を中心に，広い範囲の波長の光を含む．

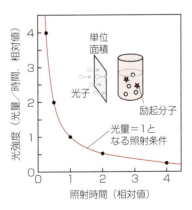

図 11.2 照射時間と光強度
光化学反応の相反則．光化学反応の反応量は，光強度や照射時間ではなく，入射（吸収）された総光子数によって決まる．

spectrum）である．

作用スペクトルを求めるには，さまざまな波長の光（単一波長光，単色光）について光量応答曲線を求め，一定の応答に必要な光量（または光強度）の逆数（相対感度）を波長に対してプロットする（図11.3）．作用スペクトルは，原理的にはどのような生理応答についても求めることができる[*5]．

作用スペクトルを調べることにより，どのような光受容体がその応答を担っているかを大まかに推定できる．植物の光応答のほとんどは，660 nm 付近の赤色光や730 nm 付近の遠赤色光がとくに有効なフィトクロム応答か，450 nm 付近にピークを示す青色光応答のどちらかである．この特徴は，ヒトの視覚が550 nm 付近の緑色光に最も敏感であることと対照的である．

*5　単一波長光の光源としては，プリズムの原理を利用した方法が広くとられる．スペクトログラフはこれを行うための特別の施設で，大型の光源が発する光を分光し，生物材料にこれを照射してその応答を調べる．簡便法としては，単色光のみを透過するフィルターや，レーザー，LEDなどの単色光光源を用いた実験が行われる．

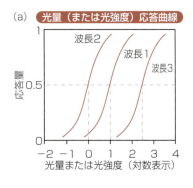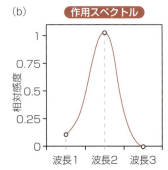

図 11.3 光量と光応答(a)および作用スペクトル(b)
作用スペクトルは，さまざまな波長で光量（または光強度）応答曲線を描き(a)，これをもとに波長に対して相対感度をプロットする(b)．なお，相対感度とは応答に必要な光量（強度）の逆数のこと．

11.1.4　生体の光応答

　上で述べた議論は試験管内の希薄な溶液を基本としているが，実際の植物体内はそのような状態にはなっていないため，作用スペクトルが歪むことがある．植物体内で光の反射，散乱，吸収などが複雑に起こるため，光受容体に到達する光は照射光と完全には一致しない．また，植物の光受容体は広くさまざまな組織で発現しているが，すべての組織が同じように光に応答するわけではない．さらに，光屈性などの現象においては，光量などに加えて光を照射する方向も重要な要素となる．

11.2　光生理応答

　植物は複数の光受容体を駆使し，環境の光刺激に敏感に応答する．植物の生活環は，受精に始まり，胚発生，種子成熟，発芽，栄養成長，生殖成長により一周する．植物が季節の変化や昼夜の変化をはじめとするさまざまな環境条件の変化に耐えて，適切に発育し確実に子孫を残すためには，環境変化に応じて発生・分化過程の進行を調節する必要がある．

　植物が環境を認識するための主要な情報源が光である．また，植物は筋肉のような運動組織をもたないが，光環境に応じて成長のパターンを調節し，

11.2.1 光発芽

植物の種子は，温度，湿度などが不適当な環境でも長期間，生き延びることができる．このため植物の種子は乾燥しており，代謝も低いレベルに抑えられている．一般に，種子が発芽するためには水分だけではなく光刺激が必要である．それによって，種子が親から受け継いだ栄養を使い果たす前に光合成を開始することが保証される[6]．

多くの植物はフィトクロムを用いて発芽を制御している．フィトクロムは植物に特有の赤/遠赤色光反応の光受容体であり，光発芽以外にもさまざまな光形態形成反応に関わる．レタス種子の発芽が**赤/遠赤色光可逆的**(red/far-red photoreversible)な制御(11.4.1項参照)を受けていることが米国のボースウィック(H. A. Borthwick)らにより1952年に発見され，これがフィトクロム発見の契機となったことは有名である．

11.2.2 芽生えの緑化

暗所に置かれた被子植物の芽生えは，子葉の発達を抑制し，もっぱら茎を伸長させる．このような芽生えを**黄化芽生え**(etiolated seedling)とよぶ(図11.4)．いわゆる「モヤシ」の状態である．これは，光合成に適さない環境からできるだけ早く逃れ，一刻も早く光合成を開始するための形態である．黄化芽生えは，光刺激を受けると速やかに「緑化」を開始する．狭義の「緑化」は，黄化芽生えに特徴的な黄色のエチオプラスト[7]が緑色の葉緑体へ変換されることを意味するが，広義には，茎の伸長停止，子葉の展開，葉原基を含む茎頂の発達開始，表皮細胞における保護色素の蓄積なども含む．

光を受けた植物は，フィトクロムやクリプトクロムの働きにより，エチオプラストが葉緑体に変換されるのに必要な酵素や，葉緑体を構成するタンパク質[8]などの合成を開始する．

緑化にともない，芽生えは茎の伸長を停止し子葉を展開する．黄化芽生えの胚軸長は明所で生育させた芽生えの数倍から10倍程度に達し，逆に子葉の面積は数分の1から10分の1程度にとどまる．また，双子葉植物の芽生えの胚軸は茎頂より少し下の部位でわん曲している．この構造はフックとよばれ，光刺激を受けた芽生えはフックを速やかに解消する．

11.2.3 光屈性

光屈性(phototropism)とは，植物が茎を光の方向に曲げる反応である．この応答は観察が容易なこともあり，古くより研究されてきた[9]．光屈性は，赤色光でも緑色光でもなく青色光でのみ起こる．光屈性の光受容体は，長い

[6] 発芽においては，幼根の伸長にはじまる大きな形態変化とともに，子葉や胚乳に蓄えられた貯蔵物質を分解して利用するための酵素群の誘導などが観察される(10.2節参照).

[7] 黄化芽生えに特徴的な色素体の一形態で，まだクロロフィルはもたず，その前駆体であるプロトクロロフィライドを蓄積している．また，葉緑体に特徴的なチラコイド膜が発達しておらず，特異な形態をとる．

[8] ルビスコや光捕集クロロフィル結合タンパク質．

[9] 進化論で有名なダーウィンもこの研究を行った．

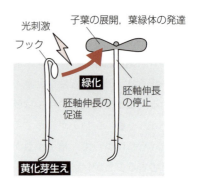

図 11.4 黄化芽生えの緑化
黄化芽生えは，光刺激により緑化した芽生えへと変化する．

*10 タンパク質の活性を発現するために必要な補因子として色素を結合しているタンパク質．

研究の歴史にもかかわらず謎であったが，比較的最近，フォトトロピンと名づけられた新奇の色素タンパク質*10 が光受容体であることが証明された(11.4.3 項参照)．

光屈性は，光を受けた側と陰になった側で茎の伸長速度が異なること，すなわち偏差成長によって起こる．この応答には植物ホルモンのオーキシンが関与しており，実際，照射側と陰側でオーキシンの輸送量が異なることが知られている(10.1 節参照)．ただし，どのような機構によりオーキシンの濃度が調節されているのかその分子機構については不明な点が多く残されている．

11.2.4 避陰反応

植物の体，とくに光合成のための器官である葉は大量のクロロフィルを含む．このため，近隣の植物から反射した光や，一度，そこを通り抜けた光では，クロロフィルが吸収する青色光および赤色光成分が低下する．地上における太陽光は可視光から赤外光に向けて広い波長の光を含むが，草が繁茂する藪の中の光の波長分布を測定すると，赤色光領域の光がとくに低下している(図 11.5)．このような差は，ヒトの目にはわかりにくいが，植物は，フィトクロムを巧みに用いることにより，遠赤色光に対する赤色光の量比の低下をモニターして**避陰反応**(shade avoidance response)を起こす(しくみについては11.4.1項参照)．また，フィトクロムによる光質に対する応答に加えて，他の植物の陰に入ることによる光強度の低下に対する応答も存在する．この応答には青色光受容体であるクリプトクロム(11.4.2 項参照)や，UV-B の光受容体である UVR8 が関与することが最近示された(11.7 節参照)．

*11 避陰反応を引き起こす光受容器官についてのいくつかの研究によれば，葉と茎の両方，特に葉が光受容器官として重要な役割を果たしている．このことは，光合成を行う場が葉であることを考えると，理にかなった方法と言える．実際，シロイヌナズナの芽生えにおいては，葉(子葉)への光刺激により，結果として茎(胚軸)におけるオーキシン応答遺伝子の発現が制御されることが示されている．シロイヌナズナでは，避陰反応により花芽形成が早まることも知られている．

陰に入った植物が示す避陰反応としては，茎と葉柄の伸長が顕著である．これに加えて，葉が上を向くことや，頂芽優性が増強され枝分かれが減少することが知られている*11．これらの応答は，光合成をじゃまする他の植物からできるだけ早く逃避し，よりよい光環境下で光合成を行うために役立つと考えられる．

上に述べたように避陰反応の結果として，植物は生長のパターンを変化さ

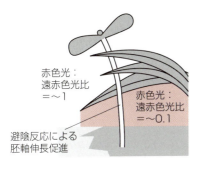

図 11.5 避陰反応
植物は，赤色光：遠赤色光比の低下を指標に，茎を伸ばすなどの避陰反応を起こす．

せる．この形態的変化は遺伝子発現パターンの変化をともなう．実際，赤：遠赤色光比が低下すると，さまざまな遺伝子の発現が変化することが，網羅的遺伝子発現解析によって示されている．

11.2.5 花芽形成

植物の生活環は，葉を茂らせもっぱら光合成を行うことによって体を成長させる栄養成長期と，子孫を残すため，栄養成長によって蓄積した栄養分を用いて種子や果実を形成する生殖成長期に分けられる(12章参照)．多くの植物では，季節の変化に応じて栄養成長から生殖成長への切り替えが起こる．

植物は季節変化をモニターするため日長を測っている．このような性質は**光周性**(photo periodism)とよばれ，花芽形成では強い光周性が見られる．日長がある長さより短くなったときに花芽形成を開始する植物は**短日植物**(short day plant)とよばれ[*12]，逆に日長がある長さより長くなったとき花芽形成を開始するものは**長日植物**(long day plant)とよばれる．花芽をつけるかどうかの分かれ目になる日長を限界日長とよぶ．

花芽形成の光制御における興味深い側面として，日長の変化が葉で感知され，その情報が花芽形成の場である茎頂に伝えられることが挙げられる．1930年代にチャイラヒヤン(M. Chailakhyan)は，植物の異なる部位に日長処理を行う実験をもとに，葉でつくられたある物質が茎頂まで運ばれそこで花芽を誘導することを提唱し，この仮想的な物質をフロリゲンと名づけた．

その後，接ぎ木実験[*13]をはじめとするさまざまな実験が行われ，フロリゲンの存在を支持する結果が次々と得られたが，その正体は長年に渡って謎であった．しかしながら分子遺伝学的な解析によりFTと名づけられた比較的小さなタンパク質が発見され，それがフロリゲンの正体であることが明らかとなった(12.2節参照)．

11.2.6 気孔開口と葉緑体定位

すでに述べたように，植物の光形態形成においては，発生プログラムの転換，大きな形態変化，代謝系の変化などが観察される．このような応答は，

*12 短日植物については，暗期(夜)が連続することが必要で，暗期の中頃に短時間の光照射を行うと(光中断)，短日処理の効果が見られなくなる．

*13 日長処理を行った葉を，日長処理を行っていない植物に接ぎ木することなどにより，フロリゲンが葉から茎頂へ移動することを示した実験．

遺伝子発現のパターン変化をともなっており，後で述べるように，フィトクロムやクリプトクロムなどの植物の光受容体は，遺伝子の発現を核内で直接的に制御している．しかしながら，遺伝子発現の変化をともなわない光生理応答も知られている．その典型が，葉緑体定位応答と気孔開口である．

細胞内の葉緑体の位置は光に応じて変化する(図 11.6)．すなわち，光合成が飽和しないような弱光下では，葉緑体は，より多くの光を受けるために，細胞内の光が照射された面に集合する．一方，光がストレスになるような強光下では，照射面から逃げるように移動する．これらの応答では，青色光のみが有効である．この応答の光受容体はフォトトロピン[*14]であった(11.4.3 項参照)．

[*14] フォトトロピンは，細胞膜などに分布し，応答を制御していると考えられている．

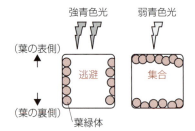

図 11.6　葉緑体の定位運動
植物の葉肉細胞の中心部は液胞で占められており，葉緑体は細胞の表面側に分布する．光を受けた細胞では，光の強度に応じて，葉緑体が光から逃避したり集合したりする．

気孔は，植物が光合成を行うために必要な二酸化炭素を葉の中に取り込むための重要な器官である．気孔の開口が青色光により制御されることが古くより知られていたが，その光受容体は不明であった．興味深いことに，光屈性や葉緑体定位の光受容体であるフォトトロピンがこの応答も制御している．気孔の開口は，孔辺細胞の細胞膜上にあるプロトンポンプの活性が上昇することが引き金となって起こる．この過程には，タンパク質キナーゼやフォスファターゼが関与する．

11.3　光形態形成と植物ホルモン

上に述べたように，植物の光応答においてはさまざまな形態変化が見られる．一方，植物の発生・分化の過程で，内在性の成長調節物質である植物ホルモンがさまざまな役割を果たしている(10 章参照)．以下，個々の光形態形成反応において想定される植物ホルモンの関与について概説する．

フィトクロムは，強い発芽促進作用をもつジベレリンを誘導することで光発芽を引き起こすと考えられている[*15]．一方，アブシシン酸(ABA)はジベレリンと拮抗して種子を休眠状態にとどめるが，光とアブシシン酸の関係はよくわかっていない．

オーキシンとジベレリンは茎の伸長を促進するので，黄化芽生えにおける胚軸伸長に何らかの関わりがあると想定される．さらに，黄化芽生えの状態

[*15] 実際，ジベレリンの合成酵素がフィトクロムの働きで誘導されることが知られている．

を維持するにはブラシノステロイドが必要である*16．フックの形成にはエチレンが必要なことが知られている．葉緑体の形成と維持はサイトカイニンにより促進されるので，光による葉緑体発達誘導にサイトカイニンが関与する可能性もある．

避陰反応にも，オーキシン，ブラシノステロイド，ジベレリンなどが関わる可能性が想定される．オーキシンについては，その合成酵素遺伝子の発現が光の制御を受ける．また，やや想定外のことであるが，エチレンが避陰反応に関係することを示す結果も報告されている．しかしながら，芽生えの緑化の場合と同様，特定の植物ホルモンが光受容体の一次的なターゲットとして避陰反応を制御しているとは考えにくい．

花芽形成に関わる植物ホルモンとしてジベレリンが知られている．実際，ジベレリンは花芽形成を促進するが，シロイヌナズナを用いた遺伝学的研究によれば，その経路は光による花成制御とは独立に働くと考えられている．

フォトトロピンによる光屈性にはオーキシンが関与することが広く認められているが，光受容からオーキシン応答に至る過程については不明な点が多い．一方，葉緑体定位運動や気孔開口については，既知の植物ホルモンが関与する可能性は考えにくい．

以上まとめると，光形態形成において植物ホルモンが関わることはほぼ確実であるが，多くの場合，その作用は光応答のカスケードにおいてかなり下流に位置すると考えるのが妥当である．

*16 ブラシノステロイドを欠損する変異体は暗所で部分的な光形態形成を示す．

11.4 植物の光受容体

植物の光応答においては，青色光と赤色光のどちらかあるいは両方が有効波長である．これらに対応する**光受容体**（photoreceptor）として，フィトクロム，クリプトクロム，フォトトロピンが知られている．フィトクロムはおもに赤色光・遠赤色光に応答し，クリプトクロムとフォトトロピンは青色光の光受容体として働く．また，最近発見された紫外光の受容体UVR8についても簡単に述べる．

11.4.1 フィトクロム

フィトクロムは単量体分子量約12万の可溶性色素タンパク質であり，赤色光領域（660〜670 nm）に吸収ピークをもつPr型で合成され，光を吸収して，遠赤色領域（730 nm付近）に吸収ピークをもつPfr型へと変換される（図11.7）．発色団としては，開環テトラピロールであるフィトクロモビリンを1分子，システイン残基を介して共有結合している（図11.8）．生理的にはPfr型が活性型であり，細胞内でさまざまなシグナルを発する．Pfr型のフィトクロムは比較的安定で，一度活性化されたフィトクロムは持続的にシグナル

*17 興味深いことに，PAS ドメインと GAF ドメインは，「結び目」とよばれる構造で絡み合っている．また，PHY ドメインからは長い「舌」構造が突き出しており，GAF ドメインと一部で接触している．

*18 フィトクロムの N-末端領域は，それ自身で発色団を共有結合する活性をもつ．フィトクロムの生化学的，分光光学的性質については，分子生物学的研究手法が導入される以前より，植物から抽出・精製したタンパク質を材料に行われていたが，現在では，大腸菌で組み換えタンパク質を合成し，試験管内で発色団を結合させフィトクロムを再構成してその性質を調べることが主流となった．

を出すと考えられる．明所（白色光下）では，Pr 型から Pfr 型への変換とその逆変換が同時に起こり，結果として，照射光の波長特性に応じた Pr 型と Pfr 型の間の光平衡が達成される（図 11.7）．

　フィトクロムは比較的大きなタンパク質であり，その配列にはさまざまなモチーフやドメイン構造が見られる（図 11.8）．フィトクロム分子は大まかに N-末端側と C-末端側の 2 つの領域に分けられる．発色団結合部位は N-末端領域内に存在し，N-末端領域のみで Pr 型-Pfr 型の間の光変換を示す．一方，C-末端領域は二量体化能と，後で述べる核移行活性をもつ．

　フィトクロムの N-末端領域内には，さらに細かく，N-末端突出ドメイン，PAS 様ドメイン，GAF ドメイン，PHY ドメインの 4 つの領域が認められる．発色団は GAF ドメインに結合する．はじめは，バクテリオフィトクロムで，そして最近では植物の phyB でも PAS-GAF ドメインの結晶構造が明らかにされた[*17]．

　フィトクロムの C-末端領域内には，N-末端領域とは別の PAS ドメインとキナーゼ相同性ドメインが見られる．これらのドメインの存在から，フィトクロムのシグナルは C-末端領域から発信されると予想されていたが，N-末端領域のみを発現させても光受容体として機能することが示された[*18]．

(a)
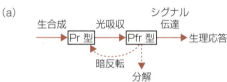

(b)

図 11.7　フィトクロムの光変換
(a) 暗所芽生えにおけるフィトクロムの合成と光による活性化．(b) 明所におけるフィトクロムの光平衡．

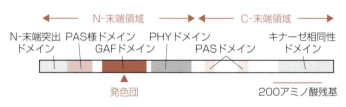

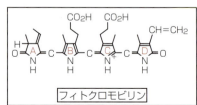

図 11.8　フィトクロムの分子構造
フィトクロムは，モノマーあたり 1 分子のフィトクロモビリンを発色団として共有結合している．

(1) フィトクロムの生理応答様式

植物で広く見られる光形態形成のうち，光発芽，芽生えの緑化，避陰反応，花芽形成などにおいてはフィトクロムが主要な役割を果たしており，植物の光受容体としての重要性が伺える．とくに光発芽と避陰反応は主にフィトクロムによって制御されている．

フィトクロムの生理応答の特徴は赤/遠赤色光光可逆性である．その意味するところは，赤色光照射の効果が，その後に照射した遠赤色光により打ち消されるということで，この性質は，フィトクロム分子がPr型とPfr型の2つの型の間を，赤色光と遠赤色光を吸収することにより相互変換することにもとづいている．

フィトクロム応答の光量依存性を調べると，非常に少量の光量子数で一度飽和する**超低光量反応**(very low fluence response)と，中程度の光量で飽和する**低光量反応**(low fluence response)が見られる(図11.9)．

低光量反応に必要な光量は，フィトクロム分子のPrからPfrへの光変換に必要な量にほぼ対応しており，赤色光の効果は遠赤色光で打ち消される．

一方，超低光量反応では，計算上，1%以下のPfrしか形成されないような光量で反応が飽和する．また，微量のPfrで応答が起こるため，遠赤色光照射や青色光照射によってもこの反応は起こってしまい，遠赤色光による打ち消し効果が見られない．これは，Pr型フィトクロムが，わずかながらもこれらの波長の光を吸収し，Pfr型に転換されるからである．後で述べるように，この応答は，フィトクロム分子種のなかでもphyAに特異的な応答である．

上記の反応に加えて，作用スペクトルのピークがPrの吸収波長ピークである660～670 nmから長波長側にずれて710 nm付近に存在し，連続照射が必要な光強度依存的反応である，**遠赤色光高照射反応**(far-red high irradiance response)が知られる．この条件下では，Pfr型の量比は低く保たれるはずであるが，強い光応答が観察される．この応答もphyAによる．

避陰反応における赤/遠赤色光比の感知もフィトクロムが行う．光平衡状態におけるPfr型，すなわち活性型フィトクロムの割合は，赤色光の量比が

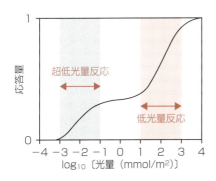

図11.9 フィトクロムの生理応答様式
どちらの反応も光量依存的な反応であるが，超低光量反応はより敏感である．このため，超低光量反応は遠赤色光の照射によっても起こる．

低いほど低い（図11.7）．植物はこのPfr型の減少を手がかりに避陰反応を起こす．

（2）フィトクロム分子種

　遺伝子レベルの研究が行われる以前より，フィトクロムには性質の異なる分子種が存在する可能性が指摘されていたが，1989年に，生化学的，分子生物学的な手法により，フィトクロムには，アミノ酸配列が異なり，別々の遺伝子にコードされた複数の分子種が存在することが証明された．シロイヌナズナ，イネ，さらには他の植物種を用いた研究から，被子植物ではphyA，phyB/D，phyC，phyEの4つのタイプのフィトクロムが存在すると考えられている．なお，すべての植物が4つのタイプのすべてをもつわけではなく，たとえばイネにはphyEは存在しない．おもにシロイヌナズナの変異体を用いた解析の結果，これらの分子種のなかでも，生理的に重要なのはphyAとphyBであることが明らかにされた．

　phyA遺伝子のmRNAおよびタンパク質のレベルは暗所で高い．一方，明所では転写が顕著に低下し，タンパク質が速やかに分解される．このタンパク質分解は**ユビキチン化**（ubiquitination）を介したプロテアソームによるものである．フィトクロムの分子種発見以前の生化学的研究は，暗所で育てた芽生えから調製した標品を用いていたため，phyAに関するものがほとんどであった．

　phyAについて興味深いのは，超低光量反応と遠赤色光高照射反応である．細胞内でphyAは，暗所で蓄積し明所で分解されるという独特の性質をもつが，試験管内での光変換反応については，他の分子種と区別がつかない．超低光量反応と遠赤色光高照射反応は，低Pfrレベルで反応が起こる点が共通しているが，phyAが低Pfrレベルの状態でどのようにしてこれらの反応を引き起こすのか，その分子機構はいまだ謎である．

　phyAとは対照的に，phyBは明暗にかかわらず低いレベルで存在する．とくに明所ではphyAが分解され，その働きが抑えられるので，phyBが主要な光受容体として働く．避陰反応はその典型的な例で，phyBの欠損変異体は，光質にかかわらず常に陰にある植物のような応答を示す．基本的にphyBの応答は，すべて低光量反応と理解される．また，そのPfrは試験管内と同様，細胞内でも安定で，4〜12時間程度はPfr型のままとどまる．

　phyAとphyBの応答様式の特徴については，光発芽の研究からもよくわかる．種子を吸水させた直後の種子内のphyAのレベルは低く，発芽はおもにphyBにより制御される．この応答は典型的な低光量反応である．一方，吸水後の種子をそのまま暗所に放置するとphyAが高レベルに蓄積し，種子は光に約1万倍敏感になる．すなわち，phyAの超低光量反応が見られる[19]．

＊19　このような現象は，動物の視覚で見られる暗順応（暗い場所では視覚の感度が高まる現象）に対応しており興味深い．

（3）フィトクロムのシグナル伝達機構

フィトクロムのシグナル伝達機構については，さまざまな説が提唱されてきたが，現在では，核内において遺伝子発現を制御していると考えられている（図11.10）．水溶性であるフィトクロムタンパク質は，Pr型で合成され，暗所では細胞質に留まる．細胞質において光を吸収したフィトクロムは，Pfr型に変換され，速やかに核内に移行する．活性化されたフィトクロムは核内でPIFとよばれるbHLH型の転写因子[20]と結合し，PIFのユビキチン化を促進することで分解を促す．PIFは，フィトクロム制御の一次ターゲットとなるさまざまな遺伝子のプロモーター領域にあるG-boxとよばれる配列に結合しており，PIFが分解されることでターゲット遺伝子の発現が変化する．実際，複数のPIFを欠損したpif多重変異体は，暗所でも光形態形成を行う．加えて，フィトクロムが核内でmRNAの選択的スプライシングや転写開始点を制御していることが最近示された．

[20] basic Helix-Loop-Helix型転写因子．

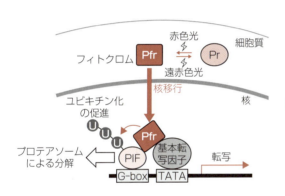

図11.10 フィトクロムの細胞内情報伝達
活性化されてPfr型となったフィトクロムは核内に移行し，PIFとよばれる転写因子と結合して転写を制御していると考えられている．

（4）フィトクロム様光受容体

長い間，フィトクロムは陸上植物と一部の緑藻にのみ存在すると考えられてきた．しかし，最近のゲノム科学の興隆にともない，さまざまな原核生物にフィトクロム様光受容体が存在することが明らかにされた[21]．これらの分子はPAS-GAFドメインをコアにもち，そのうちのいくつかではその後にPHYドメインが続く（図11.8参照）．さらに，多くの場合，シグナルの出力のためのヒスチジンキナーゼドメインをもつ．その構造は多様であり，それぞれの機能解析が現在進行中である．

[21] これらはバクテリオフィトクロムとよばれる．

11.4.2 クリプトクロム

陸上植物の光形態形成には赤色光とともに青色光が有効であること，菌類などでは青色光応答が主要な光応答であることは古くより知られていた．しかしながら，赤/遠赤色光受容体であるフィトクロムが1959年に発見されたのに対して，青色光受容体の正体は1990年代になってようやく明らかにさ

11章 光応答

*22 発見の契機となったのは，青色光による胚軸伸長阻害が見られなくなるシロイヌナズナの変異体の解析であった．植物界においては，クリプトクロムは緑藻でも見られ，さらに最近，原核生物であるシアノバクテリアもクリプトクロム様光受容体をもつことが示された．

*23 DNA修復酵素のひとつで，紫外線によって生じたDNAの損傷(ピリミジン二量体)を，可視光のエネルギーを利用して修復する．

*24 広義の避陰反応(赤/遠赤色光比の変化ではなく，光量の低下に対する応答)においては，植物体の形態形成や色素合成にも関わる．

れた[*22]．そのひとつがクリプトクロムである．

クリプトクロムは，光エネルギーを用いてDNA分子に生じた損傷を修復する**光回復酵素**(photolyase)[*23]と相同性を示す領域と，C-末端側に付加されたクリプトクロム特有のDASドメインよりなる，分子量7万前後の色素タンパク質である(図11.11)．光回復酵素相同性ドメインには，発色団として，フラビンアデニンジヌクレオチド(FAD)とメテニルテトラハイドロ葉酸(MTHF)が1分子ずつ非共有的に結合しているが，DNA修復活性はもたない．

植物でのクリプトクロム発見の後に，動物でも光回復酵素と相同性を示す光受容体が見つかり，それらもクリプトクロムとよばれているが，植物のクリプトクロムとは独立して進化した．興味深いことに，昆虫でも脊椎動物でも，クリプトクロムは概日時計の制御に深く関わっているが，脊椎動物では光受容体としては機能していない．

(1) クリプトクロムの生理応答

クリプトクロムのおもな生理的役割は，芽生えの緑化と花芽形成の制御である[*24]．芽生えの緑化における役割はほとんどフィトクロムと重なるが，その応答が青色光でのみ起こる点でフィトクロムとは大きく異なる．なお，青色光による芽生えの緑化には一部，phyAも関わっている．花芽形成の制御については，長日植物ではフィトクロムよりむしろクリプトクロムのほうが重要と考えられる．

フィトクロムとクリプトクロムでは生理機能が重なるだけでなく，場合によっては両者の間に強い相互作用が見られる．実際，ある種の青色光応答では，クリプトクロムとフィトクロムの両方が活性化されることで最大の効果が得られる．

(2) クリプトクロムの分子種

シロイヌナズナではcry1とcry2の2種類の分子種が知られており，これ

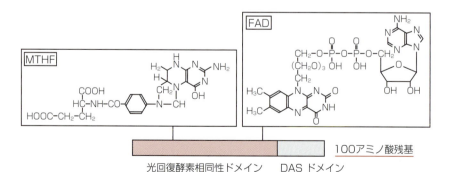

図11.11 クリプトクロムの分子構造
クリプトクロムは光回復酵素と相同性を示し，フラビンアデニンジヌクレオチド(FAD)とメテニルテトラハイドロ葉酸(MTHF)を1分子ずつ非共有的に発色団として結合している．

11.4 植物の光受容体

まで調べられた陸上植物でも，おおむね，これら2つのタイプのクリプトクロムが存在する．緑化においてはおもにcry1が，花芽形成においてはおもにcry2が働いていることが示されているが，2つの分子種の役割は完全に分化しているわけではなく，互いにある程度，相手の欠損を補うことができる．

(3) クリプトクロムのシグナル伝達

クリプトクロムは，光条件にかかわらず，C-末端領域にある核移行活性により核内に局在する．また，細胞内では光依存的なリン酸化が見られ，これがシグナル伝達に関わると考えられている．フィトクロムのシグナル伝達では，フィトクロムと転写因子が直接相互作用するが，クリプトクロムの核内でのシグナル伝達では，クリプトクロムのC-末端領域が光形態形成の抑制因子であるCOP1（詳しくは後述，11.5節参照）の働きを抑えることで応答が引き起こされる．

11.4.3 フォトトロピン

フォトトロピンは，分子量10万前後の比較的大きな水溶性タンパク質で，N-末端側にPASドメインの一種であるLOVドメインを2つもつ（図11.12）．それぞれのLOVドメインにはフラビンモノヌクレオチド（FMN）が発色団として結合し，青色光受容体として機能する．フォトトロピンが，光屈性，葉緑体定位運動，気孔開口などの応答を制御していることはすでに述べた[*25]．

LOVドメインの構造解析が精力的に行われた結果，LOVドメインの立体構造や，発色団が光を吸収した後の構造変化が判明している．それによれば，励起された発色団はタンパク質のシステイン残基に対して共有結合する．この状態が活性化状態と考えられ，その後，自発的に発色団との共有結合が解消されて元の状態に戻る．これがLOVドメインの光反応サイクルである．

フォトトロピンのC-末端側には**セリン/スレオニンキナーゼ**（serine/

*25 フォトトロピン応答の特徴として，すべてに共通するわけではないが，遺伝子発現制御を介さないこと，光の方向性や位置情報を感知していること，などがあげられる．

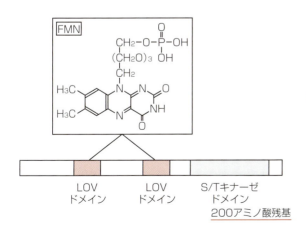

図11.12
フォトトロピンの分子構造
フォトトロピンは，発色団としてフラビンモノヌクレオチド（FMN）を非共有的に結合するLOVドメインを2つ，C-末端にはキナーゼドメインをもつ．

threonine protein kinase)領域が存在する．フォトトロピンは試験管内で光依存的な自己リン酸化反応を示す．このような調節は，LOVドメインが分子内でキナーゼドメインと相互作用することによる．このようにして，フォトトロピンは光依存的なタンパク質キナーゼとしてシグナルを伝達している．

(1) フォトトロピンの分子種

シロイヌナズナではphot1とphot2の2種類のフォトトロピンが存在する．その構造はよく似ており，変異体を用いた解析から，生理機能も重複する部分が多いことがわかっている．ただし，光屈性においてphot1はphot2に比べて光により敏感である．また，葉緑体定位運動には，弱光に対する葉緑体の集合反応と，強光からの逃避反応があるが（図11.6参照），前者はphot1とphot2により冗長的に制御[*26]されるのに対して，後者はもっぱらphot2によってのみ制御されている．

(2) フォトトロピンのシグナル伝達機構

フォトトロピンは水溶性タンパク質であるが，細胞内ではおもに細胞膜に存在する．すなわち，膜上に何らかの形でアンカーされていると考えられるが，詳細は不明である．また，光刺激を受けたフォトトロピンの一部が膜から細胞質に放出されることが観察されるが，その生理学的意義は不明である．

フィトクロムやクリプトクロムの場合と異なり，フォトトロピンは，遺伝子の発現を直接制御している可能性は低く，細胞膜上で何らかの膜機能を制御していると考えられる．気孔開口に関しては，BLUS1と名づけられた別のキナーゼがフォトトロピンによってリン酸化されることで，シグナルが伝わることが示された．しかしながら，光屈性や葉緑体定位については，基質となるタンパク質はまだよくわかっていない．

11.5　核内の光形態形成抑制因子

シロイヌナズナには，暗所でも光形態形成を起こしてしまう変異体が多数，知られている．それらの研究の結果，暗所で光形態形成を抑制するための機構が核内で働いていることが示された．これに関わる因子群は，COP/DET/FUS因子とよばれている．

COP/DET/FUS因子の多くは，他の因子も含む複合体を核内で形成してタンパク質分解を調節する（図11.13）．COP/DET/FUS因子が構成するいくつかの複合体のなかで，**COP9シグナロソーム**（COP9 signalosome）の解析が最も進んでいる．

COP9シグナロソームは，真核生物に広く見られるタンパク質分解装置であるプロテアソームの調節複合体と相同性を示し，核内で転写因子の分解を調節すると考えられている．COP9シグナロソームは植物ではじめて発見されたが，その後，動物や酵母にも存在することがわかり，現在では，真核生

[*26] phot1とphot2の一方が機能しない場合でも，他の一方の働きにより正常な制御が可能であることを表す．「冗長的に」は，redundantlyの和訳．

物の発生分化を制御する基本的な因子と捉えられている．

一方，COP/DET/FUS 因子のひとつである COP1 は，タンパク質をユビキチン化する活性をもつ．COP1 によってユビキチン化されたタンパク質はプロテアソームによって速やかに分解され，これが引き金となって光形態形成が起こる．また，COP1 タンパク質は，クリプトクロムや UVR8（後述）による制御を受けることが知られているが，フィトクロムと COP1 の直接的な関係については知見が少ない．

図 11.13
核内の光形態形成抑制機構
これらの因子は，さまざまな複合体を形成して，光応答に関わる因子（LAF1, HFR1, HY5, HYH など）の核内における分解に関わる．

11.6　光周性と概日時計

「11.2 節　光生理応答」で述べたように，植物は，日長をモニターすることによって季節の変化を知り，適切な時期に栄養成長から生殖成長への切り替えを行うことを可能としている．植物が日長を測るにあたっては，外界からの情報としての光と内在性の**概日時計**（circadian clock）を巧みに用いている．本項では，花芽形成の光周性について簡単に解説する．

11.6.1　概日時計

地球上では夜と昼が交互に訪れる．細菌の一部から動物・植物まで，およそすべての生物はほぼ 24 時間周期で動く内在性の時計をもつ．これが概日時計である．概日時計の振動は自律的で，24 時間の明暗周期から連続明あるいは暗条件に移し外部からの光情報をカットしても，ほぼ 24 時間の周期性をもったさまざまな現象が見られる．植物では葉の開閉などがそのよい例である．生物は，このような内在性の時計を用いて，明暗周期のなかで，次の明期（または暗期）がいつ始まるのかを予想してそれに対応している．

概日時計のしくみを簡単に解説する．真核生物では，転写のフィードバック制御による振動が時計の実体と考えられる．最も単純なモデルとして，遺伝子 A の転写・翻訳産物 X が自分自身の発現を抑制する場合が考えられる．たとえば，X がない状態からこの系が動き始めたとすると，遺伝子 A は盛んに転写・翻訳され，やがて X が蓄積する．すると，遺伝子 A の転写が抑制され，それより少し遅れて X の量が低下する．以下，これを繰り返す．

実際の時計では，複数の因子が参加してこのようなループが形成されている．

概日時計のもうひとつの特徴は，明暗周期に同調するような調節機構が組み込まれていることである．多くの場合，暗から明（または明から暗）への移行が刺激となり，それに合わせて概日時計がリセットされる．なお，この光刺激は光受容体により感知される．一方，上で述べた時計本体を構成する転写因子は，フィードバックループを構成するとともに，時計が制御する対象遺伝子の発現も制御する．高等植物でどのような光受容体が時計をリセットしているのか，非常に興味深いところであり，実際，フィトクロムなどが関与するとされているが，詳しいメカニズムについては不明な点が多い．

11.6.2　光周性と「外的一致モデル」

生物が日長の変化に応答する機構については，1930年代に，時代に先駆けてビュンニング（E. Bunning）により「外的一致モデル」が提唱された．最近，植物の花芽形成制御を対象に，分子レベルでこのモデルが検証された．「外的一致モデル」において生物は，内在性の時計にもとづく特定の時刻（主観的時刻）において外部環境の明暗を調べ，その結果にしたがって日長状態を判断する．

長日植物であるシロイヌナズナを例に「外的一致モデル」を説明する（図11.14）．光による花芽形成においては，FTが花芽形成を誘導する鍵因子であ

Column

細胞レベルの光応答はどのように個体レベルの応答に統合されるのか？

植物には動物の目にあたる器官がない．植物の光受容体がどこで発現しているのか調べてみると，ほとんどすべての器官・組織の細胞で発現している．このことは，植物細胞がもつ高い自律性とよく一致しているが，個体レベルの光応答を考えるとさまざまな疑問が生じる．

たとえば，トウモロコシの芽生えは，先端（子葉鞘の先端）で光を感じて下の部分を曲げる．また，花芽形成の光周性においては，葉が光受容器官として働いている．さらに，花芽形成の光制御において，異なる組織間の情報伝達が重要な役割を果たすことがわかってきた．このように，植物は体の各部で光を感じるだけでなく，その情報を異なる細胞や組織の間でやりとりすることで，個体としての光応答を調節している．

では，どんな分子が細胞や組織間の情報伝達を担っているのであろうか？　まず考えられるのは植物ホルモンである．本文でも述べたように，植物ホルモンに対する応答と光応答には共通点も多い．とくに光屈性においては，オーキシンの能動輸送が大きな役割を果たす．また，避陰応答においても葉から茎へのオーキシン輸送によって茎の伸長が促進される．

しかしながら，組織−器官間シグナル伝達の面から植物ホルモンと光応答の関係を調べた例はまだ少ない．オーキシン以外の各種植物ホルモンに加えて，長距離シグナル伝達の担い手として注目される小分子量RNAや最近注目されているペプチドホルモンなどの関与もあるかもしれない．将来，この分野の研究がさらに発展することを願っている．

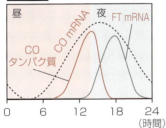
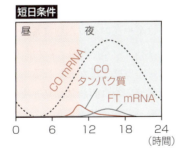

図11.14 光応答と光周性
生物時計により発現時期が定められているCO mRNAから翻訳されるCOタンパク質の安定性は，光条件により左右される．このため，夕刻の明暗によって，花芽形成を誘導するFT遺伝子の発現が制御される．

り（11.2.5項および12.2.1項参照）．FTの発現は上流の制御因子であるCOによって誘導される．COの発現は概日時計によって制御されており，夕刻に向けて発現が誘導される．ここで，夕刻においてまだ周囲が明るい場合，すなわち長日条件では，COの効果が増強され，FTの発現が促進される．一方，夕刻においてすでに暗くなっている場合，すなわち短日条件では，COの機能が抑制され，FTの発現は抑制される．この結果，長日条件でのみ花芽形成が誘導される．短日植物であるイネでは，COが逆にFTの発現を抑制すると考えられている（12.2.1項参照）．

COタンパク質の安定性や遺伝子発現のタイミングは，phyA，phyB，cry2などに加えて，ZTLやFKF1[*27]という新しいタイプの光受容体による制御を受けている．

光中断がおもに短日植物で強く見られる一方，上記の機構は長日植物であるシロイヌナズナで得られた結果にもとづくため，光中断と「外的一致モデル」の分子レベルの関係はまだよくわかっていない．ただし，光中断処理に対する感受性が概日時計の制御を受けており，いずれは，2つの現象が統一的に分子レベルで理解できるであろう．

11.7 紫外線応答

太陽から地表に届く光の波長成分として，可視光より短い波長をもつ紫外線がある．可視光領域の光は，光合成に利用されるだけでなく，さまざまな光形態形成応答を引き起こす．一方，紫外線は，生物にとって害になる面が強い．紫外線は，その波長により**UV-A**（320〜400 nm），**UV-B**（280〜320 nm），**UV-C**（200〜280 nm）に分けられるが，290 nm以下の短波長の紫外線は地表にはほとんど届かない．UV-Bの過剰照射は一般に植物成長に阻害的に働く．UV-Bは，UV-Cほどではないが，核酸，タンパク質にも吸収されるため，それらの分子に損傷を与えることが予想される．

植物は，これらの紫外線による障害に対する防御機構を備えている．たとえば，紫外線によって生じたDNA損傷を回復するための酵素遺伝子の発現が比較的弱い紫外線によって誘導される．また，植物に紫外線を照射すると，

[*27] ZTLとFKF1は，フォトトロピンと同様，N-末端側のLOVドメインによって青色光を受容するが，C-末端側にはキナーゼではなくユビキチン化に関わるF-boxが存在し，概日時計や花芽形成に関わる因子のプロテアソームによる分解を制御している．植物の他の光受容体が多面的な役割をもつのに対し，ZTLやFKF1はもっぱら花芽形成のみに関わる光受容体である．

フラボノイド(flavonoid, 2.4.2項参照)が蓄積することが知られている．フラボノイドは葉や花の表皮細胞に蓄積され，紫外線を吸収することで植物細胞を守るとされている．実際，フラボノイド合成に働く酵素を欠く変異体では，紫外線に対する感受性が高くなる．一方で，これら紫外線を吸収する色素がつくる模様は，われわれには見えないが，紫外線を認知することができる昆虫類に蜜腺や花粉の場所を教える役割を果たしているとされている(口絵参照)．

　紫外線に対する応答がどのような光受容体で制御されているのか，長年にわたり謎であったが，最近UV-Bの光受容体が発見された．低光量のUV-B照射はUVへの順応を引き起こすとともに，光形態形成様の応答を引き起こす．この応答ができなくなった変異体の原因遺伝子を同定したところ，そのうちのひとつがまったく新しいタイプの光受容体UVR8をコードしていた．UVR8は特別な発色団をもたず，ホモ2量体の境界面に位置するトリプトファン残基がUV-Bを吸収する発色団の役割を果たす．UV-Bを吸収したUVR8は単量体化する．クリプトクロムがCOP1の働きを抑制することで光形態形成を促すのに対して，UVR8単量体はCOP1の働きを逆転させることで応答を引き起こす．UVR8の発見は大きな驚きをもって迎えられたが，すべての紫外線応答をUVR8で説明することは難しく，さらに新しい受容体が発見されるかもしれない．

練習問題

1. 植物の光応答の特徴を，われわれの視覚と比較しつつ説明しなさい．
2. フィトクロムによる光発芽にジベレリンが関与するとした場合，どのような機構により発芽が誘導されると考えられるか．その過程をできるだけ詳しく記述しなさい．
3. クリプトクロムとフォトトロピンにはないフィトクロムの特徴を挙げ，その性質が植物の生存にどのように役立っているか考察しなさい．

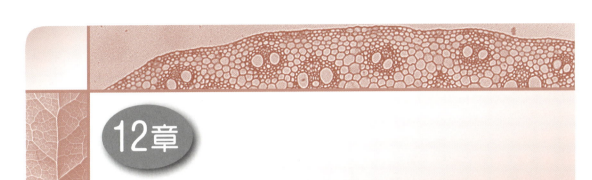

12章 栄養成長と生殖成長

　種子植物は発芽後，葉を次つぎと形成して光合成をしながら成長する．このような時期を栄養成長相とよぶ．やがて，環境条件や成長の度合いに応じて生殖に適した時期になると，花をつくり，次世代の種子を形成する．このような時期を生殖成長相とよぶ．本章では，植物の栄養成長と生殖成長について説明する．

12.1　栄養成長

　真正双子葉植物の場合，種子から発芽したばかりの芽生えは，胚発生でつくられた2枚の子葉，胚軸，幼根といった基本的な器官と，その軸の両端に，茎頂分裂組織と根端分裂組織をもつ．栄養成長相において地上部では，葉が次つぎと形成されるとともに，茎が成長する[*1]．植物の地上部は，葉，葉のついた節，節と節の間の茎である節間，葉の表側（向軸側）の基部にできる腋芽の4つの部分からなる**ファイトマー**（phytomer）とよばれる単位が積み重なってできている（図12.1）．

[*1] タンポポ（キク科）やシロイヌナズナ（アブラナ科）で見られるような，栄養成長期に節間をほとんど伸長させずに，地表近くで短い茎の周りに多数の葉が密集して形成される状態を，ロゼット（rosette）とよぶ．

12.1.1　葉の発生

　葉は，茎頂分裂組織の周りに形成される葉原基が発達してできる．真正双

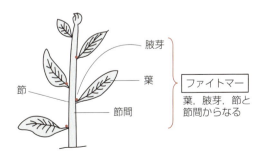

図12.1
栄養成長相における植物
茎頂分裂組織はファイトマーを繰り返しつくり続ける．

12章 栄養成長と生殖成長

*2 単子葉植物であるイネ科植物の葉は，葉身と葉鞘，そして葉身と葉鞘の境界にできる葉舌（ようぜつ），葉耳（ようじ）とよばれる部分からなる．

子葉植物の葉は，葉身と葉柄からなる[*2]．葉には表側と裏側を結ぶ軸（向背軸）があり，茎頂分裂組織に近い面（表側）を向軸側，裏側を背軸側とよぶ（図12.2）．葉の向軸側には，向軸側表皮，柵状組織，木部が含まれ，背軸側には篩部，海綿状組織，背軸側表皮が含まれる．シロイヌナズナにおいて，葉の向軸側と背軸側の性質は，向軸側の性質を決定する遺伝子群と背軸側の性質を決定する遺伝子群，およびそれらの発現領域を調節するマイクロRNA（14.2.4項参照）との相互作用によって制御されていることが知られている（図12.2）．これらの遺伝子群の変異体や過剰発現体の研究から，扁平な葉の発生には，向軸側運命をもつ細胞と背軸側運命をもつ細胞が並列する必要があると考えられている．

また，葉の種類には，タバコやシロイヌナズナのような単葉と，トマトやエンドウのように葉身が複数の小葉に分かれる複葉がある．複葉の形成には，茎頂分裂組織の形成に働くKNOX（ノックス）ファミリー[*3]に属する転写因子が関係している．シロイヌナズナのような単葉を形成する植物では，通常，クラス1 *KNOX*遺伝子は茎頂分裂組織だけで発現しており，葉原基では発現しない．

*3 動物にも保存されるホメオドメイン（homeodomain）とよばれるDNA結合ドメインを含む植物転写因子の一群．

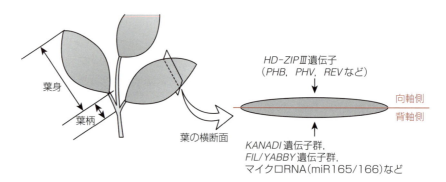

図12.2 シロイヌナズナの葉の向背軸を決定する遺伝的制御
葉の向背軸は，向軸側の性質を決定する遺伝子群（ホメオドメイン-ロイシンジッパー型クラスIII転写調節因子をコードする *PHB*, *PHV*, *REV* 遺伝子など），背軸側の性質を決定する遺伝子群（転写調節因子をコードする *FIL/YABBY*, *KANADI* 遺伝子群など）と，それらの発現領域を調節するマイクロRNA（miR165/miR166）との相互作用によって調節される

Column

葉の向軸側を決定する茎頂分裂組織からのシグナル

1950年代前半に，植物発生学者のサセックス（I. Sussex）は，ジャガイモの茎頂分裂組織と予定原基領域の間に切れ込みを入れると，棒状の葉が形成されることを示した．この棒状の葉は，葉の裏側（背軸側）の性質だけをもっていたことから，茎頂分裂組織から葉の予定原基領域へ，葉の表側（向軸側）の決定に必要な何らかのシグナルが伝達されると考えられている．このシグナル（サセックスシグナル：Sussex signalとよばれる）の実体は現在もまだ明らかになっていない．

一方，複葉を形成するトマトやミチタネツケバナでは，クラス1 *KNOX* 遺伝子が茎頂分裂組織だけでなく葉原基でも発現することから，クラス1 *KNOX* 遺伝子が葉原基で働くことで複葉が生じると考えられている．

12.2 生殖成長のはじまり——花成の制御

ほとんどの植物は一年のうちほぼ決まった季節に花を咲かせる．これは植物が花芽を形成するのに適した時期をなんらかのしくみによって感知しているからである．**花成（花芽形成）**（flowering, floral transition）とは栄養成長から生殖成長への成長相の転換（**相転換**：phase transition）のことであり，茎頂分裂組織では，栄養成長分裂組織から生殖成長分裂組織への転換が起こる．

12.2.1 花成を誘導するフロリゲンと光周性経路

栄養成長相から生殖成長相への移行には，昼と夜の明暗周期（日長）の変化や温度（低温）が大きな影響を与える．11章で説明したように，長日植物や短日植物では，葉で受容される光情報の有無が花成に大きく影響する．現在，シロイヌナズナのFTタンパク質や，その類似タンパク質であるイネのHd3aが，花成を引き起こす**フロリゲン**（florigen）であることがわかっている．これらのフロリゲンは，日長に応じて葉の維管束でつくられ，篩管を通って茎頂分裂組織に輸送され，花芽形成を開始させる[*4]．

＊4 フロリゲンは多くの植物種で保存されている．

シロイヌナズナの葉におけるFTタンパク質の蓄積は，長日条件下で働く転写因子であるCOによって正に制御される（図12.3）（11章参照）．では，短日植物のイネではフロリゲンの蓄積はどのように制御されているのだろうか．イネではフロリゲンHd3aの上流でシロイヌナズナのCOに相当する転写因子Hd1が働く．興味深いことに，イネではシロイヌナズナと同様に長日条件下でHd1タンパク質が蓄積するのだが，シロイヌナズナとは逆に，Hd1は*Hd3a*遺伝子の発現を抑制する．そのためイネは長日条件では花成が起こりにくいと考えられている（図12.3）．

12.2.2 春化経路

長日植物のシロイヌナズナの場合は，光周性経路のほかに，自律的な経路

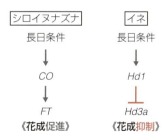

図12.3 長日植物（シロイヌナズナ）と短日植物（イネ）の光周性経路の違いを決定する花成制御経路

12章 栄養成長と生殖成長

やジベレリンによる経路，さらには冬の低温を経験することで花成が誘導される春化経路がある．吸水種子や幼植物が低温（通常，1〜7℃）を経験することにより花成が促進される過程を**春化**（vernalization）とよぶ．越冬一年生植物は冬を経験しないと花成が起こらない．たとえば，越冬一年生シロイヌナズナ系統の花成には春化と長日条件の両方が必要である．この系統のシロイヌナズナでは*FLOWERING LOCUS C*（*FLC*）遺伝子が花成抑制因子として働いており，春化前には*FLC*遺伝子が強く発現するため花成は誘導されない．それに対して，春化後には*FLC*遺伝子の発現が抑制されるため花成が誘導される．*FLC*遺伝子は植物体全体で発現するが，FLCタンパク質[*5]を葉の維管束や茎頂分裂組織で発現させるだけで花成が遅延する．このことから越冬一年生シロイヌナズナでは，FLCが葉と茎頂分裂組織の両方で働くと考えられている．

*5 MADSドメインをもつ転写因子．MADSドメインの詳しい説明は本章 P.165 の*8 を参照．

12.2.3 フロリゲンの作用機構

維管束を通って茎頂に輸送されたフロリゲンは，どのように花成を誘導するのだろうか．まず，葉の維管束におけるCOタンパク質の活性化によって*FT*遺伝子の発現が誘導されると，つくられたFTタンパク質が葉や茎の篩管を伝わって茎頂に移動する．すると，茎頂に移動したFTが，FDとよばれる転写因子と直接相互作用し，花芽分裂組織の性質を決定する*AP1*遺伝子[*6]などの転写を活性化する．このような流れで栄養成長相から生殖成長相へと茎頂分裂組織の相転換が起こり，花芽の形成が開始する（図12.4）．

フロリゲンであるFTと転写因子であるFDがどのように相互作用するかについては，それらに相当するイネのフロリゲンであるHd3aと転写因子OsFD1の研究から詳しいしくみが明らかになった．図12.5に示すように，Hd3aは，真核生物に広く保存されている14-3-3タンパク質と細胞質で結合する．その後，Hd3a-14-3-3複合体として細胞質から核内へと移動し，

*6 *AP1*（*APETALA1*）遺伝子は，花器官の決定に働くクラスA遺伝子でもある（12.3.1節参照）．

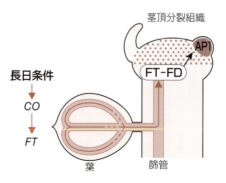

図12.4 シロイヌナズナにおけるフロリゲンFTによる花成誘導

12.3 花の発生のしくみ

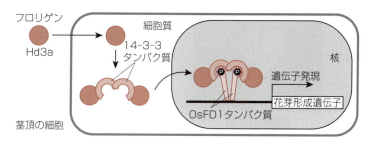

図 12.5　イネのフロリゲン活性化複合体の作用機構

OsFD1 タンパク質とさらに高次の複合体を形成し，下流の花芽形成遺伝子を活性化する．この複合体はそれぞれ 2 分子ずつの 6 量体からなり，**フロリゲン活性化複合体**（florigen activating complex）とよばれている．

12.3 花の発生のしくみ

被子植物の花は，外側から，**がく片**（sepal），**花弁**（petal），**雄ずい**（stamen），**雌ずい**（pistil）の 4 つの器官が同心円状に配置している．雌ずいは**心皮**（carpel）とよばれる器官が融合してできたもので，内部には胚珠がある（図 12.6）．これらの器官がつくられる同心円状の 4 つの領域を**環域**（whorl）とよぶ．図 12.7 に示すように，これらの 4 つの環域を外側から環域 1〜環域 4 とすると，シロイヌナズナでこれらの環域でつくる花器官の種類と数は，がく片（4），花弁（4），雄ずい（6），心皮（2）となる（シロイヌナズナの野生型の花，図 12.7a）．

12.3.1 花のホメオティック変異体と ABC モデル

花器官の性質を決定するしくみは，シロイヌナズナやキンギョソウにおい

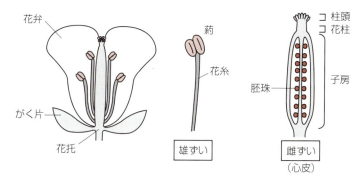

図 12.6　シロイヌナズナ花の構造

シロイヌナズナの花では，外側から，がく片，花弁，雄ずい，雌ずい（心皮）の 4 つの器官が同心円状に配置されている．雄ずいは，花粉を形成する葯と花糸からなる．雌ずいは 2 枚の心皮からなり，花粉を受ける柱頭，胚珠を形成する子房，および柱頭と子房をつなぐ花柱からなる．

12章 栄養成長と生殖成長

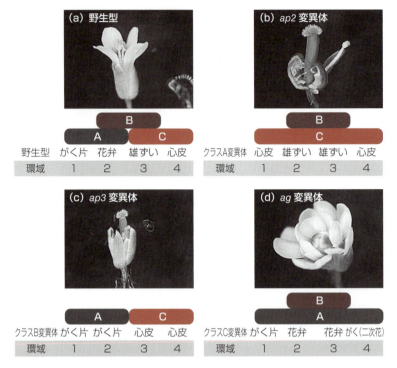

図 12.7 花のホメオティック変異体と ABC モデル
シロイヌナズナ野生型の花(a)と, *ap2* 変異体(b), *ap3* 変異体(c), *ag* 変異体(d)の花.

＊7　体の一部の器官が他の器官に置き換わるホメオシス(homeosis)という表現型を示す突然変異. ショウジョウバエの *Antennapedia*(アンテナペディア)変異体では, 本来は触角が形成される場所に脚が形成される.

て単離された**ホメオティック変異体**(homeotic mutant)[*7]の研究から明らかになった. シロイヌナズナでは, 次に示す A, B, C の3クラスからなるホメオティック変異体が知られている. これらの変異体では, たとえば本来は花弁があるべき場所にがく片ができるなど, 本来の花器官ができる場所に異なる花器官が形成される.

1) クラス A 変異体: *apetala2*(*ap2*)(アペターラ)変異体では, がく片の位置(環域1)に心皮が, 花弁の位置(環域2)に雄ずいが形成される. 器官は外側の環域から, 心皮・雄ずい・雄ずい・心皮となる(図12.7b). また, *apetala1*(*ap1*)(アペターラ)変異体では, がく片の位置(環域1)に葉が, 花弁の位置(環域2)に側芽としての花が形成される.

2) クラス B 変異体: *apetala3*(*ap3*)(アペターラ) または *pistillata*(*pi*)(ピスティラータ)変異体では, 花弁の位置(環域2)にがく片が, 雄ずいの位置(環域3)に心皮が形成される. 器官は外側の環域から, がく片・がく片・心皮・心皮となる(図12.7c).

3) クラス C 変異体: *agamous*(*ag*)(アガマス)変異体では, 雄ずいの位置(環域3)に花弁が, 心皮の位置(環域4)にがく片が形成される. また, 環域4の内部に二次花を繰り返し, 八重咲きのような花となる. 器官は外側の環域から,

がく片・花弁・花弁・二次花（がく片・花弁・花弁，を繰り返す）となる（図12.7d）．

これらの3つのクラスの変異体の表現型とその原因遺伝子の働きについての考察から，花器官の性質は各クラスの遺伝子の活性の組み合わせによって決まるという **ABC モデル**（ABC model）が提唱された．図12.7に示すように，野生型においてクラス A 遺伝子は環域1と2で働き，クラス B 遺伝子は環域2と3で働き，クラス C 遺伝子は環域3と4で働く．すなわち，それぞれの環域で形成される器官とそれを制御する遺伝子としては次のようになる．

環域1：クラス A 遺伝子が働いて，がく片が形成される．
環域2：クラス A 遺伝子と B 遺伝子が働き，花弁が形成される．
環域3：クラス B 遺伝子と C 遺伝子が働き，雄ずいが形成される．
環域4：クラス C 遺伝子が働いて，心皮が形成される．

12.3.2 ABC モデルにおける遺伝的な相互作用

上述した ABC モデルにおいて，クラス A とクラス C の活性は互いに抑制し合う．ではこの ABC モデルは，これらの二重変異体や三重変異体の表現型も説明できるだろうか．たとえば，クラス A と B 遺伝子の機能を失うと，クラス C 遺伝子のみが働いて，すべての器官が心皮となる．また，クラス B と C 遺伝子の機能を失うと，クラス A 遺伝子のみが働いて，すべての器官ががく片となる．さらに，クラス A, B, C 遺伝子のすべての機能を失うと，すべての花器官は葉となってしまう．これは 18～19 世紀にかけて活躍したドイツの詩人・哲学者・科学者であるゲーテ（J. W. von Goethe, 1749-1832）が著書「変形論」で述べている「花器官は葉の変形したものである」という記載を実験的に証明したことになる．このように，ABC モデルは，多重変異体の表現型も矛盾なく説明することができる．

12.3.3 クラス A, B, C 遺伝子の発現パターン

では，これらのクラス A, B, C 遺伝子は花器官決定遺伝子として，どのようなタンパク質をコードしているのだろうか．クラス A 遺伝子の *AP1*，クラス B 遺伝子の *AP3* や *PI*，およびクラス C 遺伝子の *AG* は，すべて **MADS ドメイン**（MADS domain）[*8] とよばれる DNA 結合ドメインを含む転写因子をコードする．ただし，クラス A 遺伝子の *AP2* は植物に特有な AP2 型転写因子をコードしている．

これらの遺伝子のほとんどは，機能すると予想される花原基の環域で発現する（図12.8）．クラス A 遺伝子の *AP1* は最初に花原基全体で発現し，その後，環域1, 2 に発現が限定される．クラス B 遺伝子の *AP3* は環域 2, 3 で発現す

[*8] 出芽酵母の MCM1 タンパク質，シロイヌナズナのクラス C 遺伝子がコードする AG タンパク質，キンギョソウのクラス B 遺伝子がコードする DEFICIENS タンパク質，ヒトの SRF タンパク質に共通して保存される DNA 結合ドメインにちなんで命名された．この保存されたドメインをコードする DNA 配列を MADS ボックスとよぶ．

12章 栄養成長と生殖成長

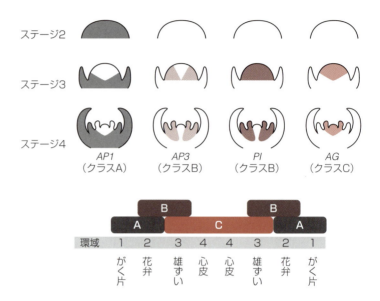

図 12.8 花発生ステージにおけるクラス A, B, C 遺伝子の発現パターン

るのに対して，*PI* ははじめ環域 2, 3, 4 で発現し，後に環域 2, 3 に発現が限定される．クラス C 遺伝子の *AG* は環域 3, 4 で発現する．興味深いことに，クラス A 遺伝子の *AP2* はすべての環域で転写されるが，環域 3, 4 では AP2 タンパク質の翻訳を抑制するマイクロ RNA(miR172) によって発現が抑制されるため，結果として AP2 タンパク質は環域 1, 2 だけで発現する（マイクロ RNA の働きについては 14 章参照）．このように，クラス A, B, C 遺伝子がコードするタンパク質は，それぞれが発現する環域において，花器官の発生に必要な下流遺伝子の発現調節を行うと考えられる．

12.3.4　ABC モデルを補足する *SEPALLATA* 遺伝子群

　では，花の器官の性質はクラス A, B, C 遺伝子だけで決定されるのだろうか．実はその後の研究から，クラス A, B, C 遺伝子以外にも，花器官の性質の決定に働く遺伝子群が見つかった．シロイヌナズナの $\overset{セパラータ}{SEPALLATA}$ (*SEP*) 遺伝子群 (*SEP1, 2, 3, 4* 遺伝子) は，AP3, PI, AG タンパク質と同じ MADS ドメインタンパク質をコードしており，クラス A, B, C 遺伝子の活性に必要である．たとえば，*SEP1, 2, 3* の 3 つの遺伝子に欠損のある三重変異体では，4 つの環域すべてが，がく片になる．これはクラス B とクラス C 遺伝子が働かない場合 (*ap3 ag* 二重変異体や *pi ag* 二重変異体) と同じである．また，*SEP1, 2, 3, 4* の 4 つの遺伝子が欠損すると，クラス A, B, C の三重変異体のように，4 つの環域すべてが葉になる．つまりクラス A, B, C 遺伝子が正常に発現しても，*SEP* 遺伝子群が欠損すると，クラス A, B, C 遺伝子

12.3 花の発生のしくみ

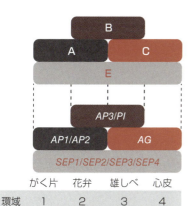

図 12.9 花発生の ABCE モデル
花の器官の性質は，クラス A, B, C 遺伝子と，クラス E 遺伝子である *SEP* 遺伝子との組み合わせによって決定される．クラス E 遺伝子（*SEP1* ～ *SEP4*）の機能は重複しているので，環域ごとに特定の *SEP* 遺伝子が働くわけではない．

の活性を示すことができないのである．これらの研究から，花の器官の性質は，クラス A, B, C 遺伝子と *SEP* 遺伝子群の働きによって決定されることが明らかとなった．詳しい研究から，これらの SEP タンパク質は AP3, PI, AG タンパク質と四量体（テトラマー）を形成して下流の遺伝子の発現を調節することで，花器官の決定に働くと考えられている．これらの 4 つの *SEP* 遺伝子は，花の発生におけるクラス E 遺伝子[*9]とよばれており，ABC モデルを改変した **ABCE モデル**（ABCE model），あるいは**四つ組モデル**（カルテットモデル：quartet model）として提唱されている（図 12.9）．

ここまでの説明で，クラス A, B, C 遺伝子とクラス E 遺伝子（*SEP* 遺伝子）が花器官の性質の決定に必要なことはわかったが，これらの遺伝子は花器官の性質を決定するのに十分なのだろうか．シロイヌナズナでは，クラス A, B 遺伝子と *SEP3* 遺伝子を植物体全体で発現させると，葉が花弁様になる．また，クラス B, C 遺伝子と *SEP3* 遺伝子を異所的に発現させると，葉が雄

[*9] 胚珠の形成に必要な遺伝子群がクラス D 遺伝子とすでに命名されていたため，クラス E と命名された．

Column

ABC モデルとシロイヌナズナ

花発生の ABC モデルは 1991 年，アメリカのマイロヴィッツ（E. Meyerowitz）とイギリスのコーエン（E. Coen）の 2 つの研究グループによって提唱された．マイロヴィッツは大学院生のボウマン（J. Bowman）らと，当時すでに遺伝学の材料として一部の研究者によって利用されていたシロイヌナズナに注目し，さまざまな花の発生異常変異体のなかから，3 つのクラスのホメオティック変異体を選んで研究を進めた．一方，コーエンはキンギョソウから同様の花のホメオティック変異体の研究を行った．両グループの研究によって提唱された ABC モデルは，その後，遺伝子・分子レベルでその妥当性が実際に証明されるとともに，このモデルが他の植物種にも成り立つか検証されるようになった．ABC モデルの提唱は，シロイヌナズナが「植物のショウジョウバエ」とよばれ，植物生理学・発生学的研究のモデル植物として世界的に脚光を浴びる大きな契機となった．

12章 栄養成長と生殖成長

ずい様になるとともに，花器官がすべて雄ずいになる．これらの実験結果から，クラス A, B, C 遺伝子とクラス E 遺伝子は花器官の性質を決定するのに必要かつ十分であることが明らかとなっている．

12.4 配偶子形成

植物では一倍体（単相）の配偶体世代と二倍体（複相）の胞子体世代を交互に繰返す世代交代が起こる（1章参照）．図 12.10 と図 12.11 に示すように，被子植物では，雄ずいの**葯**（anther）でつくられる雄性配偶体の**花粉**（pollen）と，雌ずいの**胚珠**（ovule）の内部でつくられる雌性配偶体の**胚のう**（embryo sac）が，それぞれ一倍体の配偶体世代に相当する．これらは減数分裂とそれに続

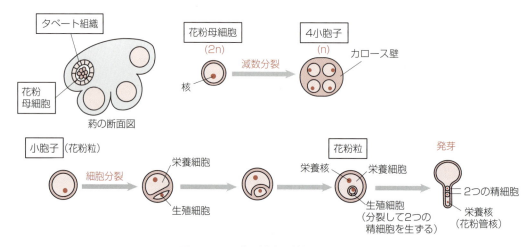

図 12.10　葯の構造と花粉形成過程

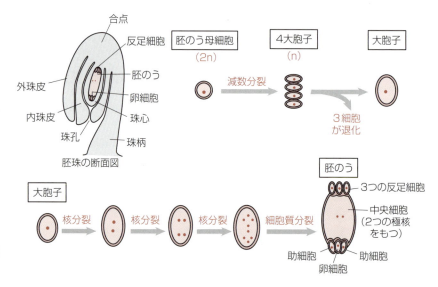

図 12.11　胚珠の構造と胚のう形成過程

く数回の体細胞分裂によってつくられる．以下に，花粉と胚のうの形成過程を説明する．

　葯の葯室では，まず二倍体の**花粉母細胞**(pollen mother cell)が**減数分裂**(meiosis)を行うことで一倍体の4つの**小胞子**(miscrospore)または**花粉四分子**(pollen tetrad)が形成される(図12.10)．花粉四分子はカロース壁に囲まれているが，葯内部の**タペート組織**(tapetum)から分泌される酵素によって4つの小胞子へと分離する．小胞子は体細胞分裂によって，**栄養細胞**(vegetative cell)と**生殖細胞**(generative cell)を生じ，生殖細胞はさらなる分裂により二つの**精細胞**(sperm cell)となり，これら3つの細胞が1つの花粉を構成する．

　一方，雌ずいの中にある**胚珠**(ovule)では，二倍体の**胚のう母細胞**(embryo sac mother cell)が減数分裂を行うが，分裂によってできた4つの一倍体細胞のうち3つは退化して，1つが**大胞子**(megaspore)となる(図12.11)．大胞子は3回の核分裂を行い8核となり，胚珠の珠孔側に1つの**卵細胞**(egg cell)と2つの**助細胞**(synergid cells)と，反対側に3つの**反足細胞**(antipodal cells)をつくり，さらに残りの2つの核をもつ中央細胞をつくる．このようにして8核7細胞からなる胚のうが形成される．

　被子植物の受精では，花粉がもつ2個の精細胞のうち1つが胚のうの卵細胞と受精して2nの受精卵となり，もう1つが中央細胞の2つの極核と融合して3nの**胚乳**(endosperm)となる．受精卵は**胚**(embryo)として発達し，胚乳は胚に栄養を供給する．このように被子植物の受精は胚と胚乳を生み出す2種類の受精が行われるので，**重複受精**(double fertilization)とよばれる．

12.5　自家不和合性

　多くの種子植物では，雌ずいが自己と非自己の花粉を識別することにより，近親交配を回避する**自家不和合性**(self-incompatibility)とよばれるしくみがある．自家不和合性にはいくつかのタイプがあり，植物種によって固有の識別機構が存在する．

12.5.1　S遺伝子座

　S(*Sterility*)**遺伝子座**(S locus)とは，自家不和合性の自他識別反応を制御する遺伝子座のことで，複対立遺伝子座($S_1, S_2, S_3, \cdots, S_n$)である．雌ずいと花粉が同じ$S$遺伝子座の場合は不和合となるが，雌ずいと花粉が異なるS遺伝子座の場合，非自己と認識されて，受精が成立する．S遺伝子座には，雌ずい側S因子と，花粉側S因子が密接に連鎖してコードされている．このような複対立遺伝子の組をSハプロタイプとよぶ(図12.12)．

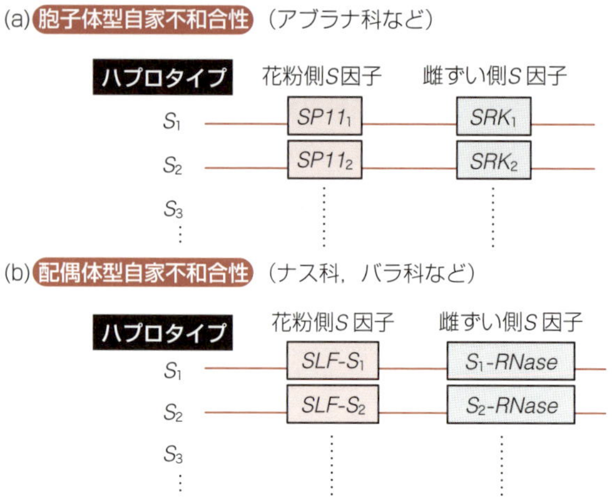

12章 栄養成長と生殖成長

(a) 胞子体型自家不和合性 (アブラナ科など)

(b) 配偶体型自家不和合性 (ナス科, バラ科など)

図12.12 S遺伝子座のハプロタイプ

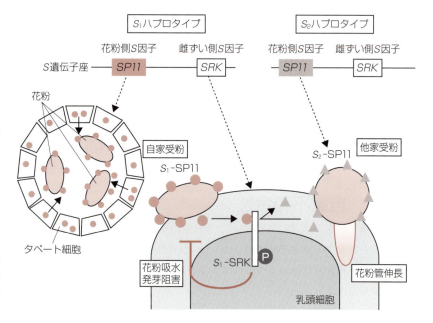

図12.13 アブラナ科植物の自家不和合性

S_1 のハプロタイプをもつ雌ずいでは, S_2 タイプの花粉管は発芽できるが, S_1 タイプの花粉管は発芽できない. これは S_1 タイプの花粉からつくられる S_1 タイプの SP11 が S_1 タイプの SRK と結合し, 花粉管の発芽が抑制されることによる (自家受粉). 一方, S_2 タイプの花粉がつくる SP11 は S_1 タイプの SRK とは結合できないため, 花粉管の発芽は抑制されない (他家受粉). (©2010 樽谷芳明・高山誠司 Licensed under CC 表示2.1 日本)

12.5.2 アブラナ科植物の自家不和合性

アブラナ科植物の S 遺伝子座上には, SLG (S-locus glycoprotein) タンパク質, SRK (S receptor kinase) タンパク質, SP11 (S-locus protein11) タンパク質の3つの因子がコードされている (図12.12a, SLG 遺伝子座は省略). SLG は雌ずい表層の乳頭細胞で発現する可溶性糖タンパク質 (雌ずい側因子) であり, SRK も雌ずい表層の乳頭細胞で発現する多型性受容体型セリン・スレオニンキナーゼ (雌ずい側因子) である. 一方, SP11 は, 葯で発現するシ

ステインに富む多型性タンパク質（花粉側因子）である．図12.13に示すように，自家受粉時には，花粉側のSP11が雌ずいの柱頭側の細胞膜に局在するSRK受容体型キナーゼと結合することで，下流にシグナルを伝達し，花粉管伸長を促す和合反応を阻害する．一方，他家受粉時には，SRKの下流にシグナルは伝達されず，アクチン束の形成や花粉への水の供給などが起こり，和合反応が誘導されて花粉管伸長が促される．花粉側のSP11の表現型は，それがつくられた葯（胞子体）の遺伝子型（二倍体）によって決まるので，このような自家不和合性は，胞子体型自家不和合性とよばれる．

12.5.3 ナス科・バラ科植物の自家不和合性

ナス科およびバラ科植物のS遺伝子座上には2つの因子，S-RNase，およびSLF（S-locus F-box protein）がコードされている（図12.12b）．S-RNaseは，雌ずいで発現するRNAに対して分解活性をもつタンパク質（雌ずい側因子）である．一方，SLFは，花粉で発現するF-boxタンパク質（花粉側因子）である．図12.14に示すように，自家受粉時には，雌ずい側S-RNaseが，受粉した自己の花粉管内に取り込まれ，花粉管内のRNAを分解して花粉管

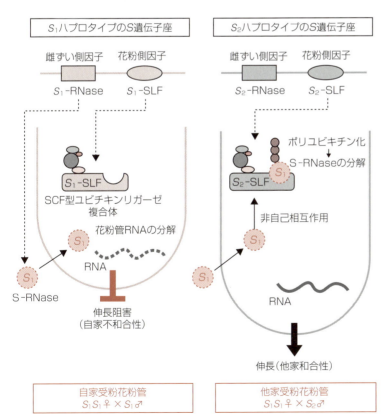

図12.14 ナス科・バラ科植物の自家不和合性

S_1のハプロタイプをもつ雌ずいでは，S_2の花粉管は伸長できるがS_1の花粉管は途中で伸長が停止する．雌ずいがつくるS-RNaseは同じタイプの花粉の中に入っていき，花粉管のRNAを分解して花粉管伸長を抑制する．（©2010 久保健一・円谷徹之・高山誠司 Licensed under CC 表示2.1 日本）

伸長を阻害する．一方，他家受粉時には，雌ずい側S-RNaseが受粉した花粉管内に取り込まれるものの，花粉側SLFタンパク質(F-boxタンパク質)を含むSCFユビキチンリガーゼ複合体によって，S-RNaseがユビキチン化され(10章参照)，プロテアソームで分解される(S-RNaseの不活性化)．その結果，他家受粉時には和合反応が誘導され，花粉管が伸長する．花粉側のSLFの表現型は，花粉(配偶体)の遺伝子型(一倍体)によって決まるので，このような自家不和合性は，配偶体型自家不和合性とよばれる．

12.6 花粉管ガイダンスと受精

柱頭に花粉が受粉すると，花粉から花粉管が伸長する．花柱の中は真っすぐに伸び，子房の中では最寄りの胚珠に向かって伸長する．花粉管は卵細胞のある側から胚のうに進入する(図12.15)．花粉管は雌ずい内部で胚珠に迷わずに到達することができる．1869年，フランスのヴァンティーゲム(Van Tieghem)は花粉管が培地上で胚珠に向かうことを報告した．しかし，花粉管を誘導する物質はそれ以来，最近まで不明のままだった．しかし，近年，卵細胞が胚珠から突き出る特徴をもつトレニア(*Torenia fournieri*)を材料とした研究により，誘因物質が発見された．トレニアの花粉と胚珠のみを培地で培養しても受精は起こらない．しかし，花柱を通った花粉管と胚珠を培養すると，人工的に受精が可能である．つまり，花柱には花粉管を胚珠の誘因物質に応答できるように成熟させる働きがある．また，胚珠による花粉管の誘導には種特異性がある．そこで，レーザーで細胞除去する実験を行ったところ，トレニアの花粉管誘導には助細胞が必要で，助細胞から誘因物質が出ていることが示された．そして，助細胞で発現する遺伝子リストから，システインに富み，細胞外に分泌される低分子ペプチド(システインリッチペプチド，cystein-rich peptide)が複数同定され，このうちのLURE(ルアー)が

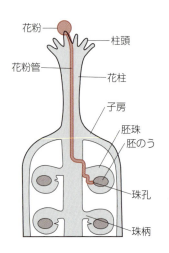

図12.15 受粉後，胚珠に向かって伸長する花粉管

誘因物質であった．LURE は動物がもつディフェンシン（defensin）という抗微生物タンパク質に類似している．この LURE は助細胞で特異的に発現しており，花粉管が進入してくる部位に向かって分泌される．遺伝子組換えでシロイヌナズナの LURE を導入したトレニア胚珠には，シロイヌナズナの花粉管が誘引されることから，LURE が種特異的に花粉管を誘引できることが示された．最近の研究から，LURE の受容体は，花粉管特異的な受容体型キナーゼであることが判明している．

この花粉管ガイダンスに関する一連の研究は，モデル植物のシロイヌナズナやイネではなく，卵細胞が胚珠から突き出るという特徴を持つトレニアを材料として選んだことによって飛躍的に進展した．ある生命現象を解明するのに適した材料を選択することによって，独創的な研究が可能になった例と言えよう．

12.7　植物の無性生殖

種子植物の花における精細胞と卵細胞による受精や，シダ植物の前葉体における精子と卵による受精など，体細胞の減数分裂によって生じる配偶子が受精することで次世代をつくりだす有性生殖とは異なり，受精を介さずに体細胞の一部から次世代の個体を生みだす生殖方法を，**無性生殖**（asexual reproduction）とよぶ．ゼニゴケの葉状体は仮根を生やしながら，平面的に成長する一倍体の配偶体だが，雄株と雌株ともに，生殖器官をつくって有性生殖をするだけでなく，葉状体の上にできるカップ状の杯状体の中に多数の無性芽を形成する（カバー写真，1 章参照）．杯状体の外にでた無性芽は再び葉状体を発達させる．これらの無性芽は配偶体由来の一倍体なので，遺伝情報は元の葉状体とまったく同じである．

種子植物でも，花以外の根や茎，葉といった栄養器官から種子を経ずに次世代の個体をつくりだす無性生殖のことを**栄養生殖**（vegetative

---

Column

花芽分裂組織はいつその働きを終わらせるのか？

シロイヌナズナのクラス C 変異体である *ag*（アガマス）は，環域 4 の内部に二次花を繰り返し，花びらが重なった八重咲きのような花を形成する．このことは，クラス C 遺伝子の *AG* が，花芽分裂組織を無限に維持させるのではなく，有限にする働きをもつことを示している．野生型の若い花芽の中央では，茎頂分裂組織の維持に必要な *WUSCHEL*（*WUS*）遺伝子（9 章参照）が発現しているが，花器官をすべて形成し終わると，その発現が消失する．一方，*ag* 変異体の花では，*WUS* 遺伝子が花芽分裂組織で発現し続ける．これらのことから，花器官をすべて形成した後，AG タンパク質は *WUS* 遺伝子の発現を抑制することで花芽分裂組織の機能を終わらせていると考えられている．

reproduction）とよぶ．たとえばジャガイモやサツマイモは，デンプンを貯蔵する塊茎や塊根をそれぞれ土中につくることで，そこから新たなシュートを形成する．また，ヤマノイモやオニユリは，葉の基部に「むかご」とよばれるイモ様の器官を形成し，これが地面に落ちると新たな個体として成長する．ベンケイソウの葉の葉縁には数多くの不定芽が形成され，これが葉から分離すると独立した個体となって生育する．チューリップの場合は，花が咲き終わると葉の付け根に栄養を貯蔵する球根を形成し，ここから新たな個体が生じる．このような新たな個体のもとを生み出す方法とは異なり，途中まで同一個体の部分であったのが途中で分かれる例もある．オランダイチゴのように，ほふく茎（ストロン，stolon）または走出枝（ランナー，runner）とよばれる，地面を這うように伸びる茎をもつ植物では，節から不定根をつくるため，親植物から切り離されても独立した個体として生育する．人為的な栄養繁殖方法としては，挿し木や挿し芽などがある．たとえば，日本中に生育する桜の一種であるソメイヨシノは，すべて同じ個体に由来する挿し木から広がった同一クローンである[*10]．このように栄養生殖によってつくられる個体は，親個体と遺伝的にはクローン（同一の個体）であるため，親植物の性質をそっくり受け継いでいる．果樹など種子による増殖に時間がかかる木本植物や，園芸作物や食用作物で有用な性質をもちながら種子繁殖が難しい場合には，このような栄養繁殖によりクローンを増やす方法がとられている．

*10 ソメイヨシノは，江戸時代の終わりに，野生種であるエドヒガンとオオシマザクラの種間雑種の交配によってつくられた品種とされている．

練習問題

1 シロイヌナズナの野生型において，クラスB遺伝子の *AP3* と *PI* の両方をすべての花の環域で異所的に発現させた場合，どのような花が発生するか推測しなさい．

2 有性生殖と無性生殖の長所と短所について，それぞれ説明しなさい．

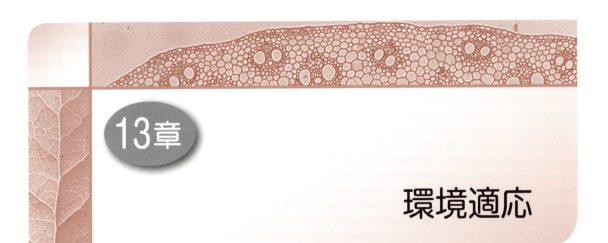

13章 環境適応

　緑色植物は，光合成によって有機化合物を合成する能力を手に入れたため，動物のように必要なエネルギー源としての食糧を求めて動き回る必要がなくなった．この「動く必要がない（動かない）」ということは，周りの環境の影響から逃れられないということも意味している．こうして，植物は動くことをやめた代わりに，周りの状況に自分を合わせる力を進化させてきた．この力を環境適応能とよんでいる．

13.1 無機環境に対する植物の適応

　植物にとって，生育に阻害的に働く環境要因を**ストレス**(stress)とよぶ．最適環境条件とはストレスがかかっていない状態をいうが，実際にはそのような状況はほとんど考えられず，植物は，多かれ少なかれストレスにさらされて生育している（図13.1）．ストレスの原因となるものをストレス因子とよび，植物はストレス因子の存在を認知するとともに，それに対処する機構を作動させなければならない．環境からのストレス要因として，無機環境と有機環境（病原体などの生物的要因）を考えることができる．本章では，乾燥（水），塩，温度，大気成分などの無機環境の変化に，植物がどのように適応

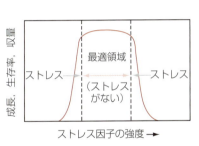

図13.1　環境とストレス
光合成能力を獲得したことで移動の必要がなくなった高等植物の多くは，周りの状況に自分を合わせる力を進化させてきた．光や温度のような物理環境，栄養や有害物質などの化学環境，あるいは病害虫のような生物環境などの要因が，成長に阻害的に働く場合をストレスとよび，植物がそれを認知し，対処するしくみを「ストレス生理機構」とよぶ．

しているかを説明する．

13.2　水環境

水は，生物の生育にとって第一義的に重要な物質である．動物細胞でも植物細胞でも水は全重量の 80% を占め，生体内のほぼすべての化学反応は，水溶液中で生じる．

13.2.1　乾　燥

植物が水を吸収する機構は，すでに 4 章で説明した．陸上植物の多くは恒常的に水不足の環境にある．この水不足に耐えるために，多くの植物では表皮に**クチクラ層**（2.2 節参照）が発達し水分の蒸発を防いでいる．また，乾燥地域に生育する植物では，サボテンのように極端に葉の面積を減らして，蒸発を防ぐとともに，体内に水分をためる能力が発達しているものも多い．

さらに，水不足が生じると，葉面積の減少，葉の脱離，根の伸長などが生じる．また，根は水分屈性を示すことも知られている．

水不足が植物に感知されると，植物は蒸発を防ぎ，組織の水含量を維持するために，**気孔**を閉鎖する．一連の過程は，以下のように進むとされている．葉の水分含量が減少すると，葉におけるアブシシン酸の合成量が増加する．孔辺細胞によりアブシシン酸量の増加が受容されると，細胞質の遊離 Ca^{2+} 濃度が一過的に上昇する．Ca^{2+} 濃度の上昇は，細胞膜 H^+ ポンプを阻害するとともに，陰イオンチャンネルを活性化し細胞膜を脱分極させる．それによって K^+ 取り込みチャンネルの阻害と K^+ 遊離チャンネルの活性化を引き起こし，孔辺細胞の膨圧が減少して，気孔の閉口にいたる（図 13.2）．

この一連の過程には，タンパク質のリン酸化と脱リン酸化が関与するとされているが，詳細な分子機構はわかっていない．アブシシン酸の生合成に異常のある変異体は気孔が開いたままになるため，湿度の低い環境において体

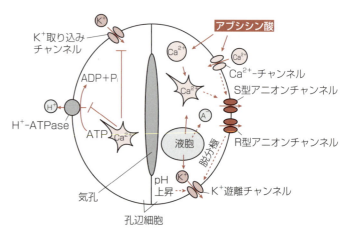

図 13.2　アブシシン酸による気孔閉鎖
孔辺細胞がアブシシン酸を受容すると，細胞質の遊離 Ca^{2+} 濃度が一過的に上昇する．Ca^{2+} 濃度の上昇は，細胞膜 H^+ ポンプを阻害するとともにアニオンチャンネルを活性化し，細胞膜を脱分極させる．それによって K^+ 取り込みチャンネルの阻害と，K^+ 遊離チャンネルの活性化が起こり，孔辺細胞の膨圧が減少して，気孔の閉口にいたる．図中の A^- はアニオン（陰イオン）を表す（アブシシン酸による情報処理過程は 10 章参照）．

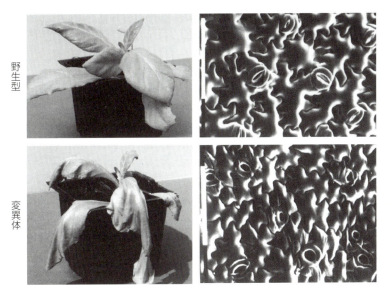

図 13.3 アブシシン酸生合成変異体と気孔開口
アブシシン酸が合成できない変異体のタバコ（下段）では，気孔が開口したままになるため，湿度の低い部屋に置いておくと急速に萎れてしまう．

内の水分が急速に失われて萎れてしまうことが報告されている（図 13.3）．

生育環境の乾燥が進むと，土壌の水含有量が減少し，土壌水の化学ポテンシャルが減少する．土壌水の化学ポテンシャルが減少しても，植物体内の水の化学ポテンシャルがそれより低いかぎりは，植物は吸水を続けることができるが，ポテンシャル勾配の減少分だけ吸水量が減少し，それによって膨圧の減少などが始まる．この内外の水の化学ポテンシャル勾配の減少を緩和するために，植物細胞は細胞内浸透圧を上昇させ，細胞内の水の化学ポテンシャルを低下させることで，水吸収能をあげることができる．これが，細胞内浸透圧調節能である．

細胞内浸透圧を上昇させるためには，細胞内に低分子量物質（糖類，有機酸，アミノ酸，無機イオンなど）を蓄積する必要がある．細胞質における無機イオン濃度の上昇は，一般的に代謝活動に阻害的に働くため，イオン濃度の上昇は液胞内に限られる．それに対して，細胞質にはさまざまな有機化合物が蓄積される．このような化合物のことを**適合溶質**（compatible solute）とよぶ（図 13.4）．適合溶質としてよく知られているものは，アミノ酸のプロリン，窒素化合物としてのベタイン，あるいは糖アルコールであるソルビトールやマンニトールなどである．これらの化合物は，活発な代謝活動の中間物質ではないため，多量に蓄積されても代謝の攪乱を引き起こすことはなく，また多くの酵素に対して阻害的に働くことも少ない．浸透圧の上昇は，ある一定限度までは，乾燥環境における植物の吸水を助け，その結果膨圧の維持に働く．

乾燥ストレス下にある植物では，適合溶質の合成に必要な酵素など，さまざまなタンパク質の合成が始まることが知られている．そのなかで，種子の

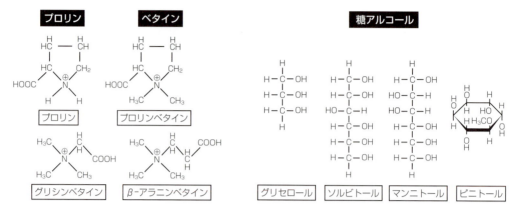

図13.4　いろいろな適合溶質
細胞質の浸透圧を上昇させるために合成される物質で，代謝の撹乱を起こしにくく，多量に蓄積されても細胞に害が少ないと考えられている．

*1　His-Aspリン酸リレー制御系ともいう．細胞膜に埋め込まれた受容体型タンパク質ヒスチジンキナーゼが栄養塩，浸透圧などの環境因子を認識し，特定のヒスチジン残基を自己リン酸化し，続いて細胞質中に存在するレスポンスレギュレーターの特定のアスパラギン酸残基にリン酸基を転移する．レスポンスレギュレーターの多くは転写因子として働き，特定の遺伝子の発現を制御する．細菌，菌類，植物に広く存在する．

*2　生体膜の伸展で活性が変化するイオンチャネルの総称．細菌から，動植物細胞まで広く存在する．細胞の変形を，電気情報に変換することで，圧力や体積変化の認識に働いていると考えられている．

　成熟にともなう乾燥過程で大量に発現するタンパク質（LEAタンパク質，late embryogenesis abundant protein）が複数種知られている．これらのタンパク質は，種子成熟過程以外の乾燥ストレス下でも発現し，強い親水性をもつことから，細胞質における水環境の維持や，重要なタンパク質の保護に働くとされている．

　乾燥ストレス下における遺伝子発現機構が詳細に解析され，乾燥によって誘導される遺伝子群を共通に調節する転写因子が見いだされている．この遺伝子発現カスケードには，プロモーター部位にアブシシン酸によって活性化されるアブシシン酸応答配列（ABRE配列）をもち，そこに結合する転写因子によって制御される経路と，アブシシン酸とは独立の転写因子が結合する配列（DRE配列）をもち，それに特有の転写因子で制御される経路が知られている．また，これらの乾燥ストレス情報の伝達にも，一連のタンパク質リン酸化，脱リン酸化過程が関与することが報告されている．

　酵母では，水ストレスにともなう浸透圧変化を認知する**二成分制御系**〔two component (regulatory) system〕**膜タンパク質受容体**[*1]が報告されている（10.3.1項参照）．シロイヌナズナでは，膨圧の維持に重要な働きをもつと予想される**機械刺激感受性イオンチャネル**（stretch-activated ion channel）[*2]が同定されている．しかし，現時点では，高等植物が水分ストレスをどのように感知しているかはわかっていない．

13.2.2　湿　潤

　陸上植物では乾燥が一般的な水ストレスだが，多量の水の存在が害となる場合もある．そのようなストレスを湿害とか湿潤ストレスとよぶ．日本にとって最も重要な穀物であるイネは湿潤ストレスへの耐性が大きいため，水田で

生育できるが，普通の陸上植物は水の中では長く生育できない．これは，水分の多い環境では，酸素供給が低下することにより，細胞内のエネルギー代謝に阻害がかかることなどが大きな原因である．したがって，湿潤ストレスの一部は低酸素ストレスと考えることができる．このような環境に置かれた植物は，酸素供給を活発にする**通気組織**(aerenchyma)を形成したり，無気呼吸にともなう有機酸代謝の活性化を起こすことなどが知られている．

13.3　イオン環境

多くの陸上植物は，塩(NaCl)濃度の高い水を与えられると生育できない．高濃度 NaCl が植物の生育を阻害する機構には，大きく 2 つの原因が知られている．ひとつは，NaCl 濃度の上昇により外液の水の化学ポテンシャルが下がって，植物細胞が水を取り込みにくくなることであり，もうひとつは，細胞内で Na^+ や Cl^- 濃度が上がりすぎるため，代謝反応に悪影響がでることによる(図 13.5)．前者は，水ストレスそのものであり，それに対処する機構は，植物が乾燥状態に置かれたときと同様である．すなわち，高 NaCl 濃度下でも細胞内に水を取り込めるよう，細胞質に適合溶質を大量に合成することで，水の化学ポテンシャルを低下させることが知られている．農業で有用な作物類は必ずしも耐塩性が強いわけではない．そこで，この適合溶質を合成するための酵素などを，それをもたない作物に形質転換で導入することで，高濃度の NaCl 存在下でも，生育できる作物が作出されている．

また，高濃度の NaCl が存在する環境では，細胞内に Na^+ や Cl^- が侵入してくる．植物細胞にとっては，Na^+ は必須栄養塩ではなく，Cl^- の必要量もそれほど大きいものではない．そのため，細胞質における Na^+ や Cl^- 濃度の上昇は，生命活動に阻害的である．そこで，細胞質のイオン環境の変動を抑えるために，細胞内に侵入した高濃度の NaCl を除去するための機構が知られている．それが，細胞膜と液胞膜に存在する Na^+/H^+ 交換輸送体である．細胞膜の Na^+/H^+ 交換輸送体は，細胞膜の H^+-ATPase によって形成された

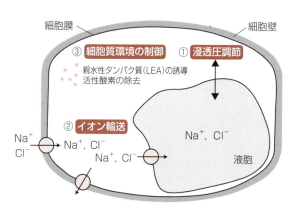

図 13.5　高塩環境下での耐塩性機構
高塩環境では，細胞外液の浸透圧とイオン濃度が同時に上昇するため，2 つのストレスに以下のように対抗する．①細胞内浸透圧を上昇させるために，細胞質では適合溶質が合成される．②細胞内に侵入してくるイオンを排除するために，液胞にイオンをためたり，細胞膜から排出したりする．③さらに，活性酸素濃度が上昇することから，それらの除去に働く酵素の誘導や，イオン濃度の上昇によるタンパク質の不活性化を防ぐために，親水性タンパク質やシャペロン様タンパク質が誘導されたりする．

H^+の電気化学ポテンシャル勾配を利用して，細胞質のNa^+を細胞外に排出する．また，液胞膜のNa^+/H^+交換輸送体は，液胞膜のH^+-ATPaseやH^+-PPaseによって形成されたH^+の電気化学ポテンシャル勾配を利用して，細胞質のNa^+を液胞内に隔離する機能をもつ．これによって生物活性の高い細胞質でのイオン濃度上昇の影響を回避することが可能になる．高塩環境に生育する植物では，葉が厚く多汁化しているものも多いが，これは液胞に塩をためていることによる(図13.6)．実際，細胞膜や液胞膜に存在するNa^+/H^+交換輸送体を過剰発現させると，その植物の耐塩性が上昇することが知られている．Cl^-についても同様の機構が推定されているが，詳細な解明はなされていない．

熱帯沿岸部で生育するマングローブや，海岸地方に見られるハマアカザ，アツケシソウなどは，外部NaCl濃度の上昇に対して細胞内に水を取り込んだり，細胞内NaCl濃度の上昇が代謝などに与える悪影響を避ける機構が，とくに発達している．また，ある種の植物は，葉の表皮に塩を排出するための塩腺や塩嚢細胞を発達させている(図13.7)．高塩環境に置かれた植物における細胞内Na^+濃度の上昇は，細胞内のCa^{2+}濃度の上昇を引き起こし，Ca^{2+}結合タンパク質がタンパク質リン酸化酵素を活性化することで，遺伝子発現の変化やNa^+輸送体の活性に影響を与えることが報告されている．

土壌中には，栄養塩となるイオンのほかに，植物の生育に阻害的に働く有害なイオンも多数存在する．そのなかで最も多量に存在するのがAl(アルミニウム)である．酸性土壌[*3]では必須栄養塩であるリン酸が，土壌中の鉄やAlと強く結合してしまい根細胞がそれらを吸収できなくなる．日本における多くの土壌はこの性質をもっている．このとき，根細胞は，特別な有機酸(シュウ酸，リンゴ酸，クエン酸など)を細胞外に放出し，それらの結合を解除して，植物が利用可能な正リン酸にする．同様に，細胞外に酵素を放出す

*3 雨水に含まれるプロトン(H^+)が，土壌中の可溶性の栄養塩類(塩基)との交換反応で溶脱され，酸性化した土壌のこと．したがって，一般的に酸性土壌は雨量の多い，気温の高い地域で生成されやすい．このような風化の結果，土壌は最終的に鉄やアルミニウムといった元素の酸化物や水酸化物が主要な成分となる．栄養塩類の減少や，アルミニウムの存在は，植物生育を強く阻害するため，農業上大きな問題を抱えている．酸性土壌は熱帯，温帯の農耕地の30〜40%を占めるといわれている．

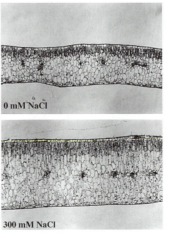
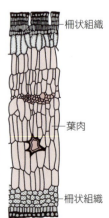

図13.6 マングローブ葉肉細胞の多汁化
塩環境に耐性の高いマングローブは，葉肉細胞の液胞に高濃度のNaClをためることができる．この塩の貯蔵により細胞質のイオン濃度の上昇を防ぐとともに，液胞の浸透圧を上昇させることができる．

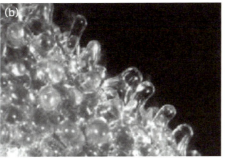

図 13.7 塩排出組織
(a) *Mesembryanthemum crystallinum* は，葉の表皮細胞の液胞に高濃度の塩を蓄積できるため耐塩能力が高い．(b) 塩を貯めた細胞がきらきら光って氷粒のように見えるので，アイスプラントとよばれている．*American Society of Plant Biology* 資料から．

ることで土壌中の有機物を分解して，植物が利用できるように栄養塩環境をつくり変えることも知られている．

多くの重金属も植物の生育に阻害的に働く．代表的な有害元素は Cd や Pb である．また，Cu や Zn のように必須栄養塩ではあるが，過剰な存在が有害な重金属も存在する．ある種の植物はこのような重金属の過剰な存在に耐性をもつことが知られている．木本植物のリョウブやシダ植物のヘビノネゴザは，重金属耐性を持つ代表的植物である．これらの植物では細胞壁に重金属を蓄積したり，重金属に結合して毒性を緩和するフィトケラチン[*4]とよばれるタンパク質を合成したり，あるいは液胞にこれらの有害金属を隔離したりするとされている．植物のこの性質を利用することで，重金属汚染が進んでいる土壌の改良を進めようという研究も行われている．そのような手法を**ファイトレメディエーション**(phytoremediation)とよぶ．

13.4 温度環境

地球上における植物の分布を決めているのは，水や栄養塩の存在とともに，生命活動を営むうえでの物理環境を決定する温度である．温度ストレスとして，高温ストレスとそれに対する耐暑性，および低温ストレスとそれに対する低温耐性，凍結耐性といった性質がよく知られている．

13.4.1 高温

一般に植物は，50℃ 近い温度では生育を続けることはできない．しかし，致死に至らない温度にさらされている場合は，蒸散などで温度低下をはかることができる．また，太陽放射による表面温度の上昇を防ぐために，葉の表面に葉毛が生えたり，葉表面近くの熱対流を活発化するために葉に小さく多数の切れ込みが入ったりする．これらは形態的適応である．多くの植物では，

[*4] グルタミンとシステインを単位とした繰り返し構造をもつポリペプチドで，亜鉛，鉛，銅などの重金属に対して，システイン残基の SH 基が安定なチオール結合複合体をつくることができる．有毒金属の無毒化や，濃度調節に働く．

*5 アミノ酸の一次鎖状分子であるタンパク質が，三次元立体構造をつくるときに，正しくフォールディングすることを助ける働きをするタンパク質の総称．シャペロン複合体は，複合体に標的タンパク質を取り込み，その疎水性部分と親水性部分が正しい立体配置を取れるように働くと考えられている．

*6 熱刺激により誘導される熱ショック遺伝子群のプロモーター配列に見いだされる特有の配列を熱ショック配列(HSE)とよぶ(5'-nGAAn-3' が逆向きに3回以上繰り返す)．このHSEに特異的に結合して転写を制御する因子を，熱ショック転写因子(HSF)とよぶ．

*7 生体膜を構成するリン脂質などで，脂肪酸部分の炭素結合に二重結合をもち，その部位の炭素が不飽和にあるものを不飽和脂肪酸とよぶ．不飽和結合を2つもつものをジエン脂肪酸，3つもつものをトリエン脂肪酸という．脂肪酸の不飽和度が上がるほど，脂質膜の温度依存の流動性が高くなる．

致死に至らない温度にさらされた後は，それによってより高い温度にも耐えられる性質が生理的に誘導される．これを高温馴化とよぶ．水不足は，葉からの蒸散を抑制するため，葉温が上昇し光合成に対して阻害的に働く．このような細胞では，細胞内に**熱ショックタンパク質群**(heat shock proteins：**HSP**)が誘導されることがよく知られている．HSPは，植物，動物，微生物を問わず，生物体に広く分布するタンパク質群で，熱による細胞内タンパク質の立体構造の変化を防ぐシャペロン*5様機能をもつものが多い．植物が通常とは異なる熱環境に置かれると，**熱ショック転写因子**(heat shock factor：**HSF**)*6とよばれる転写因子が三量体として，HSP遺伝子の熱ショック配列に結合して，HSPの合成が始まることがすでに示されている．

高温環境では，生体膜の脂質組成が変化することが知られている(表13.1)．とくに，膜の流動性に関係する不飽和脂肪酸*7の含量が高温で減少すること，また不飽和度も下がることが報告されている．とくにトリエン脂肪酸*6含量の低下が顕著であるとされている．

13.4.2 低温

低温ストレスには，冷温ストレスと凍結ストレスがある．冷温ストレスは水の凍結温度以上のストレスを指し，凍結ストレスは生体内の水が凍結することにより生じるストレスをいう．

熱帯，亜熱帯に生育する植物を低温にさらすと，生育が大きく阻害され死に至ることも多い．これらは冷温ストレスである．冷温感受性の植物でも，高温のときと同様，致死に至らない温度にさらした後には，冷温耐性が上昇することが知られている．冷温耐性をもった植物は，凍結にも耐性になることが多いので，これらの現象をあわせて**低温馴化**(cold acclimation)とよぶ．

表 13.1 低温馴化と植物の脂質組成

おもな脂肪酸* (脂肪酸鎖の炭素原子の数と二重結合の数)	単離したミトコンドリアの脂肪酸組成(全脂肪酸含量に対する重量百分率)					
	冷温耐性種			冷温感受性種		
	カリフラワー芽	カブ根	エンドウシュート	インゲンシュート	サツマイモ根	トウモロコシシュート
パルミチン酸(16:0)	21.3	19.0	17.8	24.0	24.9	28.3
ステアリン酸(18:0)	1.9	1.1	2.9	2.2	2.6	1.6
オレイン酸(18:1)	7.0	12.2	3.1	3.8	0.6	4.6
リノール酸(18:2)	16.1	20.6	61.9	43.6	50.8	54.6
リノレン酸(18:3)	49.4	44.9	13.2	24.3	10.6	6.8
不飽和脂肪酸が飽和脂肪酸に対して占める比率	3.2	3.9	3.8	2.8	1.7	2.1

『テイツ・ザイガー植物生理学・発生学 第6版』，講談社(2017)およびLyons et al., Plant Physiology 39：262-268 (1964)を参考に作成．

低温馴化の際に植物細胞に生じる最も顕著な現象が高温ストレス下と同じく脂質組成の変化である．一般に低温耐性の植物は，感受性の植物よりも不飽和脂肪酸の含量が高い（表13.1）．また低温馴化の際には，脂質の不飽和度が上昇する．不飽和度の高い脂肪酸が多いほど，より低温でも脂質の流動性が維持されるため，膜タンパク質の機能が損なわれないと考えられている．

凍結環境下においては，細胞内での氷晶の形成が，細胞を破壊することから植物を死に至らせる．植物には，この氷晶の形成を防ぐ機能が知られている（図13.8）．**不凍性タンパク質**（antifreeze protein：**AFP**）は生体内で合成され，氷の初期結晶に結合することで，氷晶の増大を防ぐことができる．AFPもHSPと同様，植物，動物に普遍的に存在する温度ストレス耐性タンパク質である．また，乾燥，塩ストレス時と同様に，細胞内にグルコース，フルクトースなどの単糖類やスクロース（ショ糖）などが蓄積することが知られている．これらの糖類の蓄積は，細胞内水分の凝固点を下げる役割を果たすと考えられている．また，低温馴化の過程で，細胞外に氷晶を形成する能

(a)
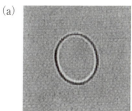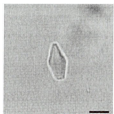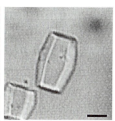

(b)

植物	タンパク質/遺伝子名	相同タンパク質	分子量/K	機能性
ライムギ	—	β-1,3 グルカナーゼ	35	
	—	β-1,3 グルカナーゼ	32	
	CHT9	クラスⅠキチナーゼ	35	酵素活性あり
	CHT46	クラスⅡキチナーゼ	28	
	—	トーマチン様タンパク質	25	
	—	トーマチン様タンパク質	16	
コムギ	TaIRI-1	ロイシンリッチリピートタンパク質	27	ET, JA 誘導性
	TaIRI-2	ロイシンリッチリピートタンパク質	41	
ペレニアルライグラス	LpAFP	なし	29	煮沸安定性
ツルナス	STHP64	WRKY 転写因子	64	DNA 結合性
	STHP47	キチナーゼ（クラス不明）	47	
	STHP29	クラスⅠキチナーゼ	29	
ニンジン	DcAFP	ポリガラクツロナーゼ阻害タンパク質	36	
モモ	PCA60	デヒドリン	60	煮沸安定性

図 13.8　不凍タンパク質
(a) 低温馴化したコムギの細胞壁に存在する不凍タンパク質の不凍活性．低温未馴化コムギ由来のタンパク質は不凍活性がないため，氷の結晶が円盤状に成長する（左）．一方，低温馴化コムギ由来のタンパク質は，氷結晶の特定面に結合して成長を抑えるため，形態が変化する．(b) 不凍活性をもつタンパク質の例．ET：エチレン，JA：ジャスモン酸．〔写真は今井亮三博士のご厚意による（共立出版『蛋白質核酸　酵素』2007年5月号増刊，p.532より）〕

力が上がり，細胞外氷晶の形成が細胞からの脱水を促す場合は，理論的な氷点よりもはるかに低い温度に対しても植物に耐性を与える．高山や北極圏に近い地域で多くの樹木が生存している機構のひとつである．

　低温馴化に至る生理過程は，植物をアブシシン酸で処理することでも代替できる．すなわち乾燥ストレスと同様，低温ストレスもアブシシン酸に依存した生理過程を必要としていることが知られている．こうして低温ストレスはアブシシン酸応答や水不足による乾燥ストレスとも重なることから，低温で誘導される多くの遺伝子に働く転写因子群には，乾燥ストレスで働く転写因子と同様の性質をもつものが報告されている．ラン藻では，細胞膜の流動性を感知する温度センサーが存在するといわれている．植物が温度変化をどのように認識するかの研究も活発に進められ，近年フィトクロムやフォトトロピンなどの光受容体(11章参照)が温度受容体としても働くことが示された．しかし，これらの温度受容機構が，普遍的な温度応答の入口となりうるかは，なお不明である．

　低温環境に生育する植物のなかには，自ら熱を産生できるものが知られている．ザゼンソウやハスは，外気温度の変動にもかかわらず花の温度を一定に制御できることが報告されている(口絵参照)．この発熱は，生殖細胞の維持や，花粉媒介に関与する昆虫をよび寄せるのに有効だと考えられている．植物の発熱には，ミトコンドリア内膜に存在する**シアン耐性呼吸酵素**(**AOX**，5.10節参照)や，哺乳動物で知られるミトコンドリア電子伝達系の脱共役タンパク質(uncoupling protein：UCP)[*8]の関与が報告されている．これらのタンパク質は，本来ならATP合成に使われるエネルギーを，熱産

[*8] ミトコンドリア内膜に存在し，電子伝達系でつくられたH⁺の電気化学ポテンシャル勾配を，ATP合成することなく消去することで，熱産生に働くタンパク質．はじめ，動物の褐色脂肪組織で見いだされたが，植物でも同様のタンパク質が熱産生に働いていると考えられている．

Column

特殊な環境に生育する植物

　マングローブやアツケシソウのような高塩環境に生育できる植物や，リョウブ，ヘビノネゴザのような重金属を蓄積できる植物は，一般の植物と異なり，これらの悪環境で生育するための特殊な機能をもっている．これらの植物の生理機能を利用して土壌のファイトレメディエーションを進めたり，植物がもっている特別な遺伝子を単離して，別の植物を形質転換することで環境保全に役立てる研究が進められている．それでは，このような特殊な植物はどのように見いだせばよいのだろうか．高塩環境に生育できる植物なら，海辺に近いところに生育していると考えられる．カドミウムや銅などの重金属に耐性の植物は，鉱山跡などに生えている植物から見いだされてきた．東京の池上本門寺にちなむ名前をもつホンモンジゴケは，銅の過剰蓄積能をもつことでよく知られているが，このコケは神社や仏閣の銅葺き屋根の軒下に生育することから見いだされた．

　植物にとっての有害重金属も，人間の経済活動にとっては稀少金属である．金やモリブデン，あるいはウランなどを過剰蓄積する植物も知られており，それらの生育環境を探ることから，新しい金属鉱山の探索を行おうとする研究もある．

生に振り向けることができる．

13.5 酸素環境

　有気呼吸を行う生物にとって酸素は必須環境要因である．過湿環境で土壌の酸素含量が欠乏すると，ATPの供給を促すために乳酸発酵が始まるが，それでもエネルギー供給が間に合わないために，細胞質の酸性化が生じる．一部の植物は，このような低酸素環境に抵抗性をもち，通気組織を発達させることで，酸素供給を活性化する．この通気組織の発達には，プログラム細胞死が関与している．

　酸素は，このように必須元素である一方で，その反応性の高さから過剰に存在すると植物成長に阻害的に働く．とくに，光合成によって酸素を産生する緑色植物においては，細胞内の酸素濃度は一般に高く，光化学系で生じた電子が十分に利用されないときは，酸素と余剰電子が反応して，**活性酸素** (reactive oxygen species: **ROS**) とよばれる分子種（O_2^-：スーパーオキシド，H_2O_2：過酸化水素，・OH：ヒドロキシラジカル）をつくりだす．これらROSは，反応性が高く，さまざまな生体物質を酸化する．これまでに述べてきた多くの環境ストレス下では，結局，生体内反応として光合成の機能が抑制されることが多い．そのため，光合成電子伝達系で生成された電子の多くが酸素に渡ってしまってROSを産生し，植物にさらなる悪影響をもたらす．

　植物ではROSを消去する機構が発達している．たとえば光化学系Ⅰで生じた活性酸素スーパーオキシドは，スーパーオキシドジスムターゼにより過酸化水素となり，さらにアスコルビン酸ペルオキシダーゼにより水へと変換される．ROS消去系に機能する酵素類を過剰発現させると，さまざまな環境ストレスに対する抵抗性が上昇することが報告されている（図13.9）．

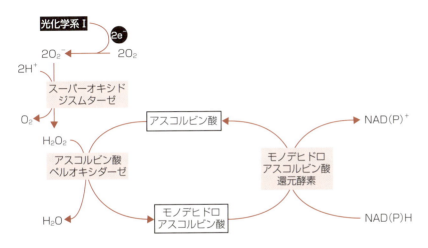

図13.9　活性酸素の消去系
光化学系で産生された電子が酸素に渡ると活性酸素ができる．活性酸素は反応性が高く，生体内のさまざまな物質を酸化する可能性があるため，それを除くための酵素群が存在する．〔幸田泰則ほか，『植物生理学—分子から個体へ』，三共出版 (2003) を参考に作成〕

13章 環境適応

練習問題

1. 植物が低温，凍結に対して示す生理反応を挙げなさい．

2. 植物のもつ環境応答機能を利用して，環境汚染を修復する手法が多数開発されている（ファイトレメディエーションとよぶ）．あなたが，実際に植物の機能を利用して環境修復を行うとすると，どのような実験計画を立てればよいか，具体案をまとめなさい．
    1. どんな環境汚染に利用するか．
    2. 植物のどんな生理機能を用いるか（詳細に）．
    3. どのような手法で，環境汚染が修復できるか（具体的な実験手順）．
    4. 実際に応用する場合に，どのような問題が生じると考えられるか．

3. 植物は，あるストレスに生理的耐性を獲得すると，他のまったく関係ないストレスにも対応できるようになることが知られている．このような異なる複数のストレスに対応できる機構が進化する理由を考察しなさい．

14章 病原体に対する植物の防御

　植物を攻撃する病原体は，動物の**病原体**（pathogen）と同様，環境中に存在する細菌，糸状菌，ウイルス，線虫などである．ただし，これらの病原体と単に遭遇しただけでは植物は病気にならない．実際，地球上に存在する病原体の種の数は膨大であるが，それぞれの植物に病気を起こすことのできる病原体種の数はきわめて限られている．たとえば，イネに病気を起こすことのできる病原体は，知られている10万種以上の**糸状菌**（filamentous fungi）のうち約50種，ウイルスでは約700種のうち約10種，植物病原細菌では約300種のうち約10種といわれている．すなわち，植物は，自然界に存在する膨大な数の病原体の攻撃から身を守る機構を基本的にもっている．このような性質を抵抗性という．抵抗性は大きく2つに分けることができる．ひとつは，病原体の攻撃に先立って植物がもともと備えている予防的な防御で，静的抵抗性という．もうひとつは，病原体の攻撃を受けてから新たに誘導される能動的な防御機構で，動的抵抗性という．本章では，植物がもつ病原体に対する抵抗性の分子機構について説明する．

14.1　静的抵抗性

　多くの植物の組織には抗菌活性をもつ低分子のフェノール類（phenols）やトリテルペン類のひとつであるサポニン（saponin）が存在する．これらの先在性抗菌活性化合物はファイトアンティシピン（phytoanticipin）とよばれる．サポニンは糸状菌の細胞膜に存在するエルゴステロールと結合し，膜機能を阻害すると考えられている．静的抵抗性におけるサポニンの役割はオートムギを用いて遺伝学的に明らかにされた．野生型オートムギはサポニンを多く含むが，サポニン含量の低下した変異体は，病原性糸状菌に対する抵抗性が低下している．オートムギを宿主とするある糸状菌はサポニンを解毒する能力をもっている．興味深いことに，サポニンを解毒する能力を失った糸状菌

変異体は，オートムギに対する病原性を失うが，サポニン含量の低下したオートムギには感染能力を維持している．また，トマトの病原体であるトマト白星病菌はトマトのサポニンであるαトマチンを解毒する酵素をもっている．

物理的因子も静的抵抗性において重要な役割を担う．植物葉面のクチクラ層などは疎水的環境をつくり病原体の増殖や侵入の障壁となる．また，細胞壁の厚さや強度なども病原体の侵入を妨げる．

14.2 動的抵抗性

ヒトを含む動物の免疫応答は，自然免疫と，抗原抗体反応にもとづく獲得免疫に大別される．植物は抗原抗体反応にもとづく獲得免疫システムはもたないが，動物の**自然免疫**(innate immunity)と類似した免疫システムをもつことがわかってきた．先に述べたように，病気を起こす植物と病原体の関係は特異的で限られており，植物は病原体の攻撃に対して基本的に何らかの防御機構をもっている．見方を変えると，植物に病気を起こす植物病原体は，自然免疫を中心とする基本的な防御機構を打ち破る能力を獲得することで，特定の植物種に寄生できるように適応進化してきたと考えられる．病原体が寄生できる植物を宿主(host)とよぶ．一方，宿主とされてしまった植物は，植物の基本的防御機構を打ち破る能力を獲得した病原体に対して，さらなる防御機構を獲得してきた．少し大胆なたとえになるが，植物の能動的な防御機構には"外堀"と"内堀"の2つのタイプがあると考えると理解しやすいかもしれない．外堀は，すべての植物がもつ自然免疫を中心とする基本的な防御機構で**非宿主抵抗性**(non-host resistance)とよばれる．内堀は，後述するエフェクタータンパク質[*1]を獲得して自然免疫による防御機構を乗り越えて寄生者となった病原体に対する抵抗性で，**過敏感反応**(hypersensitive response：HR)[*2]とよばれる細胞死をともなう抵抗性機構である．本機構は，抵抗性遺伝子がエフェクターを認識することで誘導されるため，**エフェクター誘導免疫**(effector-triggered immunity：ETI)とよばれる．この機構には宿主植物の品種と病原体間に特異的な関係が存在するため，**品種特異的抵抗性**(cultivar specific resistance)ともよばれる．このように，植物の病原体に対する防御機構は自然免疫とエフェクター誘導免疫の二層からなり，まとめて植物免疫システム(plant immune system)，あるいは単に植物免疫(plant immunity)とよばれる．

14.2.1 非宿主抵抗性と自然免疫

植物は，細菌や糸状菌などの微生物に由来するさまざまな分子を認識し，病原体の侵入を阻止する．植物が認識する分子としては，病原体が糸状菌の場合は，菌の細胞壁成分(キチン，グルカン，タンパク質，糖タンパク質)や

[*1] タンパク質に選択的に結合してその生理活性を制御するタンパク質の総称．植物と病原体の関係では，自然免疫を抑制するタンパク質や植物のDNAに結合し糖輸送に関わる遺伝子などの転写を活性化するタンパク質(*8を参照)がエフェクタータンパク質として知られている．エフェクタータンパク質は病原性発現に重要であるが，エフェクタータンパク質を特異的に認識する遺伝子をもつ植物では過敏感反応を伴う強い抵抗性が誘導される．

[*2] 抵抗性遺伝子をもつ宿主植物が病原体の侵入を受けたときに誘導される自発的な細胞死(programmed cell death)を伴う急激な生化学的，形態学的変化の総称．

病原体の感染過程で生じるクチンなどの植物細胞壁分解産物で，細菌の場合はリポ多糖類，鞭毛成分のフラジェリン，翻訳伸長因子（EF-Tu）などである．これらは，**PAMPs**（pathogen-associated molecular patterns，病原体関連分子模様）[*3]とよばれる．また，自然免疫は PAMPs により誘導されるため PAMP-triggered immunity（PTI）とよばれる．PAMPs の受容体は，**ロイシンリッチ反復配列**（leucine-rich repeat：**LRR**）[*4]とタンパク質リン酸化酵素ドメインをもつタンパク質で，**パターン認識受容体**（pattern recognition receptor：**PRR**）[*5]とよばれる．植物ではシロイヌナズナの FLS2 タンパク質などが知られている．PAMPs を認識した PRR からの情報を受けて，病原体の侵入部位には**カロース**（callose，1,3 β-グルカン）やリグニンが蓄積し，**パピラ**（papilla）とよばれる構造が形成される．パピラは侵入者に対しての物理的なバリアーとして働く（図 14.1）．

また，病原体の侵入部位では**活性酸素**（1.1 節参照）が爆発的に生成される．この現象は**オキシダティブバースト**（oxidative burst）とよばれ，細胞膜に存在する NADPH オキシダーゼが中心的な役割を果たす．NADPH オキシダーゼは複数のタンパク質からなる複合体で，植物ではその構成成分として rboh タンパク質が同定されている．rboh タンパク質は低分子量 G タンパク質[*6]と相互作用し，NADPH オキシダーゼ活性の制御に関わる．また，オキシダティブバーストの誘導には 3 種のタンパク質リン酸化酵素（MAPKKK，MAPKK，MAPK）で構成される MAPK 経路が重要な役割を果たす．植物の防御応答に関わる MAPK としては，サリチル酸により誘導されるタバコの SIPK（salicylic acid-induced protein kinase）と，傷により誘導される WIPK（wound-induced protein kinase）などが同定・単離されている．

さらに，病原体の侵入に対応して，**ファイトアレキシン**（phytoalexin）とよばれる強い抗菌活性をもつ低分子化合物が合成される．その構造は，フラボノイド系，テルペン系，アセチレン系など多様であるが，植物種により生産されるファイトアレキシンの種類は決まっている（図 14.2）．後述する過敏感反応をともなう抵抗性においては，活性酸素分子とともにファイトアレキシンが迅速かつ大量に蓄積する．

[*3] 動物の自然免疫機構研究で用いられてきた用語．抗体等による特異的な異物認識機構と異なり，自然免疫に関わるタンパク質は体内に常在しており，感染微生物の表面に保存された分子パターン（PAMPs）を認識する．動物での PAMPs の受容体としてはロイシンリッチ反復配列（LRR）と哺乳動物のインターロイキン受容体（TIR）様モチーフをもつタンパク質などがある．植物では LRR とタンパク質キナーゼドメインをもつ FLS2 などがある．PAMPs は微生物関連分子パターン（microbe-associated molecular patterns：MAMPs）ともよばれる．

[*4] 20～30 のアミノ酸配列が特徴のある単位（モチーフ）となり，2～45 回繰り返している構造で，モチーフ中にロイシンが多く含まれる．LRR はタンパク質との相互作用部位と考えられ，LRR をもつタンパク質は，シグナル伝達，病害抵抗性，RNA 分解，細胞接着などに関わる．

[*5] 動物の PRR である Toll 様受容体の発見によりボイトラー（B. A. Beutler）とホフマン（J. A. Hoffmann）は 2011 年にノーベル生理学・医学賞を受賞している．

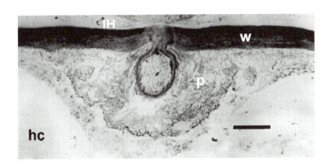

図 14.1
物理的バリアー形成による抵抗反応
糸状菌が植物細胞に感染を試みると，侵入部位にカロース（1,3 β グルカン）が蓄積してパピラ（p）とよばれる物理的なバリアーが侵入菌糸（IH）の周囲に形成される．hc：宿主細胞，w：細胞壁．スケールバー：10 μm．〔Nishimura et al., Science **301**：969-972（2003）より〕

14章　病原体に対する植物の防御

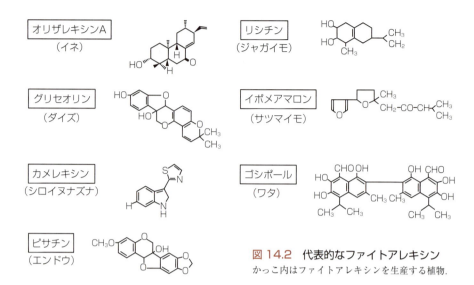

図 14.2　代表的なファイトアレキシン
かっこ内はファイトアレキシンを生産する植物．

*6　GDPをGTPに変換する酵素GTPアーゼの一種で，分子量20〜30 kDaの単量体で存在し，シグナル伝達に関与する．膜に存在する同類の大きなGタンパク質は，通常へテロ三量体（分子量100 kDa）で存在する．

*7　ジャスモン酸と構造的に類似しており，サリチル酸に拮抗的に働く．その結果，サリチル酸シグナル経路を抑制して気孔の閉鎖に対して阻害的に働き，細菌の気孔感染を増大させる．

　また植物では，PAMPsを認識することにより気孔を閉鎖して細菌の侵入を防いだり，糖トランスポーターを活性化して糖を細胞内に取り込んで糖を細菌に利用されないようにするなどの反応が知られている．前者に対して，細菌は低分子化合物のコロナチン*7を放出し気孔の閉鎖を阻害する．後者に対しては，糖放出に関わる植物遺伝子の発現を誘導するエフェクタータンパク質（*1と*9を参照）の獲得が考えられる．このように植物と病原体の間では軍拡競争（arms race）にたとえられる多様な攻防が繰り広げられている．

14.2.2　品種特異的抵抗性とエフェクター誘導免疫

　自然免疫を打ち破る能力を獲得した病原体が宿主植物に感染を試みると，感染部位に小さな病斑（壊死斑）が形成される場合がある．このとき病原体は病斑の近傍に閉じこめられてしまう（口絵参照）．これが過敏感反応による抵抗性である．この病斑は，病原体から分泌されるいわゆる毒素などによって植物の細胞が殺された結果生じるのではなく，植物細胞が病原体の何らかの因子を認識することによって，自発的な細胞死が誘導されて生じる現象である．過敏感反応は，植物の抵抗性遺伝子（R: resistance）と病原体の非病原性遺伝子（avr: avirulence，病原体にとっては植物の抵抗性を誘導し病原性を発現できないためこのようによばれる）において1対1の特異的な関係が認められる（図14.3）．avr遺伝子はR遺伝子との関係において非病原性遺伝子とよばれるが，後述するように，avr遺伝子の多くは病原体の病原性発現に重要であり，自然免疫を中心とするさまざまな抵抗性を打ち破るために病原体が獲得した**エフェクター**（effector）**タンパク質**をコードする遺伝子である

ことがわかってきた．植物は病原体が獲得したエフェクタータンパク質をさらに認識して過敏感反応を伴うETI（effector-triggered immunity）を誘導するR遺伝子を獲得してきたと考えられる．

過敏感反応による植物の防御機構は，1947年にフロー（H. H. Flor）がアマさび病の研究で遺伝子対遺伝子説（gene-for-gene theory）として提唱して以来，抵抗性機構研究の中心として多くの研究がなされてきた．また，抵抗性遺伝子を育種学的に導入することで多くの有用な病害抵抗性作物がつくられてきた．品種特異的抵抗性を支配する遺伝子は，現在も，抵抗性育種で中心的な役割を果たしている．

(1) R遺伝子

糸状菌，細菌，ウイルス，線虫などのさまざまな病原体に対応するR遺伝子としてこれまでに40以上の遺伝子が同定されている．それらのR遺伝子のコードするタンパク質は細胞膜貫通ドメインをもつものともたないものの大きく2つに大別できる（図14.4）．

膜貫通ドメインをもたないグループは，R遺伝子タンパク質の多数を占め，**ヌクレオチド結合部位**（nucleotide binding site：**NBS**）と**ロイシンリッチ反復配列**（**LRR**）をもつNBS-LRRタイプのタンパク質である．NBS-LRRタンパク質は，さらにN末端側にcoiled-coil（CC）領域をもつか，トール・インターロイキン1受容体様領域（toll-interleukin1-receptor-like：TIR）[*8]をもつかで2つのタイプに分けられる．NBS-LRRタンパク質の細胞内での局在性はそれぞれ多様である．LRR領域は多様性に富み，病原体あるいは防御反応シグナルの認識で重要な役割を果たし，NBSはATPの加水分解とそれに続くシグナル伝達で重要であると考えられる．

もうひとつのグループは，細胞膜に強固にアンカーリングされており，細胞外にタンパク質結合ドメインであるLRRをもつ細胞外LRRタイプのタンパク質である．このタンパク質には細胞内に**タンパク質キナーゼ**（protein

図14.3
植物の抵抗性遺伝子（R）と病原体の非病原性遺伝子（avr）の関係

		R	r
病原体の非病原性遺伝子	Avr	HR	—
	avr	—	—

HR：過敏感反応，—：目に見えた反応なし．

[*8] Toll遺伝子は，はじめショウジョウバエの胚発生で重要な役割をする遺伝子として同定された．Tollタンパク質は膜リセプターで，その活性化は転写活性化因子の核内輸送（転写の活性化）につながる．インターロイキン1受容体も膜リセプターで，その活性化は転写活性化因子NFκBの核内輸送（転写の活性化）につながる．Tollタンパク質とインターロイキン1受容体の細胞質シグナル領域には相同性があるため，相同性領域がTIR領域とよばれる．

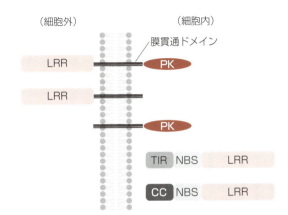

図14.4 抵抗性遺伝子がコードするタンパク質
LRR：ロイシンリッチ反復領域，PK：タンパク質リン酸化酵素ドメイン，TIR：動物細胞の抵抗性に関わる受容体タンパク質と類似の領域，NBS：ヌクレオチド結合部位，CC：コイルドコイル領域．

kinase：PK）ドメインをもつものと，もたないものがある．ただし，細菌（*Pseudomonas syringae* pv. tomato）に対するトマトの抵抗性遺伝子 *Pto* は，細胞外の LRR をもたず細胞内のキナーゼドメインが膜貫通ドメインにつながっている．

(2) *avr* 遺伝子

過敏感反応誘導において *R* 遺伝子と特異的に対応する *avr* 遺伝子には，病原体のさまざまな遺伝子が含まれる．トマトの抵抗性遺伝子産物 Cf-4 に認識されるトマト葉カビ病菌の Avr4 は植物のキチナーゼから糸状菌の細胞壁を守るタンパク質である．イネの抵抗性遺伝子 *Piz-t* に対応するイネいもち病菌の Avr-Piz-t はユビキチンリガーゼで PTI を抑制するエフェクターである．細菌では，病原性に関わる種々のタンパク質をコードする遺伝子が *avr* 遺伝子として同定されている．*Xanthomonas* 属の細菌がコードする転写活性因子様エフェクタータンパク質（transcription-activator like effector：TALE）[*9] は細菌の増殖に有利な宿主遺伝子のプロモーターに特異的に結合して転写活性を増大させる病原性因子であるが，TALE 遺伝子の多くは同時に ETI を誘導する *avr* 遺伝子である．その場合，植物は TALE に直接，あるいは TALE が特異的に転写誘導するタンパク質に対応して過敏感反応を誘導する．ウイルスでは，粒子をつくる構造タンパク質をはじめ，RNA 複製酵素タンパク質，細胞間移行タンパク質など，ウイルスが感染に必要とするさまざまなタンパク質がそれぞれの *R* 遺伝子と特異的に対応する．*R* 遺伝子と *avr* 遺伝子の代表的な例を表 14.1 に示す．一方，過敏感反応，あるいはそれと類似した反応がタンパク質以外の因子（多糖類，低分子化合物，RNA など）でも誘導される．このような反応を誘導する因子はエリシターと総称される．*avr* 遺伝子産物もエリシターのひとつである．

(3) 細胞死と抵抗性

過敏感反応の最大の特徴は，細胞死がともなうことである．この細胞死は，動物細胞でアポトーシス（apoptosis）とよばれるプログラム細胞死（programmed cell death：PCD）と類似している．動物の PCD では中心的な役割を果たす細胞小器官（オルガネラ）はミトコンドリアであることが知られているが，植物の PCD では，液胞が中心的な役割を担うと考えられる．いずれの場合でも，カスパーゼ（caspase：cysteine-dependent aspartate-specific proteases）とよばれる特異性の高いタンパク質分解酵素ファミリータンパク質が重要な役割を果たす．

動物では，細胞死を起こした細胞は食細胞に取り込まれ除去されるが，細胞壁に取り囲まれた植物細胞では，さまざまな分解酵素を含む液胞の崩壊がその後の細胞質構造分解の引き金となり，細胞死に至ると考えられる．

*9 33〜35 残基のアミノ酸配列が約 15〜25 反復した配列をもつタンパク質．ただし，反復配列の 12 番目と 13 番目のアミノ酸は可変で，この 2 つのアミノ酸が反復配列の DNA 塩基との結合親和性を決定する．その結果，可変アミノ酸の異なるさまざまな反復配列の組み合わせで TALE の DNA 配列結合特異性が決まる．タイプⅢ分泌装置で植物細胞に注入された TALE は，ショ糖トランスポーターや細胞増生に関わる遺伝子のプロモーターに特異的に結合して，細菌の増殖に有利な遺伝子の転写を誘導する．

14.2 動的抵抗性

表 14.1 病原体別に見た抵抗性遺伝子（R）と非病原性遺伝子（avr）の関係

	植物	植物抵抗性遺伝子（R）	Rタンパク質構造	病原体（ウイルスは属名）	avr遺伝子
（細菌）	シロイヌナズナ	RPS2	CC-NBS-LRR	Pseudomonas syringae pv. tomato（トマト斑葉細菌病菌）	avrRpt2
	シロイヌナズナ	RPS4/RRS1	TIR-NBS-LRR	Pseudomonas syringae pv. tomato	avrRpt4
	シロイヌナズナ	RPS4/RRS1	TIR-NBS-LRR	Ralstonia solanacearum（青枯病菌）	popP2（WRKYドメインターゲットエフェクター）
	シロイヌナズナ	RPM1	CC-NBS-LRR	Pseudomonas syringae pv. maculicola（アブラナ科類黒斑細菌病菌）	avrRpm1, avrB
	トマト	Pto	タンパク質キナーゼ	Pseudomonas syringae pv. tomato	avrPto
	トマト	Bs4	TIR-NBS-LRR	Xanthomonas campestris pv. vesicatoria（斑点細菌病菌）	avrBsP/avrBs4（TALエフェクター）
	トウガラシ	Bs3	フラビン依存オキシゲナーゼ	Xanthomonas campestris pv. vesicatoria（斑点細菌病菌）	avrBs3（TALエフェクター）
	イネ	Xa1	NBS-LRR	Xanthomonas oryzae pv. oryzae（イネ白葉枯病）	avrXa1（TALエフェクター）
	イネ	Xa10	膜タンパク質	Xanthomonas oryzae pv. oryzae	avrXa10（TALエフェクター）
（糸状菌）	トマト	Cf-2	細胞外LRR	Cladosporium fulvum（トマト葉かび病菌）	Avr2（プロテアーゼ阻害エフェクター）
	トマト	Cf-4			Avr4（キチン結合タンパク質）
	トマト	Cf-5			Avr5
	トマト	Cf-9			Avr9
	オオムギ	Mla10	CC-NBS-LRR	Blumeria graminis（オオムギうどんこ病菌）	Avr_{a10}
	イネ	Piz-t	NBS-LRR	Magnaporthe oryzae（イネいもち病菌）	Avr-Piz-t（ユビキチンライゲース阻害タンパク質）
	イネ	Pi-ta	NBS-LRR	Magnaporthe oryzae（イネいもち病菌）	Avr-Pita
（ウイルス）	タバコ	N	TIR-NBS-LRR	トバモウイルス	複製酵素タンパク質
	ジャガイモ	Rx	CC-NBS-LRR	ポテックスウイルス	外被タンパク質
	シロイヌナズナ	RCY1	CC-NBS-LRR	ククモウイルス	外被タンパク質
	トマト	$Tm-2^2$	CC-NBS-LRR	トバモウイルス	移行タンパク質
（線虫）	ジャガイモ	Gpa2	CC-NBS-LRR	Globodera pallida	未知
	トマト	Mi	NBS-LRR	Meloidogyne incognita	未知

14章　病原体に対する植物の防御

(4) 病原体の認識

　過敏感反応誘導に必要な，植物の R 遺伝子と病原体の avr 遺伝子，両者の関係の特異性を説明する2つのモデルが提唱されている．

　特異性を最も簡単に説明できるモデルは，受容体（レセプター）とリガンドの関係である（図14.5a）．R 遺伝子産物が，病原体 avr 遺伝子の産物（エフェクタータンパク質）の直接的な受容体と考えるわけである．しかし，このモデルでは，いくつかの現象をうまく説明できない場合が生じてきた．たとえば，病原体の数は膨大であり，それらのエフェクタータンパク質の構造はさらに多様である．また，病原体である微生物やウイルスの増殖速度は著しく速く，その適応進化は植物に比べると非常に速いと考えられる．病原体の多様性に富むエフェクターに対して，それらを特異的に認識できる抵抗性遺伝子 R を植物はどのようにして獲得してきたのか説明する必要がある．

　もうひとつのモデルは**ガード説**（guard theory）とよばれ，細菌に対する抵抗性機構の研究にもとづく説である（図14.5b）．ガード説では，病原体のシグナルを直接感知するのは R 遺伝子産物ではなく，病原体が攻撃すると予想される基本的抵抗性に関わる**標的タンパク質**（target protein，図14.5 中のT）である[*10]．標的タンパク質は R 遺伝子産物によりガードされている．R 遺伝子産物は，病原体エフェクターが標的タンパク質を攻撃した場合，その際生じる反応を間接的に探知し，抵抗性反応を誘導する．いい換えると，R 遺伝子産物はガードマンで，ガードしていた標的タンパク質がエフェクターの攻撃を受けた際には，その情報を伝え，抵抗性反応を誘導するというモデルである．

　細菌は，タイプⅢ分泌装置とよばれる特殊な装置を用い約40種のタンパク質を宿主植物細胞に送り込む．これらのタンパク質の多くは，R 遺伝子をもたない宿主植物においては細菌の病原性発現に必要なエフェクタータンパ

*10　ガード説に関わるタンパク質として次のようなものがある．アラビドプシスの R 遺伝子（$RPM1$）の産物 RPM1 タンパク質に結合するタンパク質として RIN4 が同定された．興味深いことに RIN4 は $RPM1$ に対応するエリシターである AvrRpm1 とも相互作用する．RIN4の発現を抑制すると $RPM1$ に依存した抵抗性はなくなる．これらのことから RIN4 は R 遺伝子産物 RPM1 タンパク質によってガードされるタンパク質のひとつの候補と考えられた．

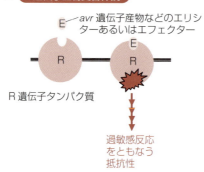
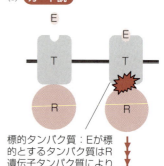

図14.5　過敏感反応抵抗性誘導における抵抗性遺伝子産物とエリシターの特異性

ク質である．先述したようにエフェクタータンパク質は，細菌が植物の基本的抵抗性である自然免疫を打ち破り，植物に寄生するために獲得してきた因子であると考えられる．ところがエフェクタータンパク質の多くは，それらに対応する R 遺伝子をもつ宿主植物においては過敏感反応を誘導するエリシターとなる．細菌以外でも，avr 遺伝子として知られていた遺伝子がエフェクタータンパク質の遺伝子であることがわかっており，トマト葉カビ病菌の Avr4 タンパク質の本来の機能は自分の細胞壁を植物のキチナーゼから守る抗キチナーゼ因子であることは先に述べた．

　エフェクターは実際に自然免疫機構の PAMPs 監視装置を攻撃し，その抵抗性反応を抑制しているのであろうか．糸状菌や細菌が植物に感染を試みると，感染部位に**カロース**の蓄積が見られる（図 14.1 参照）．カロースの蓄積は自然免疫機構のひとつと考えられ，細菌の場合は鞭毛タンパク質であるフラジェリンで誘導される．先に述べたように，シロイヌナズナでは，FLS2 タンパク質がフラジェリンの受容体である．興味深いことに，トマトの病原細菌のエフェクタータンパク質のひとつ AvrPto は，R 遺伝子をもたない植物において病原性をもたない細菌が感染を試みたときに誘導されるカロース蓄積を阻害する．また，別のエフェクタータンパク質である AvrRpm1 と AvrRpt2 もそれぞれ FLS2 や他の受容体に依存した防御シグナル伝達を阻害する．これらのことはエフェクタータンパク質が自然免疫機構を抑制することを示唆している．すなわち先述したように，エフェクタータンパク質は，自然免疫を中心とする植物の防御機構の抑制に関わる因子として植物病原細菌が獲得してきた因子であるが，植物はこれに対抗してさらなる抵抗性を発揮するために R 遺伝子を獲得してきたと考えられる．自然免疫（PTI）とエフェクター誘導免疫（ETI）のモデル図を図 14.6 に示す．

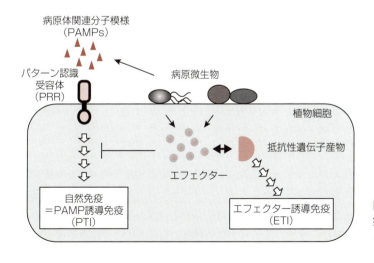

図 14.6　自然免疫：PAMP 誘導免疫（PTI）とエフェクター誘導免疫（ETI）

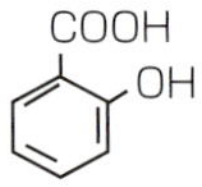

14章 病原体に対する植物の防御

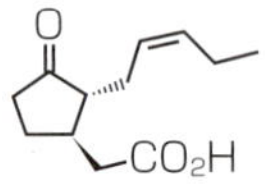

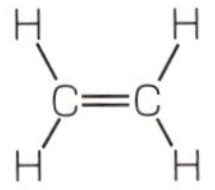

図 14.7
抵抗性誘導におけるシグナル伝達に関わる化合物

（サリチル酸／ジャスモン酸／エチレン）

14.2.3 誘導抵抗性

植物は，病原体の感染や傷害などで植物組織の一部に異常が生じた場合，植物体全身に病原体に対する抵抗性を獲得する．このような抵抗性は誘導抵抗性とよばれ，以下の3つに大別できる．

① 壊死病斑（過敏感反応をともなう病斑も含まれる）を形成する病原体の感染で全身に誘導される**全身獲得抵抗性**（SAR：systemic acquired resistance）

② 非病原性のリゾ細菌が根圏に共生したときに誘導される**誘導全身抵抗性**（ISR：induced systemic resistance）

③ 昆虫の食害や傷害により誘導される**傷害誘導全身抵抗性**（WISR：wound induced systemic resistance）

これらの抵抗性誘導では，サリチル酸，ジャスモン酸，エチレン（図 14.7）がシグナル因子として重要な役割を果たしている．これらのシグナル因子によって複雑かつ巧妙に制御された抵抗性機構は，それぞれが異なったタイプの病原体による攻撃に対応していると考えられる．一般的に，活物寄生性の生活様式をもつ病原体（biotrophic pathogen）[*11] に対してはサリチル酸依存の防御系が関わり，殺傷寄生性病原体（necrotrophic pathogen）[*12] や植食性昆虫（herbivorous insect）に対してはジャスモン酸／エチレン依存の防御系が働く．また，メチル化されたサリチル酸やジャスモン酸は，揮発性成分として別の植物個体に対しても作用し，植物個体間のシグナルとして機能することも示唆されている．

（1）全身獲得抵抗性（SAR）

全身獲得抵抗性は，壊死病斑を形成する病原体によって誘導され，おもに生きた細胞に寄生する糸状菌，細菌やウイルスなどの病原体に対して有効である．SARを誘導する壊死病斑では，その近傍にも抵抗性が誘導され，局部獲得抵抗性（LAR：localized acquired resistance）とよばれる．抵抗性の誘導された組織ではさまざまな遺伝子の発現が誘導される．その産物で，タンパク質分解酵素や熱に安定である比較的低分子量のタンパク質は感染特異的タンパク質（**PRタンパク質**，pathogenesis-related proteins）と総称される．これまでに多くの植物で報告されてきたPRタンパク質は，アミノ酸配列，血清学的性質，酵素活性あるいは生物活性などにもとづき，現在のところ，15〜17のファミリーに分類されている（表 14.2）．PRタンパク質のもつキチナーゼ活性，グルカナーゼ活性，プロテアーゼ活性などの加水分解酵素活性は糸状菌の細胞壁成分であるキチン，グルカン，タンパク質の分解に役立ち，抗糸状菌活性と関連していると考えられる．RNA分解酵素活性はウイルスRNAの分解に，また，タンパク質分解酵素阻害活性は，線虫や害虫によ

[*11] 生きている組織にのみ寄生できる病原体．絶対寄生菌とほぼ同義語で，生組織寄生性病原体ともよばれる．栄養培地では培養できない病原体である．べと病菌，うどんこ病菌，さび病菌などが含まれる．一方，通常は生きた植物体上で生活するが，栄養培地でも培養できるものは条件腐生菌とよばれる．このような腐生生活もできる条件腐生菌は hemibiotrophic pathogen ともよばれ，いもち病菌，ウリ類炭疽病菌など多くの植物病原糸状菌が含まれる．

[*12] 崩壊した植物組織を栄養源として生活する寄生体．また，通常は腐生生活を行うが条件によっては植物組織を崩壊させそれを栄養源として寄生する寄生体（条件寄生菌）も含まれる．

る食害防止に関わると考えられる．**チオニン**(thionin)や**ディフェンシン**(defencin)などの細胞膜への透過性能をもつ PR タンパク質は，細菌や糸状菌の膜機能に影響し，抗菌活性を示すと考えられる．

いくつかの PR タンパク質ファミリーでは，その等電点によって酸性タイプと塩基性タイプに分けられる．酸性タイプのタバコ PR-1a は，細胞間隙に移行するシグナルをもち，サリチル酸により誘導される．一方，塩基性タイプの PR-1a は液胞移行シグナルをもち，ジャスモン酸やエチレンで誘導される．PR タンパク質は，紫外線，傷，浸透圧ショック，低温などの物理的ストレスによっても誘導される．

SAR や LAR はどのようなメカニズムで誘導されるのであろうか．また，SAR で全身に伝達されるシグナル因子は何なのか．SAR や LAR が誘導された組織では，内在性のサリチル酸量が顕著に増大する．また，サリチル酸処理で酸性 PR タンパク質の蓄積が誘導され，抵抗性も増大する．一方，サリチル酸を分解する酵素を発現する形質転換植物ではサリチル酸量は減少し，病原体に対する抵抗性も低下する．このような現象から，サリチル酸は，SAR 関連遺伝子の発現誘導と抵抗性誘導における重要なシグナル因子として古くから注目されてきた．今日ではメチル化サリチル酸が SAR の全身移行シグナル因子と考えられている．一方，サリチル酸で活性化されるリパーゼに由来する脂質分子などもシグナル因子の有力候補であり，SAR の誘導には 2 つの因子が関わっている可能性がある．

サリチル酸処理で誘導される PR タンパク質遺伝子の発現制御に関わるいくつかの遺伝子が同定されている．そのひとつは，シロイヌナズナの *NPR1*

表 14.2 PR タンパク質の分類と機能

ファミリー	タイプメンバー	機能と特徴
PR-1	タバコ PR-1a	機能未知（抗菌活性？）
PR-2	タバコ PR-2	β 1,3-グルカナーゼ
PR-3	タバコ P, Q	キチナーゼ（エンドタイプ）
PR-4	タバコ R	キチナーゼ（エンドタイプ），抗菌活性
PR-5	タバコ S	トウマチン様タンパク質，抗カビ活性
PR-6	トマトインヒビター I	プロテアーゼ阻害タンパク質
PR-7	トマト P69	プロテアーゼ
PR-8	キュウリキチナーゼ	キチナーゼ
PR-9	リグニン-形成ペルオキシダーゼ	ペルオキシダーゼ
PR-10	パセリ PR-1	リボヌクレアーゼ
PR-11	タバコクラス V キチナーゼ	キチナーゼ（エンドタイプ）
PR-12	ラディッシュ Rs-AFP3	ディフェンシン（原形質膜透過性能，抗菌活性）
PR-13	シロイヌナズナ THI2.1	チオニン（抗菌活性）
PR-14	オオムギ LTP4	脂質輸送タンパク質（原形質膜透過性能，抗菌活性）
PR-15	オオムギ（Germin）	シュウ酸酸化酵素

図 14.8
全身獲得抵抗性（SAR）でのPRタンパク質遺伝子の発現誘導機構

サリチル酸に介在される細胞の酸化還元状態，NPR1およびTGA転写因子の役割のモデル．サリチル酸応答プロモーター配列（TGACG）へのTGA転写因子（二量体）の結合は，通常状態では弱く *PR-1* 遺伝子の発現を誘導するのには不十分である（枠内左の状態）．壊死斑形成をともなう病原体の感染でサリチル酸が蓄積すると，抗酸化因子の蓄積などにより細胞はより還元状態になる．その結果，NPR1は不活化したオリゴマー複合体から活性型の単体に遊離する．核に移行したNPR1はTGA転写因子と相互作用し，転写因子を活性化して *PR-1* 遺伝子転写に導く．〔Pieterse and Van Loon, *Current Opinion in Plant Biology*, 7：456–464（2004）を参考に作成〕．

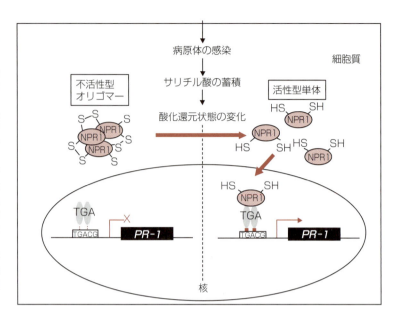

*13 シロイヌナズナ変異体においてPRタンパク質（PR1）の発現誘導が起こらなくなる原因遺伝子として単離された．*NPR1* は *NIM1*（non-inducible immunity）としても知られている．NPR1タンパク質は核に移行するが，直接DNAには結合しない．NPR1タンパク質は転写因子であるTGAのサリチル酸応答プロモーター（TGACG配列を含むシロイヌナズナ *PR-1* 遺伝子のプロモーター領域）への結合を促進する．

*14 Inhibitor of NFκB．転写の抑制因子．IκBがリン酸化され，ユビキチン化を介して分解されると，自由になったNFκBはプロモーターに結合し転写を活性化する．

*15 塩基性ロイシンジッパーファミリーの転写因子．

（non-expresser of pathogenesis-related gene1）[*13]遺伝子で，この遺伝子に変異をもつ植物ではサリチル酸処理でPRタンパク質が発現されず，また，病原体の感染によりSARが誘導されない．一方，野生型のNPR1タンパク質はサリチル酸処理で活性化する．興味深いことに，NPR1は動物のIκB[*14]と部分的に相同性が認められる．IκBは，動物の炎症反応で重要な役割をもつ転写活性因子NFκBに結合して，転写制御するタンパク質である．実際，NPR1は植物細胞の核に移行し，TGA[*15]とよばれる転写因子を介してPRタンパク質遺伝子の転写を制御する．NPR1によるPRタンパク質遺伝子発現制御のモデルを図14.8に示す．SAR関連遺伝子のプロモーターにTGAが結合し，転写が活性化されるためには，TGAとNPR1が結合する必要がある．その結合は細胞の酸化還元状態でコントロールされることがわかった．非還元状態では，NPR1分子間でシステイン残基を介してS–S結合が形成され，NPR1の重合が起こることで転写は抑制されている．しかし，還元状態では，S–S結合が解離し，NPR1は活性型のモノマーで存在できる．その結果，NPR1はTGAと結合できるようになり，*PR-1* 遺伝子の転写が誘導される．

SARは，サリチル酸以外の化合物によっても誘導される．それらの化合物には農薬として使用されているプロベナゾールやBTH, INA（図14.9）などが含まれる．SARはさまざまな病原体の感染に対して効果を示すことから，SAR誘導化合物は新たな病害制御薬剤として注目されている．

（2）誘導全身抵抗性（ISR）

ISRは**根圏**（rhizoshere）での細菌の**共生**（symbiosis）で誘導される．ISRが

誘導された葉ではサリチル酸の蓄積は増大せず，酸性 PR タンパク質遺伝子の発現も起こらない．ISR 誘導にはジャスモン酸とエチレンが重要であることがジャスモン酸とエチレンシグナル経路に変異をもつシロイヌナズナ変異体を用いた実験から明らかになった．ジャスモン酸とエチレンに依存した ISR 誘導葉では，抗糸状菌活性と抗細菌活性をもつディフェンシンやチオニンなどの塩基性 PR タンパク質の発現誘導が認められる．これらの塩基性 PR タンパク質は，傷害でも誘導されるので，植物は，根圏での細菌の共生を傷と同様のシグナルとして受け止め，傷口から感染する殺生菌の感染を防いでいるのかもしれない．

(3) 傷害誘導全身抵抗性（WISR）

傷害で誘導される WISR では，ISR と同様，ジャスモン酸とエチレンが重要な役割を果たす．WISR の誘導された組織ではディフェンシンやチオニンなどの塩基性 PR タンパク質遺伝子の発現誘導とともに，**植食性昆虫**（herbivorous insect）の消化酵素（タンパク質分解酵素）を阻害するプロテアーゼインヒビター遺伝子の発現が見られる．プロテアーゼインヒビターは塩基性 PR タンパク質の特徴を備えている．

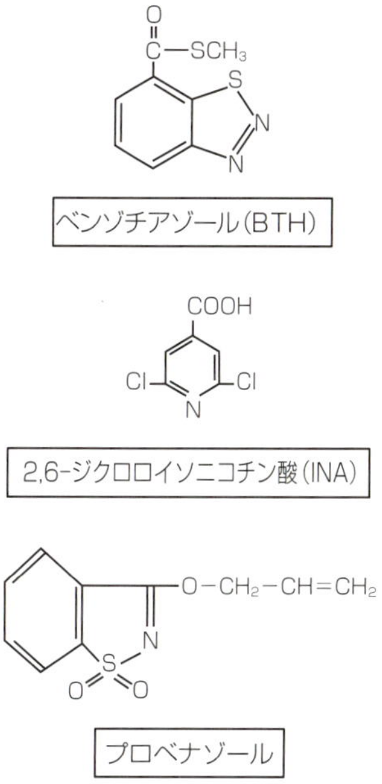

14.2.4 分子パラサイトに対する防御——RNA サイレンシング

過敏感反応や SAR はウイルスに対しても有効な防御機構であるが，植物は，ウイルスなどの分子パラサイトの攻撃に対して，さらに **RNA サイレンシング**とよばれるもうひとつの防御機構をもっている．RNA サイレンシングとは，21〜24 塩基の小さな RNA（small interfering RNA：**siRNA**）に介在される塩基配列に特異的な遺伝子不活化機構で，真核生物の発生・分化においても重要な働きをしている．RNA サイレンシングは，主として転写後の mRNA の切断あるいは翻訳阻害をともなうため，植物ではとくに**転写後遺伝子サイレンシング**（**PTGS**: post-transcriptional gene silencing）とよばれる．RNA サイレンシングは，2 本鎖 RNA によって効率よく誘導されるため，複製過程で 2 本鎖 RNA を生じる RNA ウイルスは，効率よく RNA サイレンシングを誘導してしまう．RNA サイレンシングは，ウイルスに対する最も基本的で有効な防御機構のひとつである．

(1) RNA サイレンシングの発見

RNA サイレンシングに関する最初の報告は，1990 年に植物の花の色に関係する遺伝子の研究においてなされた．植物の花弁に蓄積するアントシアニン色素の合成に関与する遺伝子であるカルコン合成酵素遺伝子（chalcone synthase 遺伝子，*CHS*）を導入したペチュニア植物がつくられた．これらの形質転換植物ではアントシアニンの蓄積が増加し，赤い色の花をつけることが期待された．しかし，その期待に反して得られた形質転換体の多くは白い

ベンゾチアゾール（BTH）

2,6-ジクロロイソニコチン酸（INA）

プロベナゾール

図 14.9

全身獲得抵抗性を誘導する化合物

花をつけた．このことは，導入した CHS 遺伝子のみならず，植物が本来もっている CHS 遺伝子の発現も抑制されたことを示しており，この現象は co-suppression（共抑制）と名づけられた．CHS 遺伝子を発現する形質転換ペチュニアの写真を口絵に示す．これとは別に，植物ウイルスの遺伝子あるいはその配列の一部を発現する形質転換植物が，同じウイルスや近縁のウイルスの感染に対して抵抗性を示すという現象が 1990 年代に入り多数報告された．今日これらの現象の多くは RNA サイレンシングによることがわかっている．RNA サイレンシング現象は生物界において広く見られ，線虫，ショウジョウバエ，マウスにおいては RNA 干渉（RNA interference：RNAi），糸状菌であるアカパンカビにおいてはクエリング（quelling）として知られている．いずれの現象においても mRNA の配列特異的な分解が起こり，同様の遺伝子群が関与していることが明らかにされている．これらの現象は，まとめて RNA サイレンシングあるいは RNAi とよばれる．

(2) RNA サイレンシングの機構

RNA サイレンシング機構の概略を図 14.10 に示す．RNA サイレンシングの開始には 2 本鎖 RNA が重要な役割を果たす．先に述べたように，ヘアピン RNA [※16] や，ゲノム複製過程で 2 本鎖 RNA をつくる RNA ウイルスは，RNA サイレンシングの強力な誘導因子となる．さらに，形質転換植物では，染色体に導入された外来遺伝子から転写された mRNA が鋳型となり植物の

※16 塩基対を形成するステム部分と塩基対を形成しないループ部分からなる RNA．

Column

RNA サイレンシングが植物のウイルス抵抗性機構であることがわかるまでの道のり

1985 年の理論生物学雑誌（*J. Theoretical Biology*）に「Pathogen-derived resistance（病原体由来抵抗性）」の概念がサンフォード（J. C. Sanford）とジョンストン（S. A. Johnston）により提唱された．病原体由来抵抗性とは，病原体の遺伝子産物を通常でない状態で（たとえば過剰に，あるいは変異体として）宿主で発現させると病原体の正常な増殖を阻害するというもので，dominant-negative とよばれる効果である．1986 年，ビーチー（R. N. Beachy）らのグループは，TMV（タバコモザイクウイルス）の外被タンパク質を発現する形質転換タバコが TMV に抵抗性を示すことを報告した．その後，ウイルス遺伝子を用いて多くのウイルス抵抗性形質転換植物が報告されたが，タンパク質の蓄積量と抵抗性のレベルが必ずしも相関しない事例が存在した．

1993 年，ボルコム（D. C. Baulcombe）のグループは，PVX（ポラトウイルス X）の RNA 複製酵素を発現する植物は PVX に対して非常に強い抵抗性を示すことを報告した．ところが，フレームシフトによりタンパク質を翻訳できない RNA を発現する形質転換体も同様の抵抗性を示した．さらに奇妙なことに，抵抗性を示さない個体では導入遺伝子の mRNA の蓄積が認められたが，ウイルスに抵抗性を示す個体では導入遺伝子の mRNA が蓄積しなかった．抵抗性レベルと mRNA レベルの逆相関関係および抵抗性の塩基配列特異性から，形質転換体でのウイルス抵抗性には転写後遺伝子サイレンシング（PTGS）が関わっていることが示唆された．

もつ RNA 依存 RNA 合成酵素（RNA-dependent RNA polymerase：**RDR**）によって相補 RNA 鎖が合成され，部分的に 2 本鎖構造をもつ RNA が生じ，RNA サイレンシングが誘導される．また，**トランスポゾン**（transposable element：**TE**）[*17]の制御においても同様の機構で生じる siRNA が関与する場合がある．TE や導入遺伝子のサイレンシング現象には DNA のメチル化などによる染色体構造の変化も関与していると考えられる．それが原因となって導入遺伝子から転写される異常な RNA は植物の RDR によって特異的に認識され，2 本鎖 RNA が合成されるのかもしれない．

　細胞内で生じた 2 本鎖 RNA は，2 本鎖 RNA に特異的な RNA 分解酵素（Dicer 様タンパク質：**DCL**）によって siRNA に分解される．ヒトでは Dicer タンパク質は 1 種であるが，シロイヌナズナではそれぞれ機能の異なる 4 種の *DCL* 遺伝子（*DCL1, DCL2, DCL3, DCL4*）が存在する．ウイルスの RNA 分解には *DCL2* と *DCL4* が関わる．DCL タンパク質による切断で生じた siRNA は，次に RNA 誘導サイレンシング複合体（RNA-induced silencing complex：**RISC**）の構成成分であるアルゴノートタンパク質（Argonaute：**AGO**）に取り込まれる．AGO は，DCL タンパク質と同様，2 本鎖 RNA 分解酵素であり，取り込んだ siRNA を介して相補的な配列をもつ標的 mRNA を認識し，切断する．さらに，siRNA は標的 mRNA と RDR を介して増幅される（図 14.10）．RNA サイレンシングにおける配列特異的な RNA 切断は

[*17] トランスポゾン（transposon）は，転移因子（transposable element）ともよばれ，ゲノム DNA 上での位置を移動することのできる塩基配列である．トウモロコシの斑入り現象を起こす遺伝子として 1940 年代にマクリントック（B. McClintock）によって発見された．彼女はこの業績により，1983 年にノーベル生理学・医学賞を受賞している．

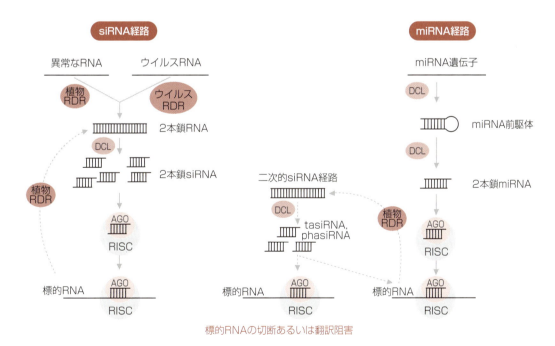

図 14.10　植物での siRNA と miRNA の生成経路

このようなメカニズムによる.

RNAサイレンシングに関連した現象のひとつにマイクロRNA（microRNA: miRNA）を介した発生・分化や環境・ストレス応答に関わる遺伝子発現制御がある．miRNAは内在性のmiRNA前駆体から切り出される21〜22塩基の小分子RNAで，siRNAと同様RISCを介して標的mRNAの切断や翻訳阻害を引き起こす（図14.10）．また，trans-acting siRNA（tasiRNA）やphased siRNA（phasiRNA）とよばれるsiRNAを介して遺伝子発現を制御する22塩基のmiRNAが知られている．tasiRNAやphasiRNAは，miRNAの標的RNAを鋳型としてRDRが合成する2本鎖RNAをDCL4が切断することで生じる21塩基の二次的siRNAである．たとえば，phasiRNAを産生するトマトのmiR482ファミリーはトマトの抵抗性関連遺伝子と考えられるNBS-LRRドメインをもつ186遺伝子のうち58遺伝子を標的とすることがコンピュータ解析で予測されている．実際，miR482はphasiRNAを介してNBS-LRRドメインをもつ遺伝子の発現を抑制することがわかっている．すなわち，miR482ファミリーは抵抗性遺伝子の発現を負に制御しているmiRNAであると考えられる．後述するウイルスのRNAサイレンシングサプレッサーのいくつかはmiRNAの機能も阻害するため，植物の発生・分化に関わる遺伝子の発現制御に影響することにより，植物の形態異常を引き起こすと考えられるが（図14.12），さらにNBS-LRRドメインをもつ抵抗性遺伝子の発現を制御することにより植物の抵抗性反応を起動，促進させる可能性が考えられる．

（3）RNAサイレンシングの細胞間移行と全身移行

植物や線虫ではRNAサイレンシングは誘導された部位から他の部位へ移行する．このようなRNAサイレンシングの移行はウイルスやウイロイド[*18]の感染拡大を防ぐには有効な手段となる．RNAサイレンシングの移行は細

[*18] 約300塩基からなる環状の裸のRNAで，タンパク質はコードしていない．RNAはヘアピン構造の2本鎖の状態で存在する．キク矮化病，ホップ矮化病，ジャガイモ痩せいも病の病原体である．現在知られている最も小さな病原体である．

Column

リカバリー現象の発見

1993年，リンブド（J. A. Linbdo）らは Tobacco etch virus（TEV）の外被タンパク質（CP）遺伝子を発現する形質転換タバコ（TEV-CP）にTEVを接種すると，下位葉では激しいウイルス病徴が誘導されるが，やがて生長とともに上位葉は無病徴になり，ウイルスが検出されなくなることを発見し，この現象をリカバリーと名づけた．リカバリーした無病徴葉はTEVに抵抗性を示し，かつ，その抵抗性はTEVの塩基配列に特異的であったことから，この抵抗性はPTGSによることが示唆された．PTGSと関連した同様のリカバリー現象は自然界の植物でも起こることが明らかとなり，形質転換植物に特異的なものでないことがわかった．これらの研究からウイルスは自らPTGSを誘導し，そのターゲットになることがわかった．

胞間移行と篩部組織を介した全身移行からなる．RNA サイレンシングの細胞間移行は 10〜15 細胞の短距離移行とそれ以上の細胞への移行に分けることができる．いずれの移行にも DCL4 によりつくられる 21 塩基の siRNA が

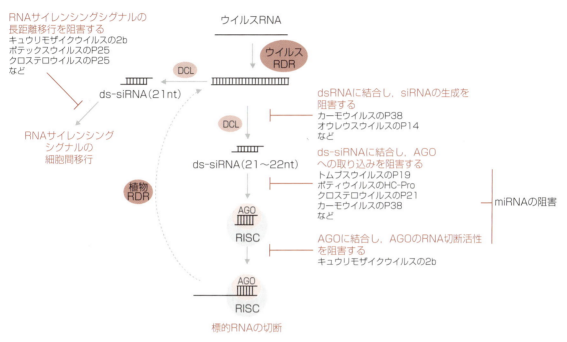

図 14.11　ウイルスの RNAi サプレッサーとその作用点

Column

RNA サイレンシングサプレッサーの発見

　ジャガイモは PVX（ポテトウイルス X）と PVY（ポテトウイルス Y）に重複感染すると非常に激しい病徴を示す．この現象はシナニズムとよばれ昔から知られていた．重複感染した植物では，PVY の蓄積量には変化が見られないが，PVX の蓄積量が増大することが 1995 年バンス（Vance）らのグループにより明らかにされた．そこで，彼女らは本現象に関わる因子を探索したところ PVY のコードするタンパク質 HC-Pro が原因因子であることが明らかになった．そこで HC-Pro は植物のウイルス抵抗性機構を抑制する因子であるかもしれないと考えられた．
　それでは HC-Pro が抑制するウイルス抵抗性機構とは何なのか．PTGS で遺伝子がサイレンシングされている植物を HC-Pro を発現する形質転換植物と交配すると PTGS が解除されること，また，GFP 遺伝子がサイレンシングされている植物に PVY を感染させるとサイレンシングが解除され，GFP 蛍光が出現し，さらに GFP 蛍光とウイルス病徴の進展が一致することなどから，HC-Pro は PTGS を抑制することが明らかになった．この発見は，ウイルスが PTGS に対抗する手段をもつことを示した．その後，多くのウイルスで PTGS サプレッサーが同定され，PTGS がウイルスに対する防御機構であることが確実なものとなった．

図14.12　ウイルスのRNAiサプレッサーを発現する形質転換シロイヌナズナ
(a)野生型(エコタイプCol-0)，(b)ポティウイルスのHC-Pro，(c)トムブスウイルスのP19．〔Dunoyer et al., Plant Cell **16**：1235-1250（2004）より〕

関与する．10〜15細胞の短距離移行には，移行シグナルの増幅は必ずしも必要でないが，それ以上の細胞間移行には植物のRDR6が介在するシグナルの増幅が必要である．

一方，RNAサイレンシングの全身移行については，移行シグナルの正体を含めその全容は明らかでない．RNAサイレンシングの配列特異性という特徴を維持することができ，かつ植物内を移動できるという特徴をもつことから，RNAであろうと考えられる．

(4) ウイルスによるRNAサイレンシングの抑制機構

RNAサイレンシングがウイルスに対する防御機構であることは，多くのウイルスがRNAサイレンシングを抑制するタンパク質(サプレッサー)をコードしていることから明らかとなった．代表的なウイルスRNAサイレンシングサプレッサーの作用点とその機能を図14.11に示す．

ウイルスのサプレッサーは，外被タンパク質，RNA複製酵素成分タンパク質，細胞間移行タンパク質などウイルスの増殖に必須のタンパク質である場合と，増殖には必須でないが病原性に関わる遺伝子の場合がある．これらのサプレッサーの作用機作(RNAサイレンシング抑制機構)は多様である．トムブスウイルスのP19はAGOに取り込まれる前の2本鎖siRNAに結合し，RISCを介したRNA切断を阻害すると考えられる．キュウリモザイクウイルスの2bタンパク質はRISC成分であるAGOに作用し，ターゲットRNAの切断を阻害する．ポティウイルスのHC-ProはsiRNAとmiRNAのRISCへの取り込みを阻害する．HC-ProやトムブスウイルスのP19を発現する形質転換シロイヌナズナは，ウイルス感染による病徴と類似した形態異常を示す(図14.12)．先に述べたようにウイルス感染によって生じる病徴のいくつかはウイルスのRNAサイレンシングサプレッサーによるmiRNA機能の阻害により説明できるかもしれない．

キュウリモザイクウイルスの2bタンパク質やポテトウイルスXのP25は，

RNAサイレンシングの全身移行を抑制する．このことはウイルスが植物に全身感染するのに好都合であろう．

ウイルスタンパク質単独ではRNAサイレンシングを抑制できないが，RNA複製を介してRNAサイレンシングを抑制するウイルスが存在する．ダイアンソウイルスによるRNAサイレンシング抑制はRNA複製と強くリンクしており，ウイルスがRNAサイレンシング装置成分を自らの複製装置成分として利用することでRNAサイレンシングを抑制している可能性が考えられる．エイズウイルスもRNAサイレンシング関連因子を自らの複製に利用していることがわかってきた．ウイルスによるRNAサイレンシング抑制機構の研究からRNAサイレンシングに関わる新たな因子の発見につながることも期待される．

練習問題

1. 植物は病原体と遭遇すると病原体に由来する分子を認識し，病原体の感染を阻止する機構をもっている．植物に認識される病原体因子にはどのようなものがあるか．また，それらをまとめてなんとよぶか述べなさい．
2. 糸状菌が植物に感染を試みると感染部位に物理的バリアーが形成される．その構造体を何というか．また，その構造体はどのような成分からなるか述べなさい．
3. 病原体が宿主植物に感染を試みると感染部位に壊死病斑が形成され，感染が阻止される場合がある．このような反応をなんとよぶか．また，この反応に関わる植物の遺伝子と病原体の遺伝子はどのような関係にあるのかを述べなさい．
4. 植物は，病原体の攻撃にさらされ病斑が形成されると，全身に抵抗性が誘導される場合がある．この抵抗性をなんとよぶか述べなさい．また，この抵抗性誘導におもに関わる化合物1つと，発現誘導されるタンパク質の総称を答えなさい．
5. 根圏での細菌の共生で抵抗性が誘導される．この抵抗性をなんとよぶか述べなさい．また，その抵抗性に関わる化合物を挙げなさい．
6. 植物はウイルスや導入外来遺伝子由来のRNAに対してそれらを排除する機構をもっている．その機構をなんとよぶか．また，その機構を効率よく誘導する因子のもつ性質を述べなさい．
7. 異物RNAを排除する機構（問題6）に関わる植物の遺伝子を挙げ，異物RNAの排除機構を説明しなさい．
8. ウイルスは植物の異物RNAを排除する機構に対抗する因子をもっている．その因子をなんとよぶか．また，その因子の作用点とRNAサイレンシング阻害機構を1つ挙げて説明しなさい．

15章 微生物との共生

　地球上のすべての生物は，他の生物との関わり合いのなかで生きている．そこには，3章で見たような「食う‐食われる」の関係や，前章にまとめられたような植物と病原体の関係もある．しかし，おたがいが助け合って生きていく共生関係も，それらと同様に重要である．私たちヒトの腸内にも多くの微生物が生育して栄養吸収を助けているように，植物も，微生物とのさまざまな共生関係をつくっている．本章では，そのなかでも植物の生育にとくに重要な，菌類および細菌類との共生による栄養吸収過程と，共生の成立機構について説明する．

15.1　植物と菌類の共生

　陸上植物の約9割は菌類と共生している．菌類が共生した根を**菌根**（mycorrhiza）といい，その共生菌を菌根菌という．菌根は，菌糸が根の表面に付着して厚い菌糸層を形成する**外生菌根**（ectomycorrhiza）と，根の皮層組織の細胞壁と細胞膜の間に菌糸の細胞膜を割り込ませて侵入する**内生菌根**（endomycorrhiza）の二つに大きく分かれるが，両者の形質をあわせもつ菌根も存在する．菌根菌は，土壌中のリンを主とするミネラルを宿主植物に供与する一方，宿主からは光合成産物を得ることで共生関係を成立させている．

　外生菌根はマツ科やブナ科等の樹木の根に形成されるものが多く，根はサンゴ状に太く短く分岐する．共生菌の多くは担子菌類に分類され，子実体としてキノコを形成する．身近な例としてマツに共生するマツタケやショウロがある．また葉緑素を欠き光合成をすることができないギンリョウソウにも菌根が形成され，この場合，ギンリョウソウは共生菌の菌糸を介して，周囲の樹木から光合成産物を得ていることが知られている．

　一方，内生菌根の代表は，アーバスキュラー菌根であり，陸上植物の最も普遍的な共生系である．アーバスキュラー菌根は，根の皮層細胞内に**樹枝状**

体(arbuscule，図15.1)とよばれる細かく分岐した栄養交換器官を形成する菌類との複合体である．樹枝状体を形成する共生菌を**アーバスキュラー菌根菌**(arbuscular mycorrhizal fungi, AM菌)[*1]とよぶ．アーバスキュラー菌根菌は，被子植物のみならず，コケ・シダ・裸子植物とも共生することが知られており，維管束植物のおよそ7割と共生するといわれている．古生代デボン紀の地層から出土した初期の陸上植物アグラオフィトンの化石から，アーバスキュラー菌根菌との共生を示唆する樹枝状体様の構造が発見され，共生の起源は4億年以上前と推測されている．アーバスキュラー菌根菌は，50〜500 μmの大型の胞子を形成するのが特徴で，菌糸や胞子のなかには数十から数百個の核が含まれる．菌糸は隔壁を欠くため多核であり，またそれぞれの核がもつ遺伝情報が異なることが指摘されている．これまでアーバスキュラー菌根菌は接合菌門のGlomales目に位置づけられていたが，近年の分子系統学的解析から，菌類の中で新しいクレード[*2]を形成することが判明し，ケカビ類のグロムス亜門に分類されている．アーバスキュラー菌根菌と共生した植物はリンの少ない土壌でもよく生育し，乾燥や病原菌等の環境ストレスに対して抵抗性を示すことが知られている．

　その他の内生菌根としてラン菌根やツツジ菌根がある．ランの種子は無胚乳種子で，一般に発芽に菌の感染を必要とする．ランの菌根菌は担子菌や不完全菌で，感染すると皮層細胞にコイル状のペロトンとよばれる菌糸を形成する．菌根菌の感染を受けたランはプロトコームという不定形の器官を形成し，ペロトンを分解消化して発芽する．また，ツツジ菌根は子嚢菌の仲間などが感染してできたものであり，硝酸やアンモニアなどの窒素分子を吸収し宿主に与えることができる．そのためツツジは低窒素環境でもよく生育することができる．内生菌根や外生菌根を形成しない植物は陸上植物の7%程度であり，アブラナ科，アカザ科，カヤツリグサ科などが知られているが，アブラナ科のシロイヌナズナでは，リン酸を提供し成長を促進する糸状菌*Colletotrichum tofieldiae*の感染が近年報告されている．

[*1] アーバスキュラー菌根菌の名前は樹枝状体(arbuscule：アーバスキュール)に由来するが，加えて根の皮層組織に嚢状体(vesicle)を形成するものも多かったため，以前は両者の頭文字をとってVA菌根菌とよばれていた．しかし，*Gigaspora*属の菌根菌など嚢状体を形成できないものが存在することから，近年はアーバスキュラー菌根菌あるいはAM菌とよばれている．

[*2] 生物系統学において，同一の祖先種をもつと考えられる生物種は，1つの系統樹にまとめられる．この生物群の集合をクレードとよぶ．

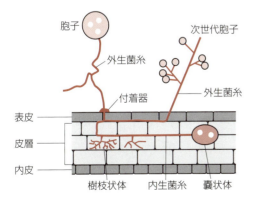

図15.1　アーバスキュラー菌根菌の感染様式
アーバスキュラー菌根菌は根の皮層細胞に樹枝状体を形成し，自らが土壌から吸収したリン酸を宿主植物へ供与する一方，宿主からグルコースを受け取ることによって，胞子増殖する．

15.2 アーバスキュラー菌根菌
15.2.1 感染様式

アーバスキュラー菌根菌の感染様式を図15.1に示す．休眠胞子が水分により発芽すると，**外生菌糸**(external hyphae)を形成し伸長していく．外生菌糸は宿主植物の根に近づくと分岐を始め，根の表面に**付着器**(appresorium)を形成する．付着器から組織内に形成される菌糸は**内生菌糸**(internal hyphae)とよばれ，表皮を通過すると皮層組織の細胞間隙を伸長していく．皮層細胞に侵入する内生菌糸は宿主の細胞膜に大きく包まれるようにして取り込まれ，細かく分岐した樹枝状体を形成する．樹枝状体は宿主の細胞膜由来のペリアーバスキュラー膜によって高度に包まれており，菌糸が細胞質側に入り込むことはない．樹枝状体の寿命は菌根菌の種類によって異なるが，2〜6日ほどと短命であり，再生と崩壊が繰り返される．*Rhizophagus irregularis* などアーバスキュラー菌根菌の多くは，樹枝状体のほかに嚢状体を形成する．脂肪酸とグルコースを得たアーバスキュラー菌根菌は外生菌糸の先端に胞子を分化することによって増殖する．

もうひとつアーバスキュラー菌根菌の特徴として，宿主特異性をほとんど失っていることがあげられる．このためアーバスキュラー菌根菌は，コケ植物から，シダ植物，裸子植物，被子植物に至るまで共生できる宿主の範囲が極めて広く，また外生菌糸を介して異種植物を連結することができる．これにより植物は個体が菌糸でつながれた複合的生命体を形成する(図15.2)．

植物とアーバスキュラー菌根菌の共生は，双方からのシグナル因子を認識することにより始まる．植物から菌根菌へのシグナル因子は，**ブランチングファクター**(branching factor)とよばれる．これは，宿主植物の根に近づいた外生菌糸の分岐(ブランチング)を誘導する因子で，宿主となりうる植物の根に恒常的に存在するが，アブラナ科やアカザ科など非宿主植物では根からの浸出量が少ない．近年，このブランチングファクターがミヤコグサの水耕液より抽出・精製され，**ストリゴラクトン**(strigolactone)と総称されるセスキテルペン[*3]の一種であることが判明した(10章参照)．同定されたストリ

*3 炭素5原子からなるイソプレンの重合した化合物をテルペノイドとよび，そのうちイソプレンが3分子結合したものをセスキテルペンとよぶ．メバロン酸経路から合成される．

図 15.2
アーバスキュラー菌根菌の広い宿主域
アーバスキュラー菌根菌は宿主特異性が低いため，同種植物のみならず異種植物を同一個体の菌糸で連結することができる．

ゴラクトンの一種，5-デオキシストリゴールの分子構造を図15.3に示す．このような物質は，古くからハマウツボやストライガなど，根に寄生する寄生植物の発芽を誘導する因子として知られていた．寄生植物の発芽を誘導する因子を植物がわざわざ分泌する理由は長らく不明であったが，ストリゴラクトンは植物にリンを供与するアーバスキュラー菌根菌との共生において重要だったわけである[*4]．

アーバスキュラー菌根菌から植物への共生シグナル因子は**Mycファクター**（Myc factor）とよばれている．Mycファクターは，菌根菌が植物の根に感染する際に分泌されて，無数の土壌微生物のなかから自身が共生菌であることを宿主に認識させ，共生の初期過程を成立させる働きがあると考えられている．Mycファクターの精製は，菌根形成過程で特異的に発現する宿主遺伝子をマーカーとして進められており，後述するNodファクターと分子構造が酷似したリポキチンオリゴ糖が候補物質として提唱されている．

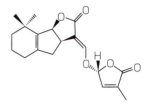

図15.3
5-デオキシストリゴール
5-デオキシストリゴールは植物に存在するストリゴラクトンの一種であり，根寄生植物の発芽刺激物質として働いたり，植物の枝分かれを抑制するホルモンとして知られている．

[*4] ストリゴラクトンの植物ホルモンとしての作用については10.8節参照．

15.2.2　リン酸，糖，脂質の輸送

植物は2つの方法によって土壌からリン酸を吸収している．ひとつは，土壌中のリン酸を根の根毛や表皮から直接取り込む方法であり，もうひとつは，菌根菌の外生菌糸を介して取り込む方法である．根からリン酸を直接取り込むための**リン酸トランスポーター**（phosphate transporter，4章参照）として，シロイヌナズナより単離されたPht1が知られている．Pht1はリン酸に対して高親和性を示し，これを欠損すると根からのリン酸吸収率は25％にまで低下する．一方，後者に関しては，アーバスキュラー菌根菌（*Glomus versiforme*）より，プロトン共役型のリン酸トランスポーターGvPTが単離されている．GvPTは12回の膜貫通ドメインをもち，外生菌糸を介して土壌中のリン酸を細胞内に取り込む際に働いている．GvPTのK_m値は8μMとリン酸に対して高い親和性を示し，土壌中の低濃度のリン酸を取り込むことができる．菌根菌のリン酸トランスポーターは，低リン酸条件下において外生菌糸で発現が強く誘導される．一方，高濃度のリン酸を与えると発現は抑制される．このことから，菌根菌は土壌中のリン酸濃度を感知して，GvPTの発現量を制御するしくみを備えていることがわかる．

菌根菌によって吸収されたリン酸は，速やかに**ポリリン酸**[*5]に変換され，外生菌糸を介して植物に送られる．根に到着したポリリン酸はオルトリン酸に加水分解され，樹枝状体を介して植物に輸送されると考えられている．樹枝状体が形成されている皮層細胞の細胞膜で，宿主側に顕著に発現するリン酸トランスポーターが，ジャガイモ，イネ，タルウマゴヤシなどで特定されている．これらはプロトンと共役しリン酸を輸送するシンポーター（4.3節参照）である．このなかでタルウマゴヤシから単離されたリン酸トランスポー

[*5] 無機リン酸の重合体．微生物や菌類の細胞内に蓄えられる．

15章 微生物との共生

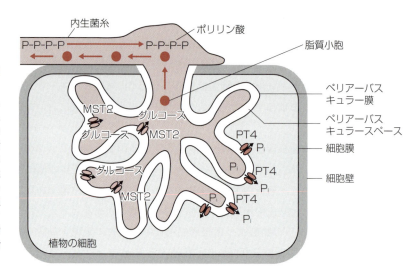

図 15.4 樹枝状体におけるリン酸，糖，脂質の輸送

内生菌糸の皮層細胞内への侵入にともない，植物の細胞膜が大きく貫入することによって樹枝状体（図中の桃色部分）が形成される．菌糸の樹枝状構造を取り囲む植物側の膜をペリアーバスキュラー膜とよぶ．樹枝状体において，リン酸は菌根菌から植物へ，グルコースは植物から菌根菌へと輸送される．脂質の輸送のメカニズムは不明だが，樹枝状体で脂質小胞が形成され，外生菌糸へと輸送される．

ターPT4は，抗体による組織学的解析により樹枝状体に局在することが示されている（図 15.4）．一方，樹枝状体が形成されている皮層細胞ではプロトンポンプ遺伝子の特異的な発現も観察される．これは，ペリアーバスキュラースペースのプロトン濃度を上昇させることにより，リン酸の取り込み活性を高める働きがあると考えられている．

アーバスキュラー菌根菌は絶対共生菌であり，植物との共生なくして純粋培養することができない[*6]．最近のゲノム解読から，菌根菌はⅠ型脂肪酸合成酵素（FAS-I）を欠損することが示されている．菌根菌の炭素の大部分は脂質の形で胞子に貯蔵されているので，植物との共生時に，脂肪酸を積極的に取り込んでいると予想される．

植物において糖は**スクロース**（ショ糖, sucrose）の形態で運搬されるが，アーバスキュラー菌根菌はスクロースを直接取り入れることができない．放射性同位体を用いたトレーサー実験により，菌根菌に取り込まれるのはグルコースであることが示されている．タルウマゴヤシのスクロース合成酵素遺伝子 *SucS1* は，スクロースを UDP-グルコースとフルクトースに変換する酵素をコードしており，菌が感染している近傍の皮層細胞において強く発現している．また，グルコース等の単糖を菌根菌へと輸送するトランスポーターとして MST2 が特定されている（図 15.4）．MST2 は樹枝状体で発現する菌側の遺伝子である．

15.3 植物と窒素固定バクテリアとの共生

植物は土壌から無機栄養を吸収することによって成長する．とくに窒素はリンやカリウムと並び植物の成長に欠かせない栄養素であるが，大気の79%を占める窒素分子を，植物は直接利用することができない．窒素分子を

*6 純粋培養とは，目的とする1種類の生物のみを培養することを指す．

アンモニアに還元できる生物は一部の原核生物のみである．しかし，植物のなかには窒素固定バクテリアと共生することによって，低窒素環境に進出することに成功した例がある．

たとえば，*Nostoc* や *Anabaena* などの糸状性ラン藻は窒素飢餓条件にさらされると**ヘテロシスト**（heterocyst）とよばれる球形の細胞を分化して窒素固定を行う．浮遊性の水生シダ植物アゾラの小孔，あるいはソテツやグンネラの根にはラン藻が共生し，窒素固定を行っている．被子植物が出現すると植物は爆発的に多様化した（1章参照）．そのなかでバラ亜綱の植物のなかから，放線菌 *Frankia* や根粒菌 *Rhizobium* と細胞内共生するものが現れた．

Frankia は糸状性の窒素固定バクテリアであり，グミ，ハンノキ，ヤマモモ，モクマオウなどの根に根粒を形成し細胞内共生する．*Frankia* と共生するこれらの植物はアクチノリザル植物とよばれ，そのほとんどが樹木である．*Frankia* は宿主の皮層細胞内に取り込まれると細胞の膜系を発達させ，**ベシクル**（vesicle）とよばれる多重膜でおおわれた小胞体を形成し，そこで窒素固定を行う．グミやハンノキにおける根粒構造はマメ科のそれとは異なり，まず根粒の中心部に維管束が形成され，感染細胞がそれを取り囲む．

一方，マメ科植物に共生する根粒菌 *Rhizobium* は α プロテオバクテリアに属する好気性細菌であり，植物にクラウンゴールや毛状根を形成する病原細菌 *Rhizobium radiobactor* や *R. rhizogenes* ときわめて近縁である．

15.4 根粒菌
15.4.1 根粒の形成過程

マメ科植物に**根粒菌**（root nodule bacteria）が感染すると**根粒**（nodule）が形成される．図15.5 に根粒形成過程を示す．根粒菌は宿主植物の根から分泌されるフラボノイドを受容すると，**Nod ファクター**（Nod factor）を分泌する．Nod ファクターは根毛のカーリングを誘導し，根粒菌がそこに閉じ込められると感染糸が形成される．感染糸の実体はよくわかっていない．次に，根粒菌は感染糸の中で分裂を繰り返しながら根の内部組織へと侵入していく．Nod ファクターは根毛のカーリングのみならず，皮層細胞の分裂を誘導し，これが根粒原基となる．根粒原基に到達した感染糸は分岐し，その先端から根粒菌は**エンドサイトーシス**（endocytosis，4.5 節参照）によって細胞内に取り込まれる．根粒菌は細胞膜由来のペリバクテロイド膜に包まれ，肥大化し**バクテロイド**（bacteroid）となる．根粒の内部は感染領域とよばれ，バクテロイドが充満した感染細胞とバクテロイドを含まない非感染細胞より構成されている．感染細胞で固定・同化された窒素は，非感染細胞に輸送され，維管束を介して植物の地上部に伝達される．

根粒は，その成長様式から大きく2つに分類される．アルファルファ，エ

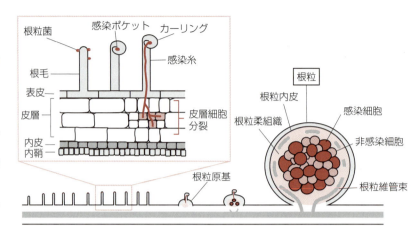

図 15.5　根粒の形成過程（有限成長型）
根粒菌の分泌する Nod ファクターは，根毛をカーリングさせることによって感染糸形成を促進する．また Nod ファクターは皮層細胞の分裂を引き起こすことによって，根粒原基を誘導する．根粒では根粒菌が細胞内共生する感染細胞と共生しない非感染細胞が分化し，両細胞間で物質のやりとりが行われる．

ンドウ，クローバーなどは無限成長型根粒を形成し，ミヤコグサ，ダイズ，インゲンなどは有限成長型根粒を形成する．無限成長型根粒は，皮層組織の内部に根粒原基が形成され，それが先端成長して楕円形の根粒に発達する．一方，有限成長型根粒は球形で，根の表皮に近い皮層組織において原基が形成され，細胞分裂の後はおもに細胞肥大により発達する．根粒と同じく根から内生的に発生する器官として**側根**(lateral root)がある(10.1.5 項参照)．側根は根粒と異なり内鞘細胞が分裂して形成されるが，ラッカセイやニレ科のパラスポニアの根粒は，例外的に内鞘から形成されることが知られている．

菌根菌と異なり，根粒菌とマメ科植物の間には厳密な宿主特異性が存在する．たとえば，クローバーに共生できる根粒菌 *R. leguminosarum* bv. *trifolii* は，ダイズなど他のマメ科植物に共生することはできない．逆にダイズ根粒菌 *Bradyrhizobium japonicum* はエンドウやクローバーなどの他のマメ科植物に共生することができない．根粒菌の種は，共生できる植物に大きく依存しており，この宿主特異性をもとに分類されることがある．

15.4.2　根粒菌側の共生因子

トランスポゾンによる遺伝子破壊により，根粒形成や窒素固定に必要な共生菌側の遺伝子が特定されている．そのなかの *nod* 遺伝子群は，根毛のカーリングや根粒原基形成など植物との初期コミュニケーションにおいて重要な働きを担っている．アルファルファやミヤコグサに共生する根粒菌の全ゲノム配列解析から，*nod* 遺伝子はゲノム上に 20 種類ほど集中して並んでいることが示されているが，そのなかの *nodA, B, C, D* 遺伝子は，すべての根粒菌に保存されていることから共通 *nod* 遺伝子とよばれている．それ以外の *nod* 遺伝子群は宿主特異性に関係すると考えられ，それぞれの根粒菌で特有の働きをもつ．*nod* 遺伝子のなかで，*nodD* は恒常的に発現しており，それ以外の *nod* 遺伝子は宿主植物と相互作用する段階で発現する．nodD タンパ

ク質はヘリックス・ターン・ヘリックスモチーフをもつ転写因子であり，フラボノイドを結合すると *nod* 遺伝子群のプロモーターに結合し，*nod* オペロンの転写を誘導する．なお，根粒菌の種類によって認識するフラボノイドは異なっており，アルファルファ根粒菌はルテオリン，エンドウ根粒菌はナリンゲニン，クローバー根粒菌は，7,4′-ジヒドロキシフラボンなどが知られている．

共生時に発現が誘導される *nod* 遺伝子群は Nod ファクターの生合成酵素をコードしている．Nod ファクターは，根の皮層細胞の分裂を誘導することから当初植物ホルモンのサイトカイニンかオーキシンであると推測されていた．しかし，1990年代にアルファルファやエンドウ根粒菌の Nod ファクターが特定されると，キチンオリゴマーを基本骨格とし，その非還元末端がアシル化された**リポキチンオリゴサッカライド**（lipochitin oligosaccharides）であることが判明した（図 15.6）．アルファルファ根粒菌の Nod ファクターの還元末端はスルフォン化されており，一方，エンドウ根粒菌のそれはスルフォン化されていない．この分子構造の違いを生みだすのが，アルファルファ根粒菌に特異的に存在する *nodH, P, Q* などの遺伝子で，宿主特異性の決定に関わっている．このように根粒菌の共通 *nod* 遺伝子によって Nod ファクターの基本骨格がまず形成され，種特異的な *nod* 遺伝子群の働きによって宿主に認識されるような Nod ファクターに修飾されている．

根粒菌を寒天培地で培養すると，細胞外多糖やリポ多糖に富む粘性のあるコロニーが形成される．これらの菌体外多糖は根粒菌の *exo* や *lps* などの遺伝子の働きによって合成される．これらを欠損した根粒菌は感染糸が伸長せ

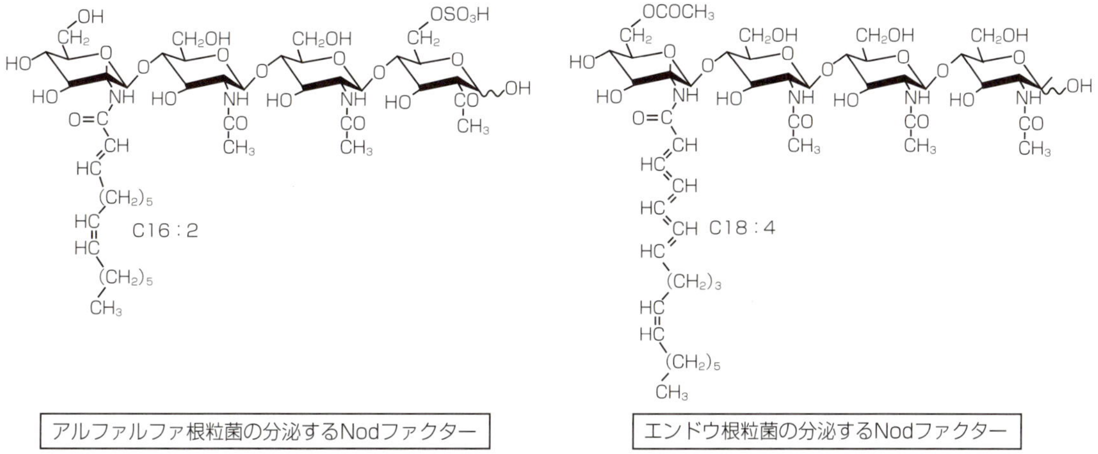

| アルファルファ根粒菌の分泌するNodファクター | エンドウ根粒菌の分泌するNodファクター |

図 15.6　Nod ファクターの分子構造
植物の防御応答を誘導するキチンオリゴ糖を基本骨格とし，その非還元末端がアシル化されている．根粒菌の種によって Nod ファクターの分子構造が異なっており，根粒形成初期の宿主特異性に関わっている．

ず，細胞内共生にまで至らないことが多い．リポ多糖はあらゆる根粒菌の感染プロセスに必要とされるが，細胞外多糖はとくに無限成長型の根粒を形成する根粒菌の感染において重要である．

15.5　共生の共通シグナル伝達経路

　根毛へのNodファクター処理により最も早く誘導される現象は，処理後数十秒で誘導されるCa^{2+}の細胞内への流入とそれに続く細胞膜の脱分極である．細胞膜の脱分極は，イオン選択性の微小電極を用いた電気生理学的解析によって，細胞内のCl^-イオンの流出によって引き起こされることが明らかにされており，Ca^{2+}の流入がCl^-チャンネルの活性化を誘導するというモデルが提唱されている．Cl^-が流出すると，次に根毛細胞内よりK^+が流出し脱分極は解消される．

　Nodファクター処理によって誘導される次の反応は，処理後5分くらいから観察される細胞内の**Ca^{2+}振動**(calcium oscillation)である（図 15.7）．Ca^{2+}振動は動物や植物に広く観察される現象で，植物においては孔辺細胞がアブシシン酸に応答して気孔を閉じる際に観察される．Nodファクターを受容した根毛細胞の場合，Ca^{2+}振動は細胞の核とその周辺部で起こる．

　Nodファクターを根に局所的に処理すると，皮層細胞の分裂が誘導され，根粒原基が形成される．アルファルファでは，Nodファクターの処理のみによって，形態学的にほぼ完全な形の根粒を分化誘導できる．このことから根粒の発生プログラムはもともと植物がもっており，根粒菌はNodファクター

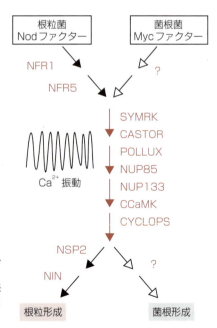

図 15.7　共生の共通シグナル伝達経路
根粒菌とアーバスキュラー菌根菌の共生に必要とされる宿主因子が中央に示されている．これらの因子を介して細胞内にカルシウム振動が発生し，CCaMKがそれを感知して下流に情報を伝えると考えられている．

15.5 共生の共通シグナル伝達経路

を介してそれを引き出す働きがあると思われる．根粒形成の初期過程で発現する植物側遺伝子を *ENOD*（*early nodulin*）遺伝子とよぶ．Nod ファクターは *ENOD* 遺伝子の発現を上昇させることによって根粒形成を誘導する．

マメ科植物のうち根粒を形成しない変異体は，Nod ファクターに対する応答性を失ったシグナル伝達系の変異体である．興味深いことにそれらの根粒非着性変異体にアーバスキュラー菌根菌を感染させたところ，多くの変異体において菌根菌が共生できないことが見いだされた．このことは，根粒菌（原核生物）と菌根菌（真核生物）という分類学的にも大きく異なる共生体を受け入れる宿主の遺伝的背景に，少なからぬ共通部分が存在することを意味しており，**共生の共通シグナル伝達経路**（common symbiosis signaling pathway）とよばれている．ミヤコグサでは根粒と菌根の両者を形成できない共生変異体の分子遺伝学的解析により，共通シグナル伝達経路を構成する7つの因子が特定されている（図 15.7）．このなかの CCaMK（カルシウム・カルモジュリンプロテインキナーゼ）は，Ca^{2+} 振動の発生によって活性化され，リン酸化を介して感染情報を伝達すると考えられている．

共生の共通シグナル伝達経路以外の *NFR1*, *NFR5*, *NSP2*, *NIN* などの遺伝子は，根粒菌の共生に特異的な宿主因子である．ミヤコグサの *NFR1*,

---

Column

遠距離シグナル伝達を介した根粒形成の全身的制御システム

根粒菌との共生による窒素固定は低窒素環境におけるマメ科植物の成長や繁殖において重要だが，ニトロゲナーゼを介した窒素固定は生体エネルギーを多く消費するプロセスであり，過剰な根粒形成はむしろ宿主植物の成長を阻害する．そのためマメ科植物は，根とシュートを介した遠距離シグナル伝達によって根粒数を厳密に制御しており，これは根粒形成のオートレギュレーションとよばれる．根粒形成のオートレギュレーションは，根粒菌の Nod ファクターを受容した根からシュートに伝達される「根由来シグナル」と，シュートから根に伝達され過剰な根粒の形成を抑制する「シュート由来シグナル」の2種の遠距離シグナル物質より構成される．

ダイズ *nts1* 変異体やミヤコグサ *har1* 変異体は根に根粒を過剰に形成する変異体であり，接ぎ木実験より「シュート由来シグナル」を合成できない変異体であることがわかっている．ミヤコグサ *har1* 変異体の原因遺伝子は細胞外ドメインにロイシンリッチリピートをもつ受容体様キナーゼをコードしており，「根由来シグナル」を全身で受容し「シュート由来シグナル」を合成していると考えられる．興味深いことに，HAR1 と最も高い相同性を示すシロイヌナズナの遺伝子は，細胞間コミュニケーションを介して茎頂分裂組織を制御する *CLAVATA1* である．*CLAVATA1* は茎頂や花芽の分裂組織の中心部で発現し，その近傍で発現する CLE ペプチド（CLV3, 図 9.3 参照）を受容することによって茎頂における細胞数を適切に制御している．一方，HAR1 は，成熟葉で発現し，「根由来シグナル」を全身的に受容することによって，形成する根粒の数を適切に制御している．非常に似た遺伝子でありながら，シロイヌナズナとマメ科植物では遺伝子機能に顕著な違いが認められ，共生進化を解き明かす鍵となっている．

*7 真性細菌の細胞壁の主要成分で、N-アセチルグルコサミンや、N-アセチルムラミン酸などのアミノ糖鎖に、ペプチドが結合することで糖鎖どうしを重合させ、巨大な高分子を構成している。

NFR5 は受容体様キナーゼをコードしており、細胞外ドメインはキチンオリゴマーやペプチドグリカン*7 を結合する LysM ドメインをもっている。*NFR1*, *NFR5* 遺伝子に変異が導入されると、細胞膜の脱分極や根毛の変形など、Nod ファクター処理後に観察される初期応答がほぼ完全に失われることから、Nod ファクター受容体としての機能が指摘されている。一方、共生の共通シグナル伝達経路の下流に位置する NSP2 や NIN は転写因子と相同性をもち、*ENOD* 遺伝子など根粒形成の初期過程で機能する遺伝子の転写誘導に関わっていると考えられている。

アーバスキュラー菌根共生系の起源は4億年以上前と推定されているのに対して、マメ科植物における根粒共生系の起源はおよそ6千万年前である。したがって、マメ科の祖先植物は共生の共通シグナル伝達経路を基盤に、*NFR1*, *NFR5*, *NSP2*, *NIN* などの根粒形成特異的遺伝子を獲得することによって、窒素固定バクテリアとの新たな共生系を進化させたと推測される。

15.6　共生窒素固定

根粒菌は感染糸の先端部から細胞内にエンドサイトーシスによって取り囲まれると肥大化し変形する。この変形した根粒菌をバクテロイドとよぶ(図15.8)。バクテロイドは宿主の細胞膜由来のペリバクテロイド膜に包まれており、シンビオソームを形成する。シンビオソームはあたかも窒素固定を行う細胞小器官のようにふるまう。シンビオソームのペリバクテロイド膜には宿主と根粒菌間の栄養の交換を活発に行う SAT1 や SST1 などのトランスポーターが局在し、それぞれアンモニウムイオンや硫酸イオンを輸送することが示されている。根粒菌がバクテロイドに分化する過程で多くの窒素固定に働く遺伝子が発現する。なかでも重要なのは窒素固定反応を行う酵素**ニトロゲナーゼ**(nitrogenase)である。ニトロゲナーゼは6つのサブユニットよ

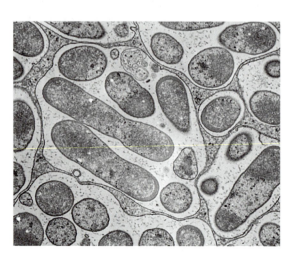

図 15.8　バクテロイド
根粒菌は宿主の細胞内に取り込まれると変形しバクテロイドとなる。バクテロイドはニトロゲナーゼ遺伝子を発現し、窒素固定が行われる。ニトロゲナーゼの構成成分をコードする遺伝子の多くは根粒菌のゲノム上に存在するが、一部の遺伝子を欠いている。そのため、マメ科植物は欠損した遺伝子機能を補填することで窒素固定反応を成立させている(写真は菅沼教生博士のご厚意による)。

り構成されており，活性の発現にはFe, Mo, Sが必要である．窒素固定反応は工業用のハーバー・ボッシュ法とは異なり常温常圧で行われ，次に示すように1分子のN_2が還元されて2分子のNH_3がつくられる．

$$N_2 + 8H^+ + 8e^- + 16ATP \longrightarrow 2NH_3 + H_2 + 16ADP + 16P_i$$

　窒素固定を活発に行っている根粒の内部は赤色を呈しているが，これはヘモグロビンがシンビオソームに満たされた感染細胞で強く発現しているからである．植物にもヘモグロビンが存在することは1939年に久保秀雄により発見され，マメ科植物(legume)から見つかったことから**レグヘモグロビン**(leghemoglobin)とよばれている．根粒中のレグヘモグロビン含量は，全可溶性タンパク質の20～30%にもおよぶ．レグヘモグロビン遺伝子が感染細胞で特異的に強く発現するのは，バクテロイドのニトロゲナーゼが酸素によって容易に失活する特性をもっているので，酸素を結合することによって感染細胞内の酸素分圧を低く保つためである．また，ニトロゲナーゼ反応には多くのATPが必要とされるため，バクテロイド膜の電子伝達系に酸素を直接渡していると言われている．

　マメ科植物は，根粒で特異的に発現するレグヘモグロビンのほかに，性質の異なるヘモグロビン遺伝子をもっている．このヘモグロビンはイネやシロイヌナズナなど非マメ科植物に広く保存されており，生化学的な解析から，酸素よりも一酸化窒素(NO)に対して親和性が高いことが示されている．NOは植物の低温処理や病原菌感染などのストレス下で発生することが知られており，環境ストレス応答と関連が示唆されている．

　バクテロイドによって固定された窒素はアンモニウムイオンとしてペリバクテロイド膜から排出される．無限成長型根粒の感染細胞では，アンモニウムイオンはグルタミンに同化され，グルタミン酸，アスパラギン酸を経て，最終的にアスパラギンとなり根粒からシュートに輸送される．一方，有限成長型根粒では，アンモニアは，グルタミン，グルタミン酸に代謝された後，非感染細胞で特異的に発現するウリカーゼによってアラントインとよばれる窒素化合物となり，シュートに輸送される．

練習問題

1 アーバスキュラー菌根菌と根粒菌の感染および共生様式の違いを説明しなさい．

2 根粒菌が分泌するNodファクターの分子構造と機能を説明しなさい．

3 共生窒素固定に関わる根粒菌側因子と植物側因子をあげ，それぞれの役割を説明しなさい．また，ハーバー・ボッシュ法との違いをあげなさい．

参考図書

■全般
1) Mohr・Schopfer 著，網野真一ほか監訳『植物生理学』シュプリンガー・ジャパン(1998)
2) Taiz ほか著，西谷和彦・島崎研一郎監訳『テイツ／ザイガー植物生理学・発生学 原著第6版』講談社(2017)
3) Buchanan ほか編，杉山達夫監修『植物の生化学・分子生物学』学会出版センター(2005)
4) 日本植物学会編『植物学の百科事典』丸善出版(2016)
5) 駒嶺穆総編集『朝倉植物生理学講座』朝倉書店
   ①西村幹夫編『植物細胞』(2002)
   ②山谷知行編『代謝』(2001)
   ③佐藤公行編『光合成』(2002)
   ④福田裕穂編『成長と分化』(2001)
   ⑤寺島一郎編『環境応答』(2001)
6) 日本植物生理学会監修「植物まるかじり叢書」化学同人
   ①葛西奈津子著『植物が地球をかえた！』(2007)
   ②瀧澤美奈子著『植物は感じて生きている』(2008)
   ③西村尚子著『花はなぜ咲くの？』(2008)
   ④葛西奈津子著『進化し続ける植物たち』(2008)
   ⑤松永和紀著『植物で未来をつくる』(2008)

■1〜2章（進化，特徴・構造）
1) 西田治文著『化石の植物学 時空を旅する自然史』東京大学出版会(2017)
2) 「植物の軸と情報」特定領域研究班編『植物の生存戦略』朝日選書(2007)
3) 西村幹夫ほか監修『Photobook 植物細胞の知られざる世界』化学同人(2010)
4) Alberts ほか著，中村桂子・松原謙一監訳『Essential 細胞生物学 原書第4版』南江堂(2016)

■3章（遺伝子組換えなど）
1) 山田康之ほか編著『遺伝子組換え植物の光と影』学会出版センター(1999)
2) 佐野浩監修，横浜国立大学環境遺伝子工学セミナー編著『遺伝子組換え植物の光と影Ⅱ』学会出版センター(2003)
3) 多田雄一著『改訂版 植物細胞遺伝子工学』三恵社(2016)
4) 江面浩・大沢良編著『新しい植物育種技術を理解しよう』国際文献社(2013)
5) 鈴木正彦編著『植物の分子育種学』講談社(2011)
6) 椎名隆・石崎陽子・内田健・茅野信行著『遺伝子組換えは農業に何をもたらすか』ミネルヴァ書房(2015)

■4・8章（物質輸送など）
1) 加藤潔ほか監修『細胞工学別冊・植物細胞工学シリーズ 植物の膜輸送システム』秀潤社(2003)

2) 渡辺和彦著『作物の栄養生理最前線』農山漁村文化協会(2006)
3) Sadava ほか著，石崎泰樹・丸山敬監訳『アメリカ版大学生物学の教科書 第1巻（細胞生物学）』講談社ブルーバックス(2010)

■5〜7章（代謝，光合成など）
1) 東京大学光合成教育研究会編『光合成の科学』東京大学出版会(2007)
2) 園池公毅著『光合成とはなにか』講談社ブルーバックス(2008)
3) 大森正之著『光合成と呼吸30講』朝倉書店(2009)
4) 鈴木款編『海洋生物と炭素循環』東京大学出版会(1997)
5) 水谷正治ほか編著『基礎から学ぶ植物代謝生化学』羊土社(2019)

■9〜10章（細胞壁，植物ホルモンなど）
1) 西谷和彦・梅澤俊明編著『植物細胞壁』講談社(2013)
2) 浅見忠雄・柿本辰男編著『新しい植物ホルモンの科学 第3版』講談社(2016)

■11章（光応答など）
1) 和田正三ほか監修『細胞工学別冊・植物細胞工学シリーズ 植物の光センシング』秀潤社(2001)
2) 岡穆宏ほか編『植物の環境応答と形態形成のクロストーク』シュプリンガー・ジャパン(2004)

■12章（栄養成長・生殖成長など）
1) 村井耕二編著『基礎生物学テキストシリーズ⑤ 発生生物学』化学同人(2008)
2) 平野博之・阿部光知著『花の分子発生遺伝学』裳華房(2018)

■13〜15章（環境応答，病原体に対する防御など）
1) 島本功ほか編『植物における環境と生物ストレスに対する応答』(蛋白質核酸酵素増刊号) 共立出版(2007)
2) 渡邊昭ほか監修『細胞工学別冊・植物細胞工学シリーズ 植物の環境応答』秀潤社(1999)
3) Larcher 著，佐伯敏郎ほか監訳『植物生態生理学 第2版』シュプリンガー・ジャパン(2004)
4) 眞山滋志・難波成任編『植物病理学』文永堂出版(2010)
5) 島本功ほか監修『細胞工学別冊・植物細胞工学シリーズ 分子レベルからみた植物の耐病性』秀潤社(2004)
6) 日本植物病理学会編著『植物たちの戦争』講談社ブルーバックス(2019)

索　引

数字・欧文

α-アミラーゼ	126
ABC モデル	163, 165
ABCE モデル	167
AFP	183
AGO	201
AOX	58, 184
ARF	120
ATP	36, 43, 50
ATP 合成	36, 74
ATP 合成酵素	50
Aux/IAA タンパク質	120
avr 遺伝子	192
Bt タンパク質	29
C_4 炭素回路	79
Ca^{2+}-ATPase	36
Ca^{2+} 振動	214
CAM	82
CDK	103, 104
CLV3	106
CoA	53
COP9 シグナロソーム	154
DNA	19, 48
ER	20
ETI	188
FAD	44
F_0F_1-ATP 合成酵素	56
GA	123
H^+-ATPase	36
HR	188
HSF	182
HSP	182
IAA	116
ISR	196, 198
LAR	196
LRR	189
LURE	172
MADS ドメイン	165
miRNA	202
Myc ファクター	209
NAD	44
NADP	44
NBS	191
Nod ファクター	211, 213
NPBT	31
PAMPs	189
PAR	60
PCD	192
PK	192
PR タンパク質	196
PSK	138
PTGS	199
R 遺伝子	191
RISC	201
RNA	48
RNA 干渉	200
RNA サイレンシング	199
RNAi	200
RNAi サプレッサー	203
ROS	1, 185
RuBisCO	76, 78, 80
S 遺伝子座	169
SAR	196
SCF ユビキチンリガーゼ	119
siRNA	199
TALE	192
TCA 回路	50, 53
Ti プラスミド	25
UCP	184
WISR	196, 199
WUS	106

あ

アーキア	2
アーバスキュラー菌根菌	207, 208
アクアポリン	35, 39
アクチン	100
アクチンフィラメント	21, 101, 104
アグラオファイトン	6
アグロバクテリウム法	25
アセチル CoA	46, 53
新しい植物育種技術	31
圧ポテンシャル	111
圧流説	99
アデニン	48
アデノシン三リン酸	43
アブシシン酸	132, 134, 176
アベナ屈曲テスト	119
アポトーシス	192
アポプラスト	15, 93
アミノ酸	47
アミロース	45
アミロプラスト	18
アミロペクチン	45
アルカロイド	91
アンカータンパク質	16
アンチポーター	38
アントシアニン	4, 91
イオウ代謝	89
イオン環境	179
イオン濃度	33
異化	43, 48, 57
維管束	6, 94
維管束植物	7, 62
維管束組織系	12
イソプレノイド	91
一次共生	3
一次細胞壁	12, 14
一次植物	3
一次生産者	10
一次代謝	84
遺伝子組換え	24
遺伝子組換え作物	26, 28
遺伝資源	31
インドール-3-酢酸	116
ウラシル	48
栄養塩	86
栄養細胞	169
栄養生殖	173
栄養成長	159
エキソサイトーシス	41
液胞	18
エクスパンシン	111
エチオプラスト	17, 143
エチレン	130, 131, 132
エピスタティック解析	132
エフェクタータンパク質	188, 190
エフェクター誘導免疫	188
エレクトロポレーション法	26
遠赤色光高照射反応	149
エンドサイトーシス	41

索引

塩排出組織	181	カルタヘナ議定書	26	クレード	207
オイルボディ	20	カルタヘナ法	27, 28	クレブス回路	54
黄化芽生え	143	カルテットモデル	167	クロマチン	19
オーキシン	116, 123	カルビン回路	45, 76	クロモプラスト	18
オーキシン応答因子	120	カロース	189, 195	クロロフィル	67
オキシダティブバースト	189	カロテノイド	67	形成層	94
オルガネラ	17	カロテン	18	茎頂分裂組織	105, 106, 159
オルガネラ化	2	環域	163	ゲノム編集	31
オレタチ	24	間期	102	原核生物	2
オロト酸	48	環境適応能	175	顕花植物	12
温度環境	181	幹細胞	106	嫌気性生物	1
		幹細胞ニッチ	106	原形質糸	18
か		乾燥	176	原形質分離	40
ガード説	194	機械刺激感受性イオンチャンネル	178	原形質流動	21, 100
概日時計	155	気孔	4, 12, 63, 176	原形質連絡	15, 93
外生菌根	206	気孔開口	145	原色素体	17
外生菌糸	208	キサントフィル	18	減数分裂	169
害虫抵抗性遺伝子組換え作物	29	基質レベルのリン酸化	50	高塩環境	179
外的一致モデル	156	キノン	72	光化学系	70
解糖系	50, 51	基本組織系	12	好気呼吸	2, 49
海綿状組織	13, 63	キャビテーション	98	好気性生物	1
花芽形成	145, 161	共生	3, 198, 206	光合成	10, 59, 65
花芽分裂組織	173	共生窒素固定	216	光合成色素	67
核	19	共鳴励起移動	69	光合成有効放射	60
拡散	34	共役輸送	36	光呼吸	78
核酸	48	極性輸送	118	交雑育種	23
核内倍加	102	局部獲得抵抗性	196	向軸側	62, 160
がく片	163	菌根	206	光周性	145, 156
核膜	19	菌根菌	206	厚壁細胞	13
隔膜形成体	103	グアニン	48	孔辺細胞	12
カスパーゼ	192	クエン酸回路	54	光量子数	140
カスパリー線	95	茎	10, 11	光リン酸化	57
花成	161	クチクラ	12	ゴールデンライス	30
活性酸素	1, 185	クチクラ層	4, 63	呼吸	49
滑面小胞体	20	クチン	5, 12	コケ植物	3
カテキン	92	クックソニア	6	コルメラ細胞	18
仮道管	12	クラウンゴール	25	コレオケーテ類	3
過敏感反応	188	グラナラメラ	64	コロドニー・ウェント説	120
カフェイン	92	グリオキシソーム	20	コロナチン	190
花粉	168	クリステ	50	根冠	18, 108
花粉四分子	169	グリセルアルデヒド-3-リン酸	45	根端分裂組織	105, 159
花粉母細胞	169	グリセロール	47	根毛	11
花弁	163	グリセロ脂質	16	根粒	211
カリウムチャンネル	39	クリプトクロム	140, 151	根粒菌	211
カルシウムチャンネル	39	グリホサート	28		
カルス形成	129	グルコーストランスポーター	38		

索引

さ

サイクリン	103, 104
サイクリン依存性タンパク質キナーゼ	103, 104
サイトカイニン	127, 128, 129
細胞系譜	106
細胞死	192
細胞質基質	15, 18
細胞質分裂	102
細胞周期	102
細胞小器官	17
細胞内共生	2
細胞板	104
細胞壁	14
細胞膜	15, 32
細胞融合	24
柵状組織	12, 62
挿し木	174
サセックスシグナル	160
サポニン	187
作用スペクトル	141
酸化還元電位	55
酸化的リン酸化	50, 55
三重反応	130
酸成長説	122
酸性土壌	180
酸素	1
酸素環境	185
酸素呼吸	2
酸素発生型光合成	1
シアノバクテリア	1
シアン耐性呼吸酵素	58, 184
紫外線応答	157
自家不和合性	169
篩管	12, 94, 98
色素体	17
ジギトニン	92
シキミ酸経路	28
脂質二重層	16
糸状菌	187
ジスルフィド結合	89
自然免疫	188
シダ種子植物	6
シダ類	6
湿潤	178
シトクロム	72
シトシン	48
シトステロール	16
篩板	12
篩部	14
篩部組織	94
ジベレリン	123, 124, 125
脂肪酸	46
車軸藻植物	3
シャジクモ類	3
ジャスモン酸	136
重金属耐性	181
周辺帯	106
重力屈性	120
主根	11
種子	8
樹枝状体	206
種子植物	6
受動輸送	34
春化	162
春化経路	161
純粋培養	210
傷害誘導全身抵抗性	196, 199
蒸散流	14
小胞	41
小胞子	169
小胞体	20
小葉類	6
植物細胞	14
植物ステロール類	32
植物プランクトン	59
植物ホルモン	116, 146
植物免疫	188
助細胞	169
除草剤	28
除草剤耐性遺伝子組換え作物	28
シリコンバイレイヤー法	41
シロイヌナズナ	19
真核生物	2
人工脂質二重膜	41
親水性	33
伸長成長	109
浸透	39
浸透圧調節	39
浸透ポテンシャル	111
心皮	163
シンプラスト	15, 93
シンポーター	38
水耕栽培	84
髄状帯	106
ステロイド配糖体	92
ストリゴラクトン	137, 208, 209
ストレス	175
ストロマ	64
ストロマ反応	75
ストロマラメラ	64
ストロミュール	21
ストロン	174
スフィンゴ脂質	16
生活環	5, 84
精細胞	169
静止中心	108
生殖細胞	169
生体膜	15, 32
生体膜輸送体	32, 34
静的抵抗性	187
赤/遠赤色光可逆的な制御	143
セスキテルペン	208
世代交代	6
節	11
節間	11
接合藻類	3
セリン/スレオニンキナーゼ	153
セルロース	45, 46, 110
セルロース合成酵素	112
セルロース微繊維	109, 112
繊維細胞	14
繊維組織	13
全身獲得抵抗性	196
選択的除草剤	29
選択的透過性	34
先端成長	109
選抜マーカー遺伝子	30
走出枝	174
双子葉植物	11
相転換	161
疎水性	33
側根	11, 212
側根形成	122, 123
粗面小胞体	20

索引

た

台木	31
代謝	43
太陽光	59
脱共役タンパク質	184
脱分化	106
タペート組織	169
短日植物	145
炭水化物	45
単相	5
炭素循環	61
タンパク質キナーゼ	191
チオニン	197
チオレドキシン	73
窒素固定	216
窒素固定バクテリア	210
窒素代謝	86
チミン	48
チャンネル	35, 38
中央帯	106
中間代謝	43
中心柱	108
中葉	14
長日植物	145
超低光量反応	149
重複受精	169
チラコイド	17, 64
チラコイド反応	71, 75
通気組織	179
接ぎ木	31
低温馴化	182
抵抗性	187
低光量反応	149
ディフェンシン	197
低分子量Gタンパク質	189
デオキシリボ核酸	48
適合溶質	177
デルフィニジン	92
テルペノイド	91
テルペノイド化合物	18
電気化学ポテンシャル	34
電気化学ポテンシャル勾配	67
電子伝達	70
電子伝達系	50, 55
転写後遺伝子サイレンシング	199
デンプン	46
転流	51
同化	43, 57
道管	12, 94, 95
動原体	103
等張	39
動的抵抗性	188
独立栄養生物	10
突然変異	23
トランスポーター	35, 37
トランスポゾン	201
トリアシルグリセロール	20
トリカルボン酸回路	50, 53

な

内鞘細胞	122
内生菌根	206
内生菌糸	208
内皮	95
内皮細胞	18
ニコチン	92
ニコチンアミドアデニンジヌクレオチド	44
ニコチンアミドアデニンジヌクレオチドリン酸	44
二酸化炭素	1
二酸化炭素濃度	7
二次共生	3
二次細胞壁	12
二次代謝	84, 90
二次代謝産物	18
二成分制御系膜タンパク質受容体	178
ニトロゲナーゼ	216
ヌクレオソーム	19
ヌクレオチド結合部位	191
根	10, 11
熱ショックタンパク質群	182
熱ショック転写因子	182
能動輸送	34, 35, 36

は

葉	8, 10
パーティクルガン法	26
胚	169
バイオマス	60, 62
配偶子形成	168
配偶体	6
背軸側	62, 160
胚珠	168, 169
胚乳	17, 169
胚のう	168
胚のう母細胞	169
馬鹿苗病	125
白色体	18
バクテリオフィトクロム	151
バクテリオロドプシン	59
バクテロイド	211, 216
パターン認識受容体	189
発芽促進作用	126
発酵	52
発色団	141
パッチクランプ法	41
花	9, 163
パピラ	189
伴細胞	12, 94
反足細胞	169
避陰反応	144
光応答	156
光回復酵素	152
光屈性	143
光形態形成反応	140
光受容体	147
光発芽	143
光飽和	69
ひげ根	12
被子植物	6, 9
非宿主抵抗性	188
微小管	103
ヒストン	19
非選択的除草剤	28
必須元素	85
病原体	187
病原体関連分子模様	189
表層微小管	113
標的タンパク質	194
表皮	62
表皮細胞	12
表皮組織系	12
ピリミジン	48
肥料	89
ビリン色素	67
ピルビン酸	52

索引

品種	23
品種改良	23
品種特異的抵抗性	188
ファイトアレキシン	189
ファイトスルフォカイン	138
ファイトマー	11, 159
ファイトレメディエーション	181
フィチン	88
フィトクロム	140, 147
フィトクロモビリン	148
フェレドキシン	73, 85
フォトトロピン	140, 144, 146, 153
複合型細胞成長	114
複相	6
付着器	208
不凍性タンパク質	183
不飽和脂肪酸	182
フラグモプラスト	103
ブラシノステロイド	136
ブラシノライド	135
プラスチド	17
プラスミド	25
プラズモデスマータ	93
フラビンアデニンジヌクレオチド	44
フラボノイド	158
フラボノイド化合物	18
ブランチングファクター	208
プリン	48
フレーバーセーバー	26
プログラム細胞死	192
プロテインボディ	18
プロテオリポソーム	41
プロトプラスト	24
プロトンポンプ	36, 37, 38
プロラメラボディ	17
フロリゲン	145, 161, 162
フロリゲン活性化複合体	163
分子育種	24
分泌細胞	18
分裂準備帯	103
分裂組織	17, 105
平衡細胞	120
平衡状態	35
ベシクル	211
ヘテロシスト	211
ペプチドグリカン	216
ペプチドホルモン	138
ヘミセルロース	110
ペルオキシソーム	20
ベンケイソウ型有機酸代謝	82
ペントースリン酸経路	52
膨圧	39
胞子	8
胞子体	6
補酵素 A	53
補償作用	109
補償点	82
ほふく茎	174
ポマト	24
ホメオシス	164
ホメオティック変異体	163, 164
ホメオドメイン	130, 160
ポリエチレングリコール法	26
ポリフェノール	91
ポリリン酸	209
ポンプ	35, 36

ま

マイクロ RNA	202
膜交通	40
膜タンパク質	16
マトリックス	50
ミオシン	100
水環境	176
水ポテンシャル	97
ミトコンドリア	2, 20, 50, 53
無性生殖	173
メリステム	105
メントール	92
毛状突起	12
モータータンパク質	104
木部	14
木部組織	94
モデル植物	19

や

葯	168
ヤン回路	130
有機酸	180
有糸分裂	102
有色体	18
雄ずい	163

誘導全身抵抗性	196, 198
輸送小胞	20
ユビキチン	105
ユビキチン-プロテアソーム系	120
ユビキノン	55
葉耳	160
葉身	10
葉舌	160
葉柄	10
葉緑体	3, 17, 21, 64
葉緑体定位	145
四つ組モデル	167

ら

ラウンドアップレディーダイズ	28
裸子植物	6
ラメラ	64
卵細胞	169
ランナー	174
リカバリー現象	202
リグニン	4
リニア類	6
リブロース-1,5-ビスリン酸カルボキシラーゼ/オキシゲナーゼ	76
リボ核酸	48
リポキチンオリゴサッカライド	213
リボソーム	20
リポソーム	41
流動モザイクモデル	32
緑色植物	3
臨界降伏点	111
リン酸基	33
リン酸トランスポーター	209
リン脂質	32
リン脂質二重層	32
リン代謝	87
ルアー	172
ルーメン	64
レグヘモグロビン	217
ロイコプラスト	18
ロイシンリッチ反復配列	189
ロゼット	159

わ

ワックス	5, 12

索 引

人名

ヴァンティーゲム	172	サンフォード	200	ボースウィック	143
ウェント	119	ジョンストン	200	ボーローグ	24
カルビン	76	スクーグ	129	ボルコム	200
久保秀雄	217	ダーウィン	119	マイロヴィッツ	167
ゲーテ	165	チャイラヒヤン	145	ミュンヒ	98
コーエン	167	バンス	203	メンデル	23
サセックス	160	ビーチー	200	ヤン	130
ザックス	12, 84	ビュンニング	156	リンブド	202
		フロー	191		
		ボウマン	167		

編著者略歴

三村　徹郎（みむら　てつろう）
1954年　岩手県生まれ
1984年　東京大学大学院理学系研究科修了
神戸大学名誉教授，京都先端科学大学バイオ環境学部教授
専　門　植物生理学／植物細胞生物学
理学博士

深城　英弘（ふかき　ひでひろ）
1969年　東京都生まれ
1998年　京都大学大学院理学研究科修了
神戸大学大学院理学研究科教授
専　門　植物生理学／植物発生遺伝学
博士（理学）

鶴見　誠二（つるみ　せいじ）
1947年　茨城県生まれ
1978年　東北大学大学院理学研究科博士課程修了
前神戸大学研究基盤センター教授
専　門　植物生理学
理学博士

基礎生物学テキストシリーズ7　植物生理学　第2版

第1版	第1刷	2009年4月1日
第2版	第1刷	2019年4月20日
	第7刷	2024年9月10日

編　著　者　三村　徹郎
　　　　　　深城　英弘
　　　　　　鶴見　誠二
発　行　者　曽根　良介
発　行　所　㈱化学同人

〒600-8074　京都市下京区仏光寺通柳馬場西入ル
編 集 部　TEL 075-352-3711　FAX 075-352-0371
企画販売部　TEL 075-352-3373　FAX 075-351-8301
　　　　　　振　替　01010-7-5702
e-mail　webmaster@kagakudojin.co.jp
URL　https://www.kagakudojin.co.jp

検印廃止

〈出版者著作権管理機構委託出版物〉
本書の無断複写は著作権法上での例外を除き禁じられています．複写される場合は，そのつど事前に，出版者著作権管理機構（電話 03-5244-5088，FAX 03-5244-5089, e-mail: info@jcopy.or.jp）の許諾を得てください．

本書のコピー，スキャン，デジタル化などの無断複製は著作権法上での例外を除き禁じられています．本書を代行業者などの第三者に依頼してスキャンやデジタル化することは，たとえ個人や家庭内の利用でも著作権法違反です．

印刷・製本　㈱太洋社

Printed in Japan　©T. Mimura, H. Fukaki, S. Tsurumi et al. 2019　ISBN978-4-7598-1997-7
無断転載・複製を禁ず
乱丁・落丁本は送料小社負担にてお取りかえいたします．